科学新经典文丛

爱因斯坦的怪物

探索黑洞的奥秘

[美] 克里斯·伊姆佩（Chris Impey）著

涂泓 曹新伍 冯承天 译

人民邮电出版社

北京

图书在版编目（CIP）数据

爱因斯坦的怪物 : 探索黑洞的奥秘 / (美) 克里斯
. 伊姆佩 (Chris Impey) 著 ; 涂泓, 曹新伍, 冯承天译
. -- 北京 : 人民邮电出版社, 2020.8
（科学新经典文丛）
ISBN 978-7-115-53495-8

Ⅰ. ①爱… Ⅱ. ①克… ②涂… ③曹… ④冯… Ⅲ.
①黑洞一普及读物 Ⅳ. ①P145.8-49

中国版本图书馆CIP数据核字(2020)第035957号

◆ 著 [美]克里斯·伊姆佩（Chris Impey）
译 涂 泓 曹新伍 冯承天
责任编辑 刘 朋
责任印制 陈 犇

◆ 人民邮电出版社出版发行 北京市丰台区成寿寺路 11 号
邮编 100164 电子邮件 315@ptpress.com.cn
网址 https://www.ptpress.com.cn
大厂回族自治县聚鑫印刷有限责任公司印刷

◆ 开本：880×1230 1/32
印张：9.375 2020 年 8 月第 1 版
字数：213 千字 2020 年 8 月河北第 1 次印刷

著作权合同登记号 图字：01-2018-5223 号

定价：55.00 元

读者服务热线：(010)81055410 印装质量热线：(010)81055316
反盗版热线：(010)81055315
广告经营许可证：京东市监广登字 20170147 号

内容提要

黑洞是宇宙中最极端的天体，而它们又无处不在。每一颗大质量恒星死后都会留下一个黑洞，每一个星系的中心都隐匿着一个超大质量黑洞。这些黑暗巨兽神秘得令人恐惧，即使那些毕生专门研究它们的科学家也感到震惊。是星系先出现，还是位于其中心的黑洞先出现？如果你旅行到一个黑洞中，结果会发生什么——瞬间死亡，还是其他更怪诞的事情？也许最重要的是，当黑洞由于其本性而湮灭信息时，我们如何才能确切地了解有关黑洞的故事呢？

在本书中，天文学家克里斯·伊姆佩不仅带领读者探索了这些问题以及天体物理学的其他前沿问题，而且探索了黑洞在理论物理学中所扮演角色的演化史——从证实爱因斯坦的广义相对论方程到检验弦论。

黑洞可能是更深入理解宇宙的关键，让我们开始吧！

给黛娜，

我的爱和灵感。

“星星啊，收起你们的火焰！

不要让光亮照见我的黑暗幽深的欲望。”

——威廉·莎士比亚，

《麦克白》（*Macbeth*）第一幕第四场

致　谢

我很感激我的妻子黛娜对我所有的创作工作所给予的支持。感谢我的经纪人安娜·高希使得我的写作有了诸多丰硕的成果。能与诺顿出版社的编辑汤姆·迈尔合作是我的荣幸。我也很感谢萨拉·博林对本书初稿的评述。我感谢阿斯彭物理中心提供的能激发创作灵感的清净环境，而这对我们写作科普文章极有助益。我与亚利桑那大学的同事们及世界各地的同人们进行了多次关于黑洞的交谈，从中受益匪浅。他们在交谈中流露出的兴奋之情让我想到宇宙是一个奇妙的地方。成为一名科学家和教育家并与他人分享这种兴奋是一种殊荣。

目　录

引　言

黑洞是宇宙中最广为人知而又最不为人懂的物体。这个词在口语中被用来形容一个吸收其周围所有事物的实体。黑洞出现在银幕上和小说中，它们已经被流行文化吸纳了。黑洞是具有邪恶一面的神秘事物的代名词。作为一种隐喻，我把它们称为“爱因斯坦的怪物”。它们非常强大，任何人都无法控制。爱因斯坦并没有创造黑洞，但他建立了我们用于理解黑洞的最佳引力理论[1]。

大多数人对于黑洞的了解其实是错误的：它们不是会将附近的一切都吸进去的宇宙吸尘器，它们只会扭曲距离其视界非常近的时空。黑洞只占宇宙质量的一小部分，离我们最近的黑洞也在好几百万亿千米之外。它们不太可能用于时间旅行或访问其他宇宙。黑洞甚至不是黑的，它们会发出一种由粒子和辐射产生的咝咝声，并且大多数黑洞是双星系统的一部分，其中下落的气体会升温并发出强光。黑洞不一定是危险的。你可以掉进大多数星系中心的黑洞中去，却什么也感觉不到，尽管你永远也没有机会把你看到的告诉任何人。

本书是关于大大小小的黑洞的一个介绍。黑洞看似简单，却是具有欺骗性的，因为理解它们所需的数学知识极其复杂。我们将在本书中会

[1] “黑洞”一词也令人联想到英国作家马丁·艾米斯的一本短篇小说集，其中的故事都围绕着核战争的威胁展开，影射了 $E = mc^2$（爱因斯坦在这个方程中指出了原子核的巨大能量）。参见马丁·艾米斯的《爱因斯坦的怪物》(*Einstein's Monsters*, London: Jonathan Cape, 1987)。——原注

见向人类揭示黑洞的科学家：从几百年前敢于梦想黑暗恒星的理论物理学家，到深思和斟酌着广义相对论以及超越了广义相对论的理论的科学家。

如果没有爱因斯坦在一个世纪前建立起来的广义相对论，人们是不可能理解黑洞的。广义相对论认为，空间和时间被物质扭曲。在质量高度集中的极端情况下，空间的某个区域从宇宙的其余部分中被“掐掉”，一切都无法从这个区域逃脱，甚至光也逃不掉。这就是一个黑洞。但即使爱因斯坦也对它们的真实存在持怀疑态度。并非只有他一个人有此见解，许多著名的物理学家也都曾怀疑过它们的存在。

它们确实存在着。40 年来我们所积累的证据表明，当大质量恒星死亡时，自然界中没有任何力量能够抵抗其核心的引力坍缩。一个 10 倍于太阳大小的气态球体会被压缩成一个小镇大小的黑色物体。最近，人们发现每个星系的中央都有一个大质量黑洞，其质量大小可相差 10 亿倍。

通过测出黑洞所在的位置，我们可以了解双星系统，其中一个黑洞与一颗普通恒星在引力作用下共舞一曲华尔兹。我们将看到，黑洞是否存在的最佳证据就在我们自己的星系中心，许多恒星在那里像狂怒的蜜蜂一样，成群地围绕着一个质量为太阳 400 万倍的黑暗天体团团转。当隐藏在星系中的巨大黑洞从沉睡中醒来并开始进食时，人们从数十亿光年之外就能看见它们。这些引力引擎是宇宙中最强大的辐射源。

最近，物理学家们学会了通过探测引力波用“引力之眼”来观察黑洞。当两个黑洞相互碰撞时，它们会释放出时空涟漪，这些涟漪以光速向外传播，并包含着有关这次猛烈碰撞的信息。一扇新的窗户打开了，它通往黑洞以及所有存在着强大且不断变化的引力的情况。如果还需要什么证据的话，那么引力波提供了毫不含糊的证据，即自然界制造了黑洞。每 5 分钟就有一对黑洞在宇宙的某个地方并合，同时将引力波源源不断地向外送入太空。

关于黑洞的一切，目前我们的了解还远远不够。它们将继续给我们带来惊讶和喜悦。黑洞使我们能够以一些新的方式来检验广义相对论。没有人知道这些检验是会证实这一理论，还是会导致其衰亡。关于黑洞中的信息丢失以及信息是否在视界处以某种方式被编码，存在着激烈的争论。理论物理学家们希望黑洞是能够验证弦理论的地方，从而最终实现爱因斯坦将量子力学与广义相对论统一起来的诉求。

本书分为两篇。上篇介绍黑洞存在的证据。这些证据涵盖了一系列黑洞：从质量比太阳大不了多少的黑洞，到质量相当于一个小星系的庞然大物。下篇解释了黑洞是如何诞生和死亡的，还解释了黑洞是如何将我们关于自然界的那些理论推向其极限的。除了黑洞的故事之外，书中还有一些个人的故事，其中包括我自己的一些故事。讲这些故事是为了提醒大家，虽然科学是不带感情的，但科学家们都是血肉之躯，有着天生的缺陷和弱点。由于我所讨论的是一个瞬息万变的研究课题，因此这里引用的一些结果可能经不起时间的考验，其中的任何错误、遗漏或失实陈述所引发的后果仅由我个人承担。

我们可以想象宇宙中数万亿个宜居世界中的许多智慧生物都已经推断出黑洞的存在，也许有些智慧生物还学会了如何制造它们和利用它们的威力。人类是一个年轻的物种，但我们可以为身为知晓黑洞的这个特殊俱乐部的成员而感到自豪。

克里斯·伊姆佩
亚利桑那州图森市
2018年4月

上　篇
大大小小的黑洞存在的证据

科学家是如何建立起黑洞这个概念的？在本书的这一部分，我们将看到在牛顿提出他的引力理论以后，人们是如何开始思索的，而在爱因斯坦阐明他的广义相对论的各种蕴意之后，这种思索又是如何传播的。现在我们知道黑洞有两个要素：视界和奇点。视界的作用相当于一条信息屏障，而奇点是指质量密度趋于无穷大的黑洞中心点。许多著名的物理学家，包括爱因斯坦本人在内，都对这样一种奇异的物质状态颇为抗拒。但其他一些物理学家的研究则显示，大质量恒星的核心会坍缩成一个密度极高的区域，以至于任何粒子和辐射都不能逃离这一区域。

如果理论物理学家深信广义相对论的数学之美，那么他们就不会有任何理由去质疑黑洞的存在。但科学是需要实证的，所以天文学家不遗余力地寻找黑洞的神秘踪迹。在爱因斯坦去世 10 年后，由于 X 射线天文学的出现，研究者才得以观测当黑洞吸积其周围的气体时所形成的热吸积盘和两极喷流。搜寻死亡的黑暗星体极具挑战性，即使经过人类 50 年的努力，目前也只有 30 多颗死亡恒星被比较确定地证明是黑洞。据估计，我们的银河系中散布着 1000 多万个黑洞，而这 30 多个是其中最靠近我们的。在艰苦地积累这一证据的过程中，天文学家惊讶地发现各星系的中央都隐藏着大质量黑洞。这些黑洞在吸积周围的气体时就会变成宇宙中最明亮的天体。

第 1 章　黑暗的心

科学家是乐观主义者，像相对论和自然选择这样一些理论的影响范围和预言能力令他们深为折服。他们相信，过去几十年中物理学、天文学和生物学所表现出的飞速进步还将延续下去，并且科学对自然界的阐释将会越来越深广。

然而，假如科学家的这种雄心壮志遇到不可克服的障碍，结果会怎样呢？假如宇宙中存在着一些抗拒我们窥探的天体、一些被加了密的天体，结果又会怎样？更糟糕的是，假如我们最好的那些物理理论预言了这些神秘天体的存在，但它们所具备的一些性质会让人对这些理论产生怀疑，那又会如何呢？欢迎来到黑洞的世界！

一位英国牧师猜想的暗星

按照与约翰·米歇尔同时代的人的描述，他“个子矮小，皮肤黝黑，身材肥胖”。他成年以后大部分时间在英格兰北部的一个小镇教堂中担任教区牧师。不过，争先恐后地前来登门拜访他的人络绎不绝，来访者都是当时著名的思想家，如约瑟夫・普里斯特利、亨利・卡文迪许、本杰明・富兰克林等。这是因为米歇尔也是一位颇有成就的通才型科学家。由于他为人谦逊，并且过着牧师的安静生活，因此他被历史所忽略。

米歇尔曾在剑桥大学学习数学，此后又在那里教授数学、希腊语和希伯来语。他认识到地震是以波的形式从震源向四周传播的，从而开创了地震学。这一洞见为他在英国皇家学会赢得了一席之地。正是米歇尔设计的实验装置后来被亨利・卡文迪许用于测量引力常数，而这是作为所有引力理论计算基础的基本常数。他还首先将统计方法应用于天文学，进而提出夜空中的许多成对或成团的恒星必定在物理上成协，而不是碰巧排成这样的[1]。

这位牧师最富有远见卓识的是，他提出有些恒星的引力可能会大到甚至连光线都无法逃离。他在 1784 年发表的一篇论文中介绍了这种想法，论文的标题十分冗长：《论根据恒星光线速度的减小而发现恒星距离、星等及其他性质的方法，前提是假如会在任何恒星中发现这样的减小，并且会从观测中获得这样的数据，因为这对此目的而言具有更进一步的必要性》[2]。

这篇论文的要点用不长于其标题的文字就可以解释清楚。米歇尔已理解了逃逸速度的概念，并且明白它会由恒星的质量和大小所决定。他信奉牛顿的想法，相信光是粒子，因而推断光的传播速度会由于受到恒星的引力作用而变慢。他想知道的是，如果有一颗恒星的质量如此之大，它的引力如此之强，以至于要逃离它的逃逸速度就等于光速，那么会发生什么。他还推测存在着许多未被探测到的"暗星"，这是因为光无法逃

[1] R. MacCormmach, *Weighing the World: The Reverend John Michell of Thornhill* (Berlin: Springer, 2012). ——原注

[2] J. Michell, *Philosophical Transactions of the Royal Society of London* 74 (1784): 35-57. ——原注

离它们[1]。

米歇尔的推理是有缺陷的，但也仅仅在于他所使用的是牛顿物理学。1887 年，阿尔伯特·迈克耳孙和爱德华·莫雷证明了光总是以同样的速度传播，而与地球的运动无关[2]。直到 1905 年，爱因斯坦才将这一结果作为狭义相对论的前提，提出光速不受引力的局部强度的影响。米歇尔也错误地设想暗星比太阳大 500 倍，但密度与太阳相同。质量如此大的恒星是不存在的。只有当密度很大时，引力的种种极端效应才会显现出来，而当像太阳这样的一颗恒星被压缩至极小体积时，才会出现这么大的密度。

一位伟大的法国数学家的加入

米歇尔提出暗星猜测 10 多年后，法国科学家兼数学家皮埃尔－西蒙·拉普拉斯在他的《宇宙体系论》（*Exposition of the System of the World*）一书中也讨论了同一个主题。拉普拉斯比米歇尔更有名，他是法兰西学院院长，担任过拿破仑的顾问，被封为伯爵，后来又获封侯爵。拉普拉斯和米歇尔一样学习过神学，并出身于一个宗教家庭，但是对他而言，数学的召唤比上帝的召唤更为强烈。

拉普拉斯显然并不知道米歇尔的工作。在一部关于天文学的两卷本专著中，拉普拉斯在考虑一颗体积远大于太阳的假想恒星的引力时简略

[1] S. Schaffer, "John Michell and Black Holes," *Journal for the History of Astronomy* 10（1979）: 42-43. ——原注

[2] 迈克耳孙－莫雷实验是为了探测以太而设计的。以太是一种在空间中无所不在的弥漫介质。当时的假设是，这种介质传递引力，并充当着传播电磁波的介质。这个著名的“失败的”物理实验发现，尽管地球在以 30 千米 / 秒的速度绕着太阳公转，但是光的传播速度是一样的。这个实验的零结果是构建狭义相对论的关键。最近的数据在 $1/10^{17}$ 的水平上排除了存在光传播介质的可能性。——原注

地提到了暗星的概念。他说："因此，宇宙中最大的那些发光天体可能由于这一原因而不可见。"有一位同僚质疑拉普拉斯的说法，要求他对此提供数学证明。3 年后，也就是 1799 年，他给出了证明[1]。不过他的证明存在着与米歇尔一样的缺陷。当时已知的最致密物质是金，其密度比地球的密度大 5 倍，比太阳的密度大 14 倍。那时的科学家很难想象密度再大数百万倍的物质的状态，而这是我们现在所理解的黑洞所要求的密度（见图 1）[2]。在拉普拉斯的这本书的后来各版中，所有涉及暗星的部分都被删去了，这很可能是因为托马斯·杨在 1799 年指出光的表现像波，而引力似乎不太可能减缓一列波的传播速度。

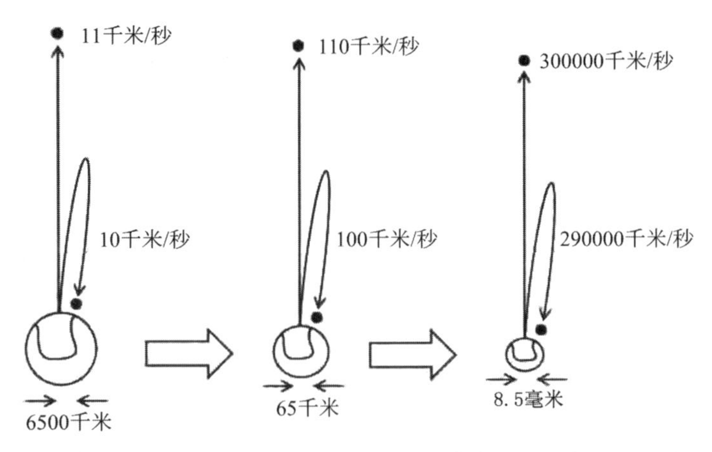

图 1　基于牛顿引力理论的黑洞概念。地球的逃逸速度是 11 千米 / 秒，任何以这一速度发射的物体都会逃脱地球的引力束缚。如果地球缩小为原来的 1%，那么其逃逸速度就会增大到 110 千米 / 秒。如果可以将地球压缩到半径为 8.5 毫米，此时其逃逸速度等于光速，那么结果就会形成一个黑洞（约翰·D. 诺顿，匹兹堡大学）

[1]　C. Montgomery, W. Orchiston, and I. Whittington, "Michell, Laplace, and the Origin of the Black Hole Concept," *Journal of Astronomical History and Heritage* 12（2009）: 90-96. ——原注

[2]　这里指的是较小质量天体坍缩成的黑洞，事实上质量越小的天体坍缩成的黑洞的密度越大，质量越大的天体坍缩成的黑洞的密度越小，超大质量黑洞的密度甚至可能小于空气的密度。——译注

如果没有一种新的引力理论，黑洞的概念就不可能完整地出现。牛顿的引力理论很简单：空间是平滑的、线性的，并向各个方向无限延伸；空间和时间是截然分开、互不相关的；恒星和行星穿行于其间的真空受到一种力的支配，而这种力则取决于这些天体的质量以及它们之间的距离。这就是牛顿的优雅宇宙[1]。

理查德·韦斯特福尔是牛顿的传记作者，其本人也是一位当之无愧的杰出学者。他这样说过："我研究牛顿的最终结果足以使我确信他是不可估量的。对我而言，他变成了全然的他者，是极少数塑造了人类智慧各门各类的杰出天才之一，是一个无法最终简化到用基于我们理解寻常人类所建立的那些标准来衡量的人。"[2] 然而，即使牛顿的伟大才智也没能完全阐明引力。他无法解释引力作用如何瞬间无形地穿过真空。他在 1687 年出版的巨著《自然哲学的数学原理》（*Philosophiae Naturalis Principia Mathematica*）中也承认了这一点。他写道："我没有能够从各种现象中发现导致引力具有这些性质的原因，我也构想不出任何假说。"

---

[1] 我在伦敦学习物理学时曾走访过剑桥大学，试图对艾萨克·牛顿有所了解。我想了解那些方程背后的人。在一位同僚的帮助下，我进入了三一学院中牛顿的房间。他的书房有几扇窄小的拱形窗户，窗框是深色的木头材质的，所以即使在中午时分也很阴暗。我以前曾读到过他通过"不停地思考"来求解问题。我的导游还给我讲了一个关于牛顿招待客人的故事，那是牛顿罕有的几次宴客活动之一。他走到后面的房间去拿一瓶波尔多葡萄酒时，看到桌子上有一个未完成的计算，于是就坐下来继续做，而被他遗忘的客人们则安静地离开了。在四方形的院子里，我走在碎石小路上，300 年前牛顿曾在那里用棍子描绘各种科学图表。学院的同事们都自觉地绕开这些图表走，以免干扰了天才的工作。那天下午，我开车去了牛顿在伍尔索普庄园的童年故居。他年少时常常被打发去附近的村子办事，或者把家里的马牵去钉马掌。几小时后，他的母亲会发现他站在一座桥上凝视着河水，陷入了沉思，要办的差事已经被他抛诸脑后，而马也不见了踪迹。我很高兴地看到房子后面有一个苹果园。——原注

[2] 摘自理查德·S．韦斯特福尔的《永不停息：艾萨克·牛顿传》（*Never at Rest: A Biography of Isaac Newton*, Cambridge, UK: Cambridge University Press, 1983）一书的序言。——原注

理解时空的结构

1905 年时，爱因斯坦（见图 2），一个 26 岁的伯尔尼专利局职员，摧毁了牛顿的物理学体系。当年，爱因斯坦写了 5 篇将改变物理学面貌的论文[1]。其中一篇论文探讨的是光电效应，即当光线照射到一种材料上时，会有电子被释放出来。他认为光的行为就像一个粒子，携带着被称为量子的离散能量。为他赢得诺贝尔奖的正是这项工作，而不是他更为著名的相对论。而托马斯・杨和其他人的实验早已牢固地确立了光显示出折射和干涉行为的波的特性，因而物理学家被迫接受了这样一个事实：不知何故，光既像波又像粒子。

图 2　1921 年时的阿尔伯特・爱因斯坦，这是他发表广义相对论 5 年之后拍摄的一张照片。他的理论从本质上背离了牛顿的引力理论。牛顿的引力理论是基于线性和绝对时空的。在广义相对论中，时空因为其中所包含的质量和能量而具有一定的曲率（斐迪南・施穆策）

[1]　J. Stachel et al., *Einstein's Miraculous Year: Five Papers That Changed the Face of Physics*（Princeton: Princeton University Press, 1998）. ——原注

另一篇短论文提出了物理学中最著名的公式：$E = mc^2$。这个方程表明质量和能量是等价的，并且可以互相转化。由于光速 c 是一个非常大的数字，因此极少量的物质就能转化成巨大的能量。质量像是能量的一种“冻结”形式，这就是为什么核武器会具有如此巨大的威力。反过来，能量对应着极微小的等效质量。考虑到这一方程，光子会受到引力的影响就言之成理了。

第三篇论文阐述了狭义相对论。这一理论建立的基础是伽利略的思想：对于所有以恒定速度相对于彼此运动的观察者而言，自然法则都应该是相同的。该理论还增加了第二个前提：光速不随观察者的运动而改变。第二个前提是根本性的，下面这个思想实验[1]将表明这一点。你用手电筒照射远处的某人，对方测量到光子到达时的速度为 300000 千米 / 秒，也就是光速。设想你以光速的一半冲向对方，他仍然会看到光子以同样的速度到达，而不是 450000 千米 / 秒。现在设想你以光速的一半离开对方，他仍然会看到光子以同样的速度到达，而不是 150000 千米 / 秒。光速不遵循简单的算术法则，它是一个普适常数，而这是有深远含义的。速率等于距离除以时间。如果速率是恒定的，那么空间和时间就必定是可变的。当物体运动得非常快，接近光速时，它们就会在运动方向上收缩，并且它们所携带的时钟会变慢。爱因斯坦的理论指出，光是运动速度最快的东西。所以他还预言，当物体的运动速度接近光速时，它们的质量就变得更大，从而使其惯性增大，因此它们永远不能达到或

[1]　思想实验是推动科学进步的有力工具。追溯到古希腊哲学，思想实验是一种向自然提出假设性问题的方式。伽利略提供了物理学中的一个早期的例子，当时他所讨论的是从一座塔上扔下不同的物体，观察它们的下落速率（与人们普遍认为的相反，他实际上从未做过这个实验）。爱因斯坦用思想实验来构建相对论问题的框架，而 20 世纪初的物理学家则经常用思想实验来试图理解量子理论的含义。——原注

超过光速。

尽管光使这项工作如此引人注目，但爱因斯坦仅仅是在为他的开创性成就——广义相对论展示他的力量而已。在广义相对论中，爱因斯坦将他的思想从恒定速度运动扩展应用到加速运动，并将引力纳入其中。他从伽利略的另一个洞见着手。这位文艺复兴时期的博学者指出，所有物体，无论其质量大小，都以同样的速率下落。这意味着惯性质量（物体对于其运动改变的抵抗）与引力质量（物体对于引力如何反应）相同。对于伽利略而言，这是一个巧合，也是一个谜，但爱因斯坦则觉得这是获知一种新的引力概念的关键。

想象你在一部被卡在底层的封闭电梯里。你能感觉到你的正常重量，你扔下的任何东西都具有大小为 9.8 米 / 秒 ^{2}、方向向下的加速度。这是一种我们所熟悉的引力状况。现在想象你在太空中的一个封闭的箱子里（看上去就像在一部电梯里），宇宙飞船正在带着它以 9.8 米 / 秒 ^{2} 的加速度运动。第一种情形涉及引力，而第二种情形则不涉及引力。但爱因斯坦认识到，没有任何实验能区分这两种情形（见图 3）。此外，还有另两种情形：一种情形是你被困在外太空中的电梯里，此时由于失重，你飘浮在电梯里；另一种情形是电梯在一座高楼里，缆绳断了，因此它正在急速冲向电梯井底部。这两种情形也没有任何方法能够加以区分。引力与其他任何力都不可区分。这条“等效原理”是爱因斯坦的广义相对论的核心。尽管电梯猛然下跌意味着灾难，但爱因斯坦说，一个正在下落的人感觉不到自己的重量，这是他“最快乐的想法”。

爱因斯坦的新引力概念是一个几何概念。广义相对论的各方程将一个区域内的质量和能量的总量与该空间的曲率联系起来了。牛顿的空间是平坦的、线性的，物体包含在这样的空间中，而广义相对论中的空

图 3　在广义相对论中，引力导致的加速度与其他任何力导致的加速度是没有差别的。因此若有人乘坐火箭在外太空中以 9.8 米 / 秒 ^{2} 的加速度飞行（左图），那么他的感觉就好像体验到的是地球的引力，而与静止在地球表面的情形（右图）相比，他不会注意到落体的行为有什么不同（马库斯·普塞尔）

间由于其中所包含的物体而发生了弯曲（见图 4）[1]。空间与时间被联系在一起，因此引力不仅能扭曲空间，而且还能扭曲时间。物理学家约翰·惠勒简洁地概括道："物质告诉空间如何弯曲，空间告诉物质如何运动。"我们会在后文中介绍惠勒，是他定义了"黑洞"一词。下面让我们来看看诗人罗伯特·弗罗斯特的观点，他对广义相对论这一新发现有着矛盾的看法。在十四行诗《我们喜欢的任何尺寸》（*Any Size We Please*）中，他认为无限空间这个想法令人恐惧，但描述黑洞的弯曲度

[1] 这一理论很数学化，也很令人生畏，但是有许多普及性的或半技术性的介绍，其中名列前茅的有：R. Geroch, *General Relativity from A to B*（Chicago: University of Chicago Press, 1978）；D. Mermin, *It's About Time: Understanding Einstein's Relativity*（Princeton: University of Princeton Press, 2005）；当然还有阿尔伯特·爱因斯坦的经典著作 *Relativity: The Special and General Theory*（New York: Crown, 1960）。关于爱因斯坦的传记，请参见 A. Pais, *Subtle is the Lord: The Science and Life of Albert Einstein*（Oxford: Oxford University Press, 1982）。——原注

让人舒服：

他想，如果他能让他的空间完全弯曲，

将自己包裹起来，并待己如友，

那么他的科学就不必使他如此烦恼不安。

他太全力以赴，伸展得太远了。

他拍拍胸脯以证实他的财力，

并为了他的整个宇宙而拥抱自己[1]。

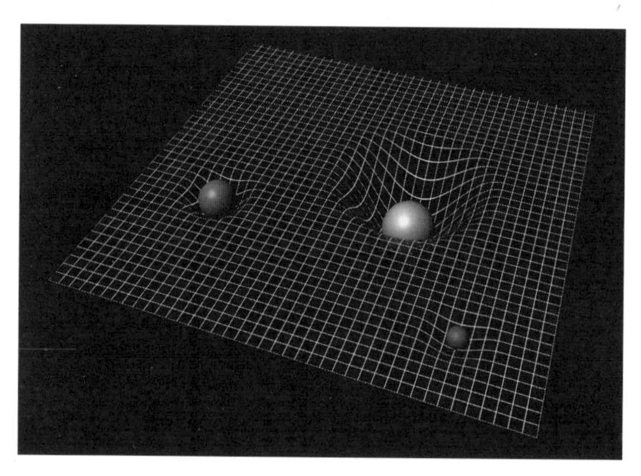

图 4　在爱因斯坦的相对论中，空间由于其中所包含的质量而发生弯曲。在本图所示的二维类比中，曲率随质量的增大而增大。黑洞这种情况是时空从宇宙的其余部分中被“掐掉”。对于正常的恒星和行星而言，其所处空间的扭曲我们几乎是察觉不到的（欧洲航天局 / 克里斯多夫 · 卡罗）

广义相对论的 3 个效应与黑洞所集中体现的致密物质状态密切相关。第一个效应是光线随着物质聚集引起的时空起伏而发生偏折。1919 年，即爱因斯坦发表广义相对论 3 年后，这一效应成为该理论所经受的

[1]　*The Sonnets of Robert Frost*, edited by J. M. Heley (Manhattan, KS: Kansas State University, 1970) . ——原注

首次经典检验。伟大的英国天体物理学家亚瑟·爱丁顿率领的一个团队测量了星光从太阳边缘掠过时发生的轻微偏折。虽然这次测量并不十分精确，但是其结果对相对论的肯定使爱因斯坦成了名人，令他一跃而登上了科学巅峰。1995 年获得的更为精确的测量结果与爱因斯坦的理论预言之间的误差小于 0.01%[1]。

第二个效应是光离开大质量物体时的能量损失，这被称为引力红移。我们可以将这一效应想象成光子正在挣脱引力的束缚。这个效应于 1960 年首次在实验中测得，与之密切相关的效应是时间膨胀。这一效应预言，引力越强，时钟就会走得越慢。时间膨胀于 1971 年首次被探测到，当时一个原子钟在高空飞行时走得就比留在地面上的另一个完全相同的原子钟略快一点点。2010 年，垂直高度差仅 1 米的时间膨胀被测量到，这要求时钟具有令人吃惊的精确度—— 40 亿年仅差 1 秒[2]。时间膨胀的测量结果与理论预言吻合的精度也在 0.01%。广义相对论极其出色地通过了所有实验的检验。

广义相对论看起来似乎深奥难懂，且远离日常生活，不过如果不把时间膨胀计算在内的话，全球定位系统（Global Positioning System，GPS）就会完全失效。将地球上的手机定位到 1 米以内，依赖于载有原子钟的在轨卫星极其精确的测量[3]。你手机里的芯片进行着相对论计算，倘若没有这些修正，一天之后 GPS 的定位就会偏离 10 千米。在太阳系以及引力很弱的地方，这些相对论效应是非常微小的。但是我们会看到，

[1] D. E. Lebach et al., "Measurement of the Solar Gravitational Deflection of Radio Waves Using Very-Long-Baseline Interferometry," *Physical Review Letters* 75（1995）: 1439-42. ——原注

[2] C. W. Chou, D. B. Hume, T. Rosenband, and D. J. Wineland, "Optical Clocks and Relativity," *Science* 329（2010）: 1630-33. ——原注

[3] N. Ashby, "Relativity and the Global Positioning System," *Physics Today*, May 2002, 41-47. ——原注

当恒星坍缩以及引力很强时，这些效应就会被放大。

奇点与生命终止

广义相对论是一个朴素而美丽的理论。爱因斯坦在谈到自己的理论成就时这样说道："任何人只要完全理解这一理论，就几乎不可能逃脱其魔力。"[1] 但是很少有人在数学方面具有足够的毅力来理解相对论。这一理论最紧凑的形式仅用一个方程就将质量－能量密度与时空弯曲联系起来了。这就像 5 分钟速读莎士比亚的作品。整套理论由 10 个相互耦合的、非线性的、双曲椭圆的偏微分方程所构成的一套方程组给出。作为其基础的数学基于流形，这是一些复杂的多维形状，它们相比于欧几里得空间，就如同折纸龙相比于平坦的纸张[2]。

[1] S. Chandrasekhar, "The General Theory of Relativity: Why Is It Probably the Most Beautiful of All Existing Theories," *Journal of Astrophysics and Astronomy* 5（1984）: 3-11. ——原注

[2] 我在读研究生期间曾努力钻研过广义相对论，这段经历使我确信自己未来要做的是观测，而不是理论。许多年以后，我在 7 年一次的学术休假期间待在普林斯顿，在爱因斯坦的阴影下度过了一段时间。从 1936 年直到去世，他在那里待了将近 20 年。当时他不是在普林斯顿大学工作，而是在附近的高等研究院工作。有一次，我把头伸进了他以前的办公室，然后向现在使用这间办公室的著名加拿大数学家罗伯特·朗兰兹表示了歉意。在从我租的房子走到研究院的路上，我经过了爱因斯坦在默瑟街上的外墙有白色楔形护墙板的房子。后来，物理学家弗兰克·维尔切克和经济学家埃里克·马斯金先后住过他的这所房子，两人都是诺贝尔奖获得者。我想，住在有这样世系传承的房子里会不会让人变得更聪明。爱因斯坦死后，他的遗体也消失了。尸检外科医生取出了爱因斯坦的大脑，并将其中的一部分储存在他位于密苏里州韦斯顿的办公室的一个罐子里。一位眼科医生摘除了他的眼睛，并把它们存放在银行的保险库里。在普林斯顿，我听到有传言说，他的骨灰被撒到了镇南的德拉瓦河。我沿着河岸跑步，并沉思冥想着那些弯弯曲曲地通过时空的路径。这些路径带来宇宙大爆炸期间产生的原子，让它们通过恒星的核心循环再生，再把它们短暂地聚集在一起，只为得到那些相对论的洞见，然后把它们撒播到河里。——原注

爱因斯坦为他的理论找到了近似解，这样亚瑟·爱丁顿就可以开始他的远征，去测量日食期间星光由于引力而发生的弯曲。他怀疑这些方程是否有精确解，但广义相对论很快就吸引了物理学界那些最聪明的头脑，其中有一个人获得了非凡的进展。卡尔·史瓦西出生于德国法兰克福，是一个早慧的学生，他在 16 岁时就发表了两篇关于双星轨道的论文。他很快就晋升为教授和哥廷根大学天文台台长。第一次世界大战爆发时，他虽然已年过四十，但仍被要求加入德国军队。他在东西两线服役，并晋升为炮兵中尉。

1915 年末，在俄国前线忍受苦寒的史瓦西给爱因斯坦写信道："战争对我足够好了，尽管炮火猛烈，但还允许我逃离这一切，徜徉在你的思想领地之中。"[1] 爱因斯坦对史瓦西给出的方程精确解印象深刻，并把它提交给了德国科学院。然而，史瓦西得了一种叫作天疱疮的罕见而痛苦的皮肤病，这使他无法再继续追求他的梦想。1916 年 2 月，他提交了一篇论文，准备发表。3 月，他从前线被遣送回国，并在 5 月去世。

史瓦西得出的是什么样的解？就是物体从某表面离开的逃逸速度取决于其质量和半径。米歇尔和拉普拉斯推测过光被一颗与太阳密度相同的大质量恒星囚禁的可能性。史瓦西意识到，如果一颗像太阳那样的恒星坍缩至很大的密度，其逃逸速度也可以达到光速。他的解具有两个令人吃惊的特征：第一个特征是引力使物体坍缩至密度趋于无穷大的状态，称之为奇点；第二个特征是预言了一个引力边界，凡是在该边界之

[1] *The Collected Papers of Albert Einstein, volume 8A, The Berlin Years: Correspondence*, edited by R. Schulmann, A. J. Kox, M. Janssen, and J. Illy (Princeton: Princeton University Press, 1999) . ——原注

内的东西将永远被囚禁在里面，这就是视界。奇点和视界是黑洞的两个基本要素（见图 5）。

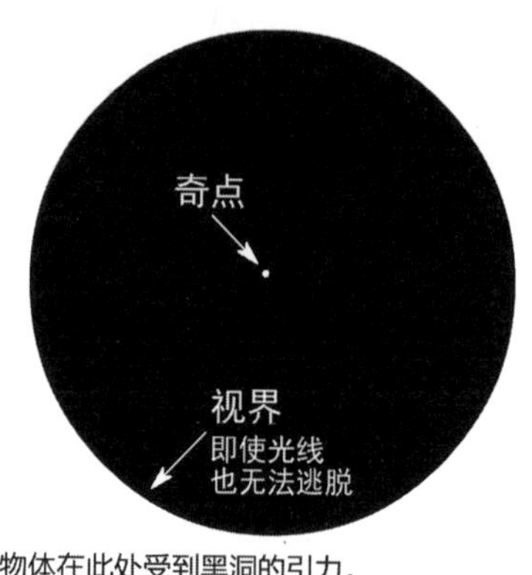

图 5　黑洞是简单天体，由其质量和自旋这两个量表征。视界是一道信息屏障，它将时空分成我们看得到的区域和看不到的区域。黑洞中心的奇点是一个密度趋于无穷大的点（莫妮卡 · 特纳 / 学校里的科学 / 欧洲研究组织）

内爆和外爆的大师

爱因斯坦并不满意。他和爱丁顿都确信奇点是一个信号，表明物理理解的不完美。一个尺度为零而质量密度为无穷大的物理对象是毫无意义的。爱因斯坦的理论创造了某种可怕的东西。其他物理学家认为史瓦西的解有着隐秘难懂的奇特性。对于一颗像太阳那样的恒星，其史瓦西半径（即视界的大小）是 3 千米。一颗直径为 140 万千米的恒星（比地球大 100 多倍）怎么可能坍缩到只有一个村庄那么大？

另一位物理神童确信这是可能的。罗伯特 · 奥本海默出生在美国纽约市，后来在哈佛大学学习物理。获得博士学位之后，他周游欧洲，潜心研究量子力学这一新兴领域。奥本海默对科学有着浓厚的兴趣。他首先将量子理论应用于分子研究，并预言了反物质，他是宇宙射线理论的先驱人物，除此之外他还取得了许多其他成就。在此过程中，他在加州大学伯克利分校开设了当时世界上最好的理论物理课程。奥本海默是一位有修养的人，对艺术和音乐也有着浓厚的兴趣。他学习过梵语，阅读过古希腊哲学原著[1]。

奥本海默研发了理解核物质的工具，并认识到天体物理学提供了一些奇异的、真实存在的例子。在恒星的演化过程中，引力总是向内拉，而聚变反应产生的压力总是向外推，两者保持着微妙的平衡。太阳是稳定的，只要核反应持续进行，它就具有恒定的大小。当太阳耗尽氢燃料时，就会坍缩成一种致密的物质。这种状态由一种被称为简并压的量子力学力所支撑，这种天体被称为白矮星。印度天体物理学家苏布拉马尼扬·钱德拉塞卡计算出，比太阳质量更大的恒星的引力可以克服简并压的作用而坍缩至其密度与一个巨大原子核的密度相当。这种天体被称为中子星。1939 年，奥本海默和他的一名研究生合写了论文《论引力的持续收缩》（*On Continued Gravitational Contraction*）[2]。在这篇论文中，他们通过一项令人信服的计算，证明了一颗质量更大的恒星将会继续坍缩，直到其密度超过任何已知的物质。这颗大质量恒星在其生命的终点将不可避免地形成一个黑洞。

1942 年，奥本海默受命去领导美国的原子弹研制工作。他组建了一支由天才物理学家组成的梦之队，在新墨西哥州北部洛斯阿拉莫斯的一

[1] A. Pais, *J. Robert Oppenheimer: A Life*（Oxford: Oxford University Press, 2006）. ——原注

[2] J. R. Oppenheimer and H. Snyder, “On Continued Gravitational Contraction,” *Physical Review* 56（1939）: 455-59. ——原注

个秘密地点工作，力争在对日战争中取得决定性优势[1]。奥本海默致力于这项工作，但也隐约出现了一些问题。他在目睹了1945年的“三位一体”[2]试爆后，只是对他的弟弟简单地说了一句：“试验成功了。”后来，他从《博伽梵歌》[3]中选择了一句名言，表达了他的心情：“我现在成了死神，世界的毁灭者。”[4]战后，奥本海默的政治观点导致了他受到反共产主义政治迫害，并被剥夺了参加机密工作的许可。在他留下的大量物理学遗产中，除了其他众多里程碑式发现之外，他还把黑洞从猜想变成了似乎有理的东西。

为这一神秘莫测的天体创造一个完美的名字

科学家之间的关系并不总是融洽。最伟大的那些科学家往往具有很强的竞争意识，他们也热衷于理解自然界是如何运作的。在我的研究领域内，我目睹过激烈的竞争，我对科学家有时用来相互攻击的残酷言辞感到畏惧。通常，最好的想法会得到肯定，而不快的感觉会被搁置在一边。但有时冲突是源于个性的，罗伯特·奥本海默和“黑洞”一词的创造者约翰·惠勒（见图6）之间就有这种情况。

惠勒的导师是伟大的丹麦物理学家尼尔斯·玻尔。玻尔逐步使惠

[1] R. Rhodes, *The Making of the Atomic Bomb*（New York: Simon & Schuster, 1986）. ——原注

[2] 人类历史上的首枚原子弹，于1945年7月16日在美国新墨西哥州试爆。——译注

[3]《博伽梵歌》（*Bhagavad Gita*）是印度教的重要经典，叙述了印度两大史诗之一《摩诃婆罗多》（*Mahabharata*）中的一段对话，学术界认为它成书于公元前5世纪到公元前2世纪。——译注

[4] J. A. Hijaya, “The Gita of Robert Oppenheimer,” *Proceedings of the American Philosophical Society* 144, no. 2（2000）. ——原注

勒养成了一种习惯，即不仅要花力气一步步地解出各种方程，而且还要对物理学所揭示的现实本质提出深刻的问题。他经过考虑，最终决定不在加州大学伯克利分校跟只比他年长 7 岁的奥本海默攻读博士学位。惠勒职业生涯中的大部分时间是在普林斯顿大学担任教授，他在那里指导了 20 世纪下半叶的许多优秀的物理学家。引力成为一个正统的、主流的研究领域，这在很大程度上要归功于他。1973 年，惠勒临近退休时，与他以前的两位学生写出了具有里程碑意义的教科书《引力论》（*Gravitation*）。物理学研究生至今仍在阅读这本书[1]。

图 6　约翰·惠勒，20 世纪下半叶最重要的物理学家之一，经典教科书《引力论》的作者。他创造了“黑洞”一词（得克萨斯大学奥斯汀分校多尔夫·布里斯科美国历史中心公共记录办公室）

1939 年奥本海默发表关于恒星坍缩的那篇论文的同一天，惠勒和

[1]　C. W. Misner, K. S. Thorne, and J. A. Wheeler, *Gravitation*（New York: W. H. Freeman, 1973）. ——原注

玻尔发表了解释核裂变的论文。而此时在欧洲，德国入侵了波兰。就像之前的爱因斯坦和爱丁顿一样，惠勒拒绝关于奇点的想法，他也认为这违反了物理学。在1958年的一次学术会议上，惠勒发表了演讲，驳斥了奥本海默的想法："它没有给出一个可以接受的答案。"随后是一场激烈的辩论。奥本海默经常表现出极度不耐烦和冷漠。惠勒为人诚恳，做事专注，对他遇到的所有人都有好奇心去了解他们。惠勒谈到奥本海默时说："我从来没有真正理解过他。我总是觉得我必须提高警惕。"（在用来模拟炸弹的计算机代码表明了奥本海默的想法有其合理性之后，惠勒确实回心转意，接受了这种想法，并在1962年的一次会议上赞扬了奥本海默的工作。不过，奥本海默没有听到惠勒的支持之词，因为他当时选择待在大厅外面与一位同事交谈。）

他们之间的敌意由于战争期间发生的一次重大意见分歧而加深。奥本海默是有助于终结战争的原子弹计划的总设计师，但在那之后他主要致力于核不扩散运动。与此同时，惠勒和爱德华·泰勒领导研制了威力更大的氢弹，他们称之为"超弹"[1]。奥本海默反对他们，他说道："让泰勒和惠勒继续干吧，让他们彻底失败。"[2]但他们并没有失败，而奥本海默后来也对他们令核聚变炸弹成为可能的高超才干心悦诚服。就惠勒而

---

[1] 有多本极好的书讨论了奥本海默对他的原子弹研究工作的复杂感受，以及他一落千丈的人生经历。参见以下作品：K. Bird and M. J. Sherwin, *American Prometheus: The Triumph and Tragedy of J. Robert Oppenheimer*（New York: Alfred A. Knopf, 2005）; M. Wolverton, *A Life in Twilight: The Final Years of J. Robert Oppenheimer*（New York: St. Martin's Press, 2008）。关于原子弹计划的内幕叙述，请参见以下作品：H. Bethe, *The Road from Los Alamos*（New York: Springer, 1968）。许多物理学家对爱德华·泰勒尤为不满，他比惠勒更加强硬，并且在奥本海默被剥夺安全许可时也显然未能给予其支持。——原注

[2] 转引自惠勒的自传：J. A. Wheeler, Geons, *Black Holes, and Quantum Foam: A Life in Physics*（New York: Norton, 1998）。——原注

言，1944 年他的哥哥在意大利战场上阵亡后，他就变得强硬起来。他痛惜原子弹没有及时研制出来，未能改变欧洲战争的进程。

惠勒在 1967 年的一次演讲中谈到，在你说了足够多次“引力作用下完全坍缩的物体”之后，你就会开始寻找一个更好的名字。观众中有人（其身份始终未得到确认）大声喊道：“黑洞这个名字怎么样？”惠勒便开始使用这个名字，想看看它是否会流行起来，结果这个名字确实流行起来了。“黑洞”与“大爆炸”一词的情况相同，也是由一个不认同这个观点的人提出来的，虽然它很口语化，但又准确无误[1]。惠勒在他的自传中写道：“（黑洞）告诉我们，空间可以像一张纸那样被揉成一个无穷小的点，时间可以像吹灭的火焰那样被熄灭，而我们认为的那些神圣的、一成不变的物理定律其实根本不是那样。”

与引力和病魔搏斗的天才

斯蒂芬·霍金（见图 7）是另一位挑战黑洞的天才。我们对他的故事如此耳熟能详，以至于几乎忘了惊讶。他在校时是一个畏首畏尾的中等学生，在经过 3 年每天不超过 1 小时的学习之后，勉强获得了一等荣誉学位。他在 21 岁时患上了肌萎缩侧索硬化症（ALS），这是一种退行性运动神经元疾病，当时医生认为他只能再活两年。然而，他在 32 岁时当选为英国皇家学会会员，35 岁时获得剑桥大学卢卡斯数学教授职位——艾萨克·牛顿曾担任这一职位。20 世纪 80 年代，他差点死于肺

[1]　事实上，事情要更为复杂。玛西亚·巴图夏克的研究表明，“黑洞”一词的最早使用是在 1963 年末的一次科学会议上，并在 1964 年初首次出现在出版物上。不过毫无疑问，这个词得以传播是由于惠勒的名声。——原注

炎，这导致他失去了说话能力，从此开始拥有标志性的机械嗓音。《时间简史》（*A Brief History of Time*）一书使他成为名人，其销量超过 1000 万册[1]。到 2018 年 3 月去世时，他比最初被“判处死刑”的时间多活了半个多世纪。

图 7　2007 年，斯蒂芬·霍金搭乘一架改装过的波音 727 飞机时，顷刻间征服了重力。太空企业家彼得·戴曼迪斯与美国国家航空航天局（NASA）合作安排了这次飞行。霍金曾希望能搭乘维珍银河航空公司的航班进行一次更长时间的零重力飞行（吉姆·坎贝尔 / 航空新闻网）

[1]　S. Hawking, *A Brief History of Time*（New York: Bantam, 1988）. 霍金指出，出版商告诉他，书中每出现一个公式，读者数量就会减少一半。因此，他将手稿中的数学公式删减到只剩下一个方程：$E = mc^2$。尽管如此，这本书仍然相当难懂，因此他接着又写了一个较短的简化版本《图解时间简史》（*The Illustrated Brief History of Time*, New York: Bantam, 1996）。卡尔·萨根在为此书第一版所撰写的序言中讲述了 1974 年他与霍金在伦敦的一次偶然相遇，当时霍金正要被正式吸纳进英国皇家学会。当他看着这个坐在轮椅上的年轻人缓慢地在一个本子（在这个本子的最初几页上有牛顿的签名）上签上自己的名字时，他意识到即使在那时，霍金也已经是一个传奇了。——原注

那些与霍金关系密切的人形容他性格尖刻[1]，但至少在物理学上，他是自爱因斯坦以来最聪明、最具独创性的人[2]。霍金博士学位论文的研究重点是一个大多数物理学家都宁愿避开的话题：奇点。正如我们所看到的，黑洞中央的奇点所隐含的意义甚至让爱因斯坦对自己的理论产生了怀疑。在数学中，奇点是一种函数具有无穷值的情况。这种情况经常发生，并不致命，数学中有许多操作和处理无穷的方法。然而在物理学中，无穷是一个大问题。例如，一种描述液体的理论可能会预言在某些条件下液体的密度会变成无穷大。这显然是非物理的，从而表明该理论存在着缺陷。霍金并不那么确定奇点是否表明广义相对论存在问题。他与牛津大学数学家罗杰·彭罗斯建立起了合作关系，当时彭罗斯正在彻底改革用于研究时空性质的工具。

在广义相对论中，时空可以表现得很怪异。这些表现是该理论的组成部分，而不是该理论存在致命缺陷的标志。时空可以折叠、撕裂，存

[1]　在流行文化中，斯蒂芬·霍金常常被塑造成一个典型——一个被困在机能逐渐衰退的身体里的天才，所以我们很难把他当成一个普通人来理解。要有血有肉地叙述他的真实情况会导致一些令人不安的事情发生。他的第一任妻子简·王尔德牺牲了自己的学术生涯，在很少有他人帮助的情况下照顾霍金，并养育他们的 3 个孩子。他后来离开了她，与他的一位护士住在了一起（他和这位护士结了婚，后来又离了婚）。王尔德在回忆录中所描绘的这个男人的形象可能是一个自我中心主义者和一个厌恶女性的人。但是人们对这位物理学家的文字描述和媒体报道都坚持英雄主义的叙述方式，因此她的视角早被淹没在其中。他个性中的那些尖锐的方面并没有弱化他面对一种使人终生衰弱的疾病时所表现出来的非凡勇气。参见 Jane Hawking, *Music to Move the Stars: A Life with Stephen Hawking*（Philadelphia: Trans-Atlantic, 1999），以及她对这个故事的第二个较为柔和的叙述版本：*Travelling to Infinity: My Life with Stephen*（London: Alma, 2007）。——原注

[2]　K. Ferguson, *Stephen Hawking: His Life and Work*（New York: St. Martin's Press, 2011）. 还有一部传记年代较早，但更专注于霍金对物理学的贡献：M.White and J. Gribbin, *Stephen Hawking: A Life in Science*（Washington, DC: National Academies Press, 2002）。——原注

在边缘、孔洞、褶痕，并且可以多重连通，拓扑结构复杂[1]。广义相对论与牛顿的引力理论有着迥然不同的“景观”，牛顿的引力理论建立在三维空间的基础上，而三维空间处处都是简单的和线性的。广义相对论中包含了存在奇点的可能性。

广义相对论中只有两类时空奇点：一类可能是由于物质被压缩到质量密度为无穷大而产生的（比如说在黑洞的情况下），另一类是当光线来自一个曲率和能量密度为无穷大的地方时产生的（比如说在宇宙大爆炸的情况下）。第一类奇点可以类比为一张平整的纸上有一个孔或者一条边缘（第二类奇点没有明显的类比）。在这张纸上运动的任何粒子遇到这个奇点时都会完全消失。霍金和彭罗斯的目标是要得到一种通用的处理方法。他们去除了尽可能多的假设，并证明了一系列著名的奇点定理，以表明奇点在广义相对论中是不可避免的。换言之，它们是一种特性，而不是缺陷。每一个黑洞都必定有一个质量奇点，每一个膨胀的宇宙（像我们所在的这个宇宙）都必定是从一个能量奇点开始的。霍金在他的博士学位论文中使用了宇宙学的例子，这使他在崇高的理论物理学界中一举成为巨星[2]。

霍金随后将注意力转向了黑洞。他与两位同事一起提出，黑洞与宇宙中的所有其他物体一样，也遵循各条热力学定律。那时，即 20 世纪 60 年代中期，除了史瓦西先前的静止黑洞的解之外，人们还找到了旋

---

[1] 欧几里得几何是一种我们熟悉的形式体系，适用于牛顿引力的线性空间。为了提出广义相对论，爱因斯坦寻觅到拓扑学这个工具箱。拓扑学是一个数学领域，描述因拉伸、扭曲或弯折而变形的（任意维数的）空间。他的天才发现之一是认识到可以将数学纳入到一种描述引力的物理理论中。——原注

[2] S. Hawking and R. Penrose, “The Singularities of Gravitational Collapse and Cosmology,” *Proceedings of the Royal Society A* 324（1970）: 539-48. ——原注

转黑洞在广义相对论中的一个完整解。在数学和物理学中，解是满足所有方程的变量值的集合。100 年来只有两次科学家找到过精确解，这表明要在相对论中找到精确解是多么困难！

霍金的黑洞“定律”之一是，黑洞的表面积总是在增加。当物质落入黑洞时，其视界面积增大，而当两个黑洞并合时，结果产生的视界面积大于两个黑洞各自的视界面积之和。这引发了一场新的争论，从而得出了一个惊人的结论。

1967 年，约翰·惠勒提出黑洞是非常简单的天体，可以仅用它们的质量和角动量来描述[1]。他称之为“无毛”（No Hair）定理，其中的“毛”是一个隐喻，表示大多数物理对象的特征细节。惠勒当时的研究生之一雅各布·贝肯斯坦试图将惠勒的理论与霍金对黑洞表面积的理解结合起来。贝肯斯坦提出，黑洞的表面积是其熵的一种表现。在通俗的说法中，熵的意思是无序。在物理学中，熵衡量的是在不改变一个物体整体性质的情况下，可以有多少方式重新排列其中的原子或分子。“无毛”定理暗示黑洞没有熵，但贝肯斯坦指出，在自然界中观察到的任何东西都无法逃脱热力学第二定律的支配（熵总是在增加），黑洞也不应例外[2]。由于热力学是物理学的基石，因此霍金接受了贝肯斯坦的观点，但他当时

[1]　电荷是黑洞的第三个可能的属性。不过，由于黑洞是由电中性的物质坍缩形成的，因此带电黑洞被认为是人为的概念，不太可能存在。电场力比引力大 40 个数量级，所以即使很小的电荷也能阻止黑洞的形成。在史瓦西提出黑洞的第一个解将近 50 年之后，罗伊·科尔将黑洞的解推广到了有自旋的情况。给出这个解的论文是：R. P. Kerr, “Gravitational Field of a Spinning Mass as an Example of Algebraically Special Metrics,” *Physical Review Letters* 11（1963）: 237-38。广义相对论考虑了如此复杂的时空几何，以至于方程很少能被完全解出，它们只能通过对对称性做很强的假设来近似地解出。——原注

[2]　J. D. Bekenstein, “Black Holes and Entropy,” *Physical Review D* 7（1973）: 2333-46. ——原注

面临一个难题。如果黑洞有熵，那么它也一定有温度；如果它有温度，那么它就必定要辐射能量。但是，如果没有任何东西能从黑洞中逃脱，那么它又怎么能辐射能量呢？

霍金对这个难题的回答震惊了理论物理学界。他说黑洞会蒸发，其运作原理如下。在经典物理学中，真空空间中什么都没有。但在量子理论中，“虚粒子”持续不断地产生和湮灭。根据海森堡的不确定性原理，它们存在的时间非常短暂。通常这些粒子 - 反粒子对或光子对会不产生任何影响地消失，但是在靠近黑洞视界的地方，强引力会将这些虚粒子对拉开。一个虚粒子坠入黑洞，而另一个飞走并变成实粒子（见图 8）。这就是黑洞辐射能量的方式。创造实粒子所需的能量来自黑洞的引力场，因此会导致黑洞的质量减小。霍金借用了爱因斯坦嘲讽量子力学的名言“上帝不会掷骰子”，宣称“上帝不仅玩骰子，而且有时还把骰子扔到看不见的地方”。[1]

霍金辐射是有争议的，但不可否认其绝妙之处。霍金很快就当选为英国皇家学会会员。不幸的是，对于一个与太阳质量相当的恒星遗迹来说，霍金辐射的影响极其微小——仅为千万分之一开，这对于天文测量来说太小了。黑洞的蒸发速度慢得惊人，一个质量与太阳相当的黑洞需要 10^{66} 年才能完全消失。不过，这一过程的高潮期并不平淡。随着质量的减小，黑洞的温度升高，蒸发率增大，最终它们会在辐射的爆发式渐强中消失。

[1] S. Hawking and R. Penrose, *The Nature of Space and Time*（Princeton: Princeton University Press, 2010）, 26. 霍金写过许多关于黑洞辐射和蒸发的极为专业的论文，但其中有一篇稍微容易理解一些：S. Hawking, “Black Hole Explosions?” *Nature* 248（1974）: 31-32。——原注

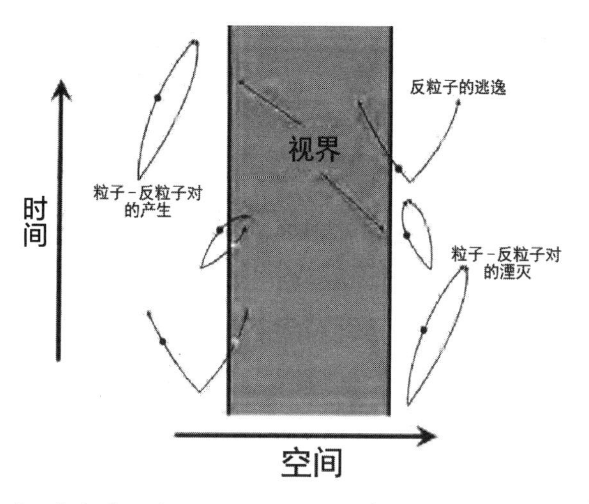

图8　黑洞并不完全是黑的。粒子－反粒子对持续不断地产生，并在很短的时间内湮灭。根据斯蒂芬·霍金提出的一种理论，当这一过程发生在黑洞视界附近时，粒子－反粒子对中的一个可以逃脱，而另一个则被黑洞俘获，其效果是黑洞辐射能量，从而会慢慢蒸发（克里斯·伊姆佩）

黑洞似乎变得越来越奇怪。物理学家甚至在怀疑它们是否存在的时候就开始探索它们的含义。1935年，爱因斯坦和内森·罗森提出，宇宙中存在着连接时空中两个不同点的“桥梁”[1]。约翰·惠勒将这种桥梁戏称为“虫洞”，而黑洞可能在“桥梁”的任意一端。广义相对论还允许一些不能从外部进入而允许光和物质逃逸出来的时空区域的存在。这些区域被称为“白洞”。一个未来的黑洞区域可能在过去有过一个白洞区域。我们还没有观察到虫洞和白洞，但是斯蒂芬·温伯格曾经说过：“物理学中经常就是这样的——我们的错误不是过于认真地对待我们的理论，而是没有足够认真地对待它们。”[2]

[1]　A. Einstein and N. Rosen, “The Particle Problem in the General Theory of Relativity,” *Physical Review Letters* 48（1935）: 73-77. ——原注

[2]　S. Weinberg, *The First Three Minutes*（New York: Basic Books, 1988）, 131. ——原注

在流行文化中，黑洞成了死亡和毁灭的代名词。但它们也带来了转变和永生的希望，因为时间在视界处冻结，没有人知道视界以内藏着什么。正如作家马丁·艾米斯所写的："霍金之所以理解黑洞，是因为他可以凝视它们。黑洞意味着湮灭，意味着死亡。而霍金在他的整个成年生活中一直在凝视着死亡。"[1]

押注黑洞

斯蒂芬·霍金是一个很好的打赌对象，因为他押注很少赢[2]。他第一次押注的对象是宇宙审查猜想（Cosmic Censorship Conjecture）。1969年，罗杰·彭罗斯提出奇点总是"隐藏"在视界之后，除了大爆炸以外不存在其他裸奇点。视界阻止任何观察者看到物质被挤压到密度为无穷大。由于奇点对广义相对论提出了一个很大的概念性上的挑战，因此物理学家希望黑洞总是具有视界。1991年，霍金与加州理工学院的两位理论家约翰·普瑞斯基尔和基普·索恩赌100美元，他押注宇宙审查猜想是正确的，裸奇点不存在。1997年，超级计算机模拟显示，在某些条件下，一个正在坍缩的黑洞可能会导致裸奇点，这可能是由自然存在引起的，也可能是由一种先进文明引发的。霍金认输掏钱，给了他的两个同事每人一件T恤，上面写着"大自然憎恶奇点"。

同一年，霍金与普瑞斯基尔打赌说，信息在黑洞中被摧毁（索恩改变了立场，在这个赌局中站在了霍金这边）。这里所说的"信息"与熵

[1] M. Amis, *Night Train*（New York: Vintage, 1999）, 114. ——原注

[2] A. Z. Capri, *From Quanta to Quarks: More Anecdotal History of Physics*（Hackensack, NJ: World Scientific, 2007）. ——原注

有关。高熵意味着无序和少量信息。例如，正常气体是高度无序的，只需要少量信息来描述，如密度、温度和化学成分。黑洞具有巨大的熵，比形成黑洞的气体球的熵要大得多，因此描述它们的信息甚至比气体还少。我们知道的只是它们的质量和自旋[1]。然而从原则上来说，我们可以用许多不同的方法来制造黑洞，比如把气体或岩石压在一起，或许还可以把书和不配对的袜子压在一起，但是你无法从外部看到这些信息。然后黑洞随着无序辐射的释放而蒸发。黑洞最初是由什么构成的，相关信息发生了什么变化？这个难解之题被称为信息悖论。

2004 年，霍金对这个赌局也认输了。在都柏林召开的一次会议上，他改变了先前的立场，说信息在进入黑洞的过程中可以幸存下来，尽管处于被严重损坏的状态。这就像烧毁一部百科全书，然后在灰烬和烟雾中发现了书中微弱的信息残余。也许通过巧妙的计算我们可以重现油墨的图案和文本。霍金保留了量子力学的各条原理，但推翻了早先的一种推测，即信息不仅可能保存在黑洞内，而且可能进入了从黑洞分支出来的其他宇宙。他告诉《纽约时报》的记者：“我很抱歉让科幻迷们失望了，但是如果信息被保存下来，就不可能利用黑洞去其他宇宙旅行。”[2] 霍金是在暗指宇宙学中的一种观点，即大爆炸之前的状态可能已经产生了大量的宇宙，并补充了黑洞可能使信息能够在宇宙之间流动的观点。为兑现赌注，霍金给了他的朋友普瑞斯基尔一本棒球百科全书，从这本书中“可以很容易地恢复信息”，他说自己最初声称信息丢失是他“最

---

[1]　熵的通俗意义是无序，但来自物理学的最初定义与系统的等效微观构型的数量有关。由于形成黑洞的方式非常多（相比之下，形成恒星的方式相当有限），因此黑洞的熵非常高。从数学上来讲，一个与太阳质量相当的黑洞的熵要比太阳的熵高 1 亿倍。——原注

[2]　D. Overbye, “About Those Fearsome Black Holes? Never Mind,” *New York Times*, July 22, 2004.——原注

大的错误”[1]。

20 世纪 70 年代末，我还是一名研究生时，曾见过斯蒂芬·霍金一次。他当时在伦敦做了一个关于黑洞的演讲，以庆祝他被任命为卢卡斯数学教授。彼时霍金 36 岁，正处于他作为物理学家的巅峰时期。他已在轮椅上坐了 10 多年，语言能力已退化到只有少数几个家庭成员和亲近的同事才能理解的程度。霍金的一个学生把头靠近他，以便能够听到他说的每句话，然后将其传达给观众。记得在演讲的最后，我产生了一种强烈的感觉，无论我在生活和事业中遇到什么障碍，与霍金所面对的一切相比，它们都无足轻重。

20 年后，我和表兄去剑桥大学的一个大礼堂看他的一次公众演讲。演讲是事先准备好的，由语音合成器播出，这已成为他的惯常做法。提问阶段进行得很慢，因为他必须用一根手指从计算机里存储的成千上万个短语中进行挑选。他那顽皮的幽默感得到了充分的展示。有人问道：“我们有朝一日会有能力利用黑洞来拯救人类免于毁灭吗？”霍金停顿了一下，然后敲击键盘：“我希望不会。”另一个问题是：“有人能在坠入黑洞后活下来吗？”他缓慢地敲击出他的回答：“你也许可以。我已经有足够多的事情要对付了。”

第二个问题的真正答案是，如果一位不幸的旅人坠入了黑洞，那么他就无法存活下来，因为引力会将他“拉成细面条”。引力随着到物体的距离的平方而减小。对于任何像黑洞这样的致密天体，离该天体不同

[1] 这是对爱因斯坦的赞同，他对广义相对论的一个解进行了修改，从而能与天文学家在 20 世纪初对静态宇宙的描述取得一致。他将这一修改称为他“最大的错误”。爱因斯坦增加了一个叫作宇宙常数的项来抵抗引力。具有讽刺意味的是，我们现在知道宇宙正在加速，而宇宙常数很好地描述了这种表现。——原注

距离的两点之间的引力之差可以很大——这就是潮汐力[1]。在距离该天体 3000 千米远处，你的头和脚趾之间的拉力大约相当于地球引力。这会让你不舒服，但你还是可以存活的。在距离该天体 1000 千米远处，拉力是地球引力的 50 倍，所以你的骨头和内脏器官会被撕开。在距离该天体 300 千米远处——仍然远离视界，拉力是地球引力的 1000 倍，固体将被摧毁。“拉面效应”可不像小孩子玩的游戏（就算有一个人拉你的脚，另一个人拉你的胳膊），甚至也不像中世纪绞刑架上的酷刑。黑洞附近的时空正在被扭曲，因此你将在肌纤维、细胞和 DNA 链的等级上被拉伸。

这就产生了一个悖论。视界是一个有去无回的点，是一张信息膜：信息只能进而不能出。如果你能携带着一个数字钟潜入黑洞，并以某种方式避免被拉成面条，那么当你从视界自由下落时，这个钟看起来会保持正常的走时。与此同时，一个在观察你下落的同伴会看到，在你扭曲的图像慢慢接近视界的过程中，你的时钟会慢下来，直到你和时钟看起来都停止了。现在想象我们把一本书扔进黑洞。引力理论认为它会穿过视界，并且信息会丢失。但在局外人看来，这本书永远到达不了视界。那么信息是丢失了，还是以某种方式“存储”在视界上了？

有一个赌局是霍金很乐意输掉的：1975 年他和基普・索恩的第一次打赌。霍金赌黑洞不存在，这相当于买保险。他希望自己输掉，但是他

[1]　我们非常熟悉太阳系中的潮汐力。地球离月球较近的一边比较远的一边受到的月球引力要大，当海洋对这一引力差产生反应时，就会制造出潮汐。太阳对地球也施加潮汐力，但由于日地距离较远，因此这个潮汐力较小。当作用在像月球和小行星这样的固态天体上的潮汐力超过岩石的强度时，该天体就会碎裂。这个天体所在的位置被称为洛希极限。木星的小卫星所受到的潮汐力使它成为太阳系中最活跃的火山世界。从数学上来说，到一个质量为 M 的物体的距离为 R 时，直径为 d 的物体两端的潮汐加速度为 $2GMd/R^3$。——原注

说如果他赢了，他就要让基普·索恩给自己订阅4年的英国讽刺杂志《私家侦探》（*Private Eye*）来安慰自己。我们将在下一章中看到，高能射线源天鹅座X-1最终被证明是一个令人信服的黑洞候选者，所以霍金在1990年服输了，给基普·索恩订阅了一年的《阁楼》（*Penthouse*）杂志[1]。

黑洞理论的黄金时代

在霍金具有里程碑意义的发现之后，黑洞研究的步伐加快了。我们现在正处于黑洞理论的黄金时代，每年都有大量的论文发表。物理学家正在努力使广义相对论中对物质的“平滑”描述与量子理论中对物质的“颗粒状”描述取得一致。

如前所述，最大的难题之一是视界上的信息发生了什么事。霍金的黑洞蒸发理论已延伸到量子力学的工具箱之中。他最初认为，来自黑洞的辐射是混沌的和随机的，并且当黑洞蒸发时，它所包含的所有信息都会丢失。这违反了量子理论的一个核心前提：粒子间的相互作用在时间上是可逆的，所以应该可以将电影倒过来播放，从最终状态恢复到最初状态。非常成功的两种物理学理论——广义相对论和量子力学之间的这一冲突被大多数物理学家认为是一场危机。

1996年，安迪·斯特罗明格和卡朗·瓦法利用弦理论再现了霍金

[1] 科学赌局有一段引人入胜的历史，其中最早为人所知的赌局之一还涉及引力。1684年，英国建筑师克里斯多夫·雷恩提供的赌注是一本书，价值两英镑（相当于今天的400美元），奖励任何能由引力平方反比定律推导出各条开普勒行星运动定律的人。他的目的是激励艾萨克·牛顿完成计算并公布结果。牛顿后来在他的杰作《自然哲学的数学原理》中这样做了，但是错过了赌局的最后期限。——原注

的熵和辐射[1]。弦理论的应用是一项持续时间长达数十年的尝试，它试图用下述概念来统一自然界的 4 种基本相互作用力：物质不是粒子，而是微小的一维能量“弦”，它们存在于一个可能有八维或十维的时空中。弦理论比标准量子理论更基本，因为它假定各种不同的粒子（如电子、质子和中子）都基于同一种实体。它的吸引人之处还在于，它在数学上很优雅，但是很难得到检验。尽管如此，当事实表明这一理论能解释黑洞的一些重要性质时，人们还是感到振奋，因为这是物质的一种微观理论第一次在强引力领域获得成功。斯特罗明格和瓦法的研究表明，信息真的可以从黑洞中恢复。然而，关于这些信息是如何被保存的，或者关于黑洞的本质，弦理论能告诉我们些什么，目前物理学家们还没有明确的共识。

许多顶级物理学家正在研究这一谜题[2]。一个能引起科学家兴趣的想法是，信息存储在视界上，这种存储形式就像全息图是三维物体的二维信息存储方式。如果关于黑洞内容的信息以某种方式编码到表面上（见图 9），就会解决信息悖论。2012 年，人们发现了一个严重的美中不足：导致霍金辐射的虚拟粒子是纠缠的，即使在远远分离时它们也共享量子态。通过打破纠缠来获取信息会释放出大量的辐射，从而在视界的正上方形成一道“防火墙”。一位旅人不是经历一段平淡无奇的旅程而坠

[1]　A. Strominger and C. Vafa, “Microscopic Origin of the Bekenstein-Hawking Entropy,” *Physical Letters B* 379（1996）: 99-104. ——原注

[2]　使量子理论与广义相对论取得一致的工作耗费了爱因斯坦生命的最后 20 年。他一直没能获得成功。量子引力的一些最显而易见的特点（比如引力是由一种叫作引力子的粒子所传递的）很快就遇到了技术上的问题。时间在量子力学和广义相对论中的作用也有很大的不同。弦理论被认为是一种很有前途的方法，但它产生了大量很难分类整理的真空状态。具有讽刺意味的是，最近物理学家用弦理论描述黑洞所取得的一些进展竟要求去掉引力！这项研究可能还需要许多年的时间才能成熟或产生一些可以检验的预测。——原注

入这个黑暗深渊，而是会被这道防火墙消声灭迹。但是从外面看，这位旅人仍然会像一只粘在苍蝇纸上的虫子一样被困在视界上。他是生还是死？什么也出不来，什么也进不去。目前，研究者仍在争论防火墙是否不可避免。

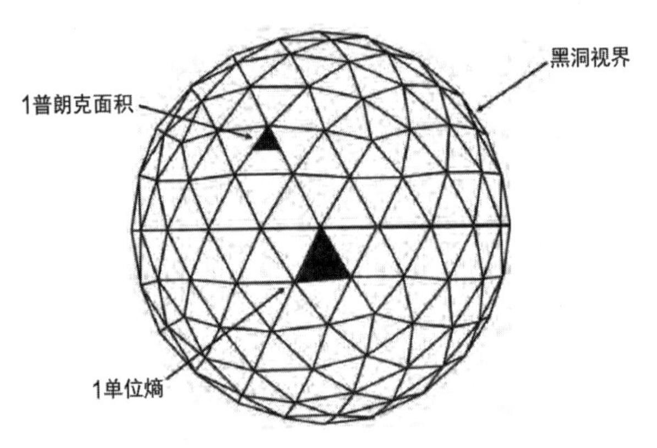

图 9　黑洞的熵与视界面积成正比。熵也可以看成信息。信息的最小单位（称为比特）对应于普朗克面积，它由光速、引力强度和普朗克常数决定。这就好像黑洞的内容是作为信息比特写在视界上的（克里斯·伊姆佩）

以上讨论了黑洞理论研究前沿的一些概念的发展与变化。我们把这个主题的最后几句话留给安迪·斯特罗明格吧。在 2016 年与霍金合作发表的论文《黑洞上的软毛》（*Soft Hair on Black Holes*）中，他驳斥了约翰·惠勒的“无毛”定理，并确定了在黑洞边界上可能充当发挥信息存储作用的量子像素的那些粒子。目前这项工作仍在进行中。他承认：“我的黑板上列出了一张包括 35 个问题的清单，每一个问题都要花费几个月的时间来研究。如果你是一位理论物理学家，那么现在对你来说正是一个非常好的阶段，因为有些事情我们不理解，但我们可以做一些计算，它们肯定会给这一阶段带来光明。”[1]

在过去的 100 年里，黑洞已经从一个违背常识的可怕想法演变成了物理学中最受珍视的那些理论的检验场。黑洞就像来自宇宙的礼物，它们很有分量，但是被藏在了盒子里，是神秘的。然而，即使外面的包装也吸引着人们去研究。这让我想起马克・吐温的那句讥讽之言：“科学有一些迷人的东西。投资进去的事实如此微不足道，得到的回报却是如此大批的推测。”

是时候问一个务实的问题了：黑洞真的存在吗？

[1] A. Strominger and S. Hawking, “Soft Hair on Black Holes,” *Physical Review Letters* 116 (2016) : 231301–11. 关于这项工作，有一篇对安迪・斯特罗明格的比较容易理解的访谈文章，请参见赛斯・弗莱彻的博客 *Dark Star Diaries*。——原注

第 2 章　从恒星死亡到黑洞

科学的发展取决于理论和观察之间的相互影响。千百年来，人类对宇宙的运行方式有过许多富有想象力的想法。但是，如果没有从观察中获得的数据，那么即使最聪明的想法也只能停留在推测的范畴。是否确实有证据能证明质量可以在宇宙中消失不见？

尽管想象黑洞很困难，但它们是真实存在的。这是近 50 年来科学家研究恒星的最终状态所得出的确定结论。一个孤立的黑洞是完全看不见的。它在时空中造成的断裂非常小，以至于任何望远镜都无法观测到。但大多数恒星都处于双星系统或多星系统之中，因此可见恒星可以暗示它的暗伴星的存在。

光明与黑暗的力量

当看着太阳的时候，你很难相信自己正在观看一场光明与黑暗之间的大战。尽管太阳似乎一直都没有变化，但粒子以接近光速的速度到处疾驰，行星大小的等离子体团块也在不停地翻腾。这是一个恒温控制的核熔炉，其内部的每一个点都存在着一种向内的力和向外的力，而且二者是平衡的。前者是引力，后者是由氢聚变成氦时所释放的辐射[1]。只要核聚变的燃料还在，那么这两种力中的任一种就都不会占据上风。

如果你要对这场战争的长远结果下赌注，那么引力会是明智的选择。核燃料是有限的，但引力是永恒的。在像太阳这样的恒星中，氢被耗尽后，恒星内部的压力就消失了，恒星的核心就坍缩成一个温度更高、密度更大的结构，在那里氦可以聚合成碳。这一反应进行得很快，当氦耗尽时，温度无法上升到足以引发新的核反应。压力支撑消失后，恒星的核心将再次面临引力坍缩。当最后的燃料耗尽时，太阳将经历一个短暂的璀璨阶段，将其大约 1/3 质量的物质抛射出来，形成一个以超音速运动的气体壳。这些快速移动的气体升温并发光，产生行星状星云的绚丽色彩。任何在 50 亿年后从另一个恒星系统观察太阳的人都会看到一场壮观的光影表演。任何从地球上观看的人都会陷入巨大的麻烦之中，因为喷出的气体会使生物圈蒸发并灭绝一切生命。

恒星是生存还是死亡取决于它的质量（见图 10）。恒星的各种不同命运在它们诞生时就已注定。所有的恒星根据其质量的不同，都会变成白矮星、中子星或黑洞。对于一颗恒星来说，并不存在一个“典型的”质量或大小，尽管从混沌的气体云中形成恒星的过程所产生的小恒星比大恒星要多得多。太阳在质量范围的低端，比它更低的是被称为红矮星

[1]　恒星内部由核聚变获得能量而达到的压力平衡称为流体静力学平衡。这个过程具有负反馈，其表现就像一个恒温器。如果由于某种原因，太阳受到来自外部的压力的挤压，那么其中的气体就会因密度增大而升温，核反应速率就会增大，从而会产生更大的压力，于是太阳就会略微膨胀。如果某种因素导致太阳略微膨胀，那么其内部温度就会下降，核反应速率也会减小，由此产生的压力减小，于是太阳就会略微收缩。像太阳这样的恒星是长期稳定的，完全不像炸弹。——原注

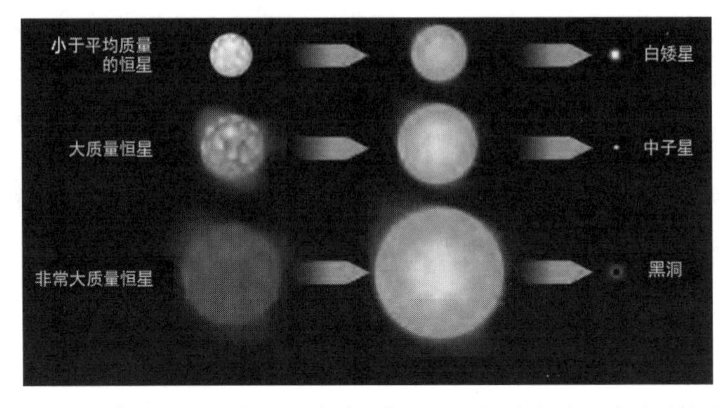

图 10　恒星的命运取决于其质量（大小未按比例）。包括太阳在内的大多数恒星的质量都低于平均质量。当核燃料耗尽后，它们死亡后冷却下来的余烬叫作白矮星。更大质量的恒星有更多的燃料，但寿命更短，它们死亡后成为中子星或黑洞（美国国家航空航天局 / 钱德拉科学中心）

的暗淡恒星。红矮星的数量是像太阳这样的恒星的数百倍。恒星的寿命也由质量决定，因为引力决定了核心的温度，而核心的温度又决定了核反应的速度有多快，进而决定了核燃料能维持多久。像太阳这样的恒星把氢聚变成氦的反应会持续 100 亿年，在今天我们已经走过了这个时间跨度的一半[1]。一颗质量为太阳一半的恒星的寿命为 550 亿年，而宇宙的寿命只有 140 亿年，因此在宇宙的历史上，还从来没有这一质量的恒星死亡过。一颗质量仅为太阳 1/10 的红矮星是仍能发生聚变反应的最小恒星，它会像守财奴一样吝啬地消耗燃料。在理论上，这样一颗恒星的寿命将超过 1 万亿年——不可想象的漫长时间。即便如此，这颗红矮星也只是推迟了不可避免的事情的发生，因为总有一天燃料会耗尽，昏暗

[1]　对于正在将氢聚变成氦的恒星，我们就说它在主序上。20 世纪初，天文学家埃纳尔·赫茨普龙和亨利·诺里斯·罗素证明，当以恒星的光度为纵轴，以其颜色或表面温度为横轴作图时，恒星并不会占满这张图的所有部分。大多数恒星落在一条从高光度、高温到低光度、低温的对角线上。正在聚变其他核燃料的恒星或已坍缩到其最终状态的恒星落在这张图的其他区域。——原注

的星光必定会逐渐熄灭，引力将因其耐心而得到回报。

质量比太阳大的恒星有着更短、更壮观的一生。它们都在做太阳现在正在做的事情——把氢聚变成氦，但它们的引力更大，因此其内核温度更高，并以惊人的速度消耗燃料。恒星的质量越大，其核心温度就越高，寿命也就越短。大质量恒星可以将元素周期表中从氢直至铁（最稳定的元素）的所有元素聚合。当核反应进行到铁停止时，恒星内核处于一种奇怪的物理状态：温度高达10亿摄氏度、密度比水大100倍的铁等离子态。由于没有了来自核心的压力，因此它会坍塌，而向内的压缩波会向外反弹成温度达数十亿摄氏度的冲击波，使内核中直至铀的重元素在瞬间聚合。这就是超新星爆发，宇宙中最引人注目的事件之一。贵金属被抛向太空，成为下一代恒星和行星的组成部分。恒星的初始物质被大量喷射出去，但剩下的部分则被引力不屈不挠地紧紧挤压在一起。

引力和黑暗是最后的胜利者

恒星的遗迹真是物质的奇异状态，是我们在实验室中无法制造出来的。我们所能做的只是利用物理定律，并希望我们的理论足够健全，能够胜任这项任务。在20世纪的天体物理学领域，一些最优秀的学者致力于研究恒星的遗迹。

恒星的最终结局取决于该恒星诞生时的最初质量。恒星诞生于大气体云的碎裂和坍缩过程，这一过程产生的小质量恒星比大质量恒星多得多。所有恒星随着其年龄的增长都会失去一部分质量，在此期间发生的事情很复杂，因此不同结局之间的界限并不明确。诞生时质量小于8倍太阳质量的恒星会坍缩成一种异常致密的物质状态，称之为白矮星。绝大多数恒星的质量都小于太阳，因此 95% 以上的恒星都会以这种方式终结自己的一生。例如，太阳在死亡变成白矮星之前，会在其生命最后的璀璨阶段失去约 1/3 的质量。

1783 年，英国天文学家威廉·赫歇尔意外地发现了一颗名为 40 Eridani B 的恒星，但他无法测量它的大小，因此他没有意识到这颗恒星不同寻常。1910 年，天文学家将注意力重新聚焦于这颗暗淡的恒星，它处于一个双星系统中。它的轨道显示其质量与太阳的质量相当。天文学家知道它的距离，并推断在同样的距离下，它的亮度是太阳的万分之一。然而它是白色的，因此其温度比太阳高得多。如果你想理解为什么这件事令人费解，那么请设想你在一个黑暗的房间里看着电炉上的电热板。一块开在低挡的电热板发出橙光，就像太阳一样。另一块电热板开在高挡，温度高得多，因此它发出白光。发白光的电热板比发橙光的电热板亮得多。要使发白光的电热板看起来比发橙光的电热板暗淡得多，它就必须小得多。按照同样的逻辑，在 40 Eridani 系统中，这颗暗淡的恒星必须比太阳小得多。由于它与太阳有相同的质量，因此它的密度要比太阳大得多[1]。

恩斯特·奥匹克计算出 40 Eridani B 的密度应该是太阳密度的 25000 倍，他声称这“不可能”[2]。使“白矮星”一词得以普及的亚瑟·爱丁顿描述了一颗白矮星发生的令人难以置信的反应：“我们通过接收和

---

[1] 支配恒星的辐射定律被称为斯特藩－玻尔兹曼定律。它描述的是一个黑体，即一个处于平衡状态且温度恒定的物体。这条定律说的是，一颗恒星辐射的总功率正比于其表面积与温度的 4 次方的乘积。因此，辐射功率随着体积的减小而迅速减小，随着温度的降低而减小得更快。——原注

[2] E. Öpik, “The Densities of Visual Binary Stars,” *Astrophysical Journal* 44（1916）: 292-302. ——原注

解读恒星的光线带给我们的信息来了解它们。这条信息被解码后读起来是这样的：‘构成我的材料的密度比你见过的任何东西都要大 3000 倍。1 吨我的材料只有一小块，你可以把它放进火柴盒里。’对于这样一条消息，我们能如何回答呢？ 1914 年，我们大多数人的回答是：‘闭嘴，不要胡说八道！’”[1]

爱丁顿不是一个谦逊的人。一位同事对他说：“爱丁顿教授，世界上仅有 3 个人懂相对论，你一定是其中之一。”当时，他停顿了一下。于是那位同事说：“别这么谦虚了。”爱丁顿回答说：“正相反，我在想那第三个人是谁。”[2] 即使爱丁顿是预言了白矮星的天体物理学大师，但他仍称它们为“不可能的恒星”。

一颗典型的白矮星的大小与地球相当，但其质量与太阳相当。它的密度比水大 100 万倍。由于没有核聚变释放出能量，因此也就没有向外的压力。引力使气体收缩，从而压碎原子结构，形成由游离核和电子组成的等离子体。只有在这一刻，引力才最终被挫败。1925 年，沃尔夫冈·泡利提出了不相容原理，意思是没有任何两个电子具有完全相同的一组量子特性。它的效应是提供了阻止恒星遗迹进一步坍缩的压力[3]。白矮星形成时的温度会高达 100000 开，然后稳定地将它的热量辐射向太空，最后渐渐变成一片黑暗。

---

[1]　A. S. Eddington, *Stars and Atoms*（Oxford: Clarendon Press, 1927）, 50.——原注

[2]　转引自 J. Waller, *Einstein's Luck*（Oxford: Oxford University Press, 2002）。——原注

[3]　白矮星的物理状态被称为简并物质。简并压只取决于密度，而与温度无关。简并物质是可压缩的，因此大质量白矮星的半径较小，密度也大于小质量白矮星。由于白矮星具有富含碳元素的自然属性以及准晶体的原子结构，因此摇滚乐队平克·弗洛伊德在 1975 年发行的专辑《希望你在这里》（*Wish You Were Here*）的歌曲《继续闪耀吧，你这疯狂的钻石》（*Shine On, You Crazy Diamond*）中以钻石暗指它们（也暗指乐队的创始成员西德·巴雷特）。——原注

当时依靠印度政府奖学金求学的19岁剑桥大学学生苏布拉马尼扬·钱德拉塞卡计算出，无论恒星的初始质量如何，其白矮星遗迹的质量都绝不可能超过太阳质量的1.4倍。如果大于这个质量，引力就会战胜量子力学效应，于是恒星就会坍缩成一个奇点。白矮星的这一最大质量被称为钱德拉塞卡极限[1]。这是一个精妙的计算，因此当钱德拉塞卡的偶像亚瑟·爱丁顿公开嘲笑坍缩到奇点的想法时，他所感到的失望是可以理解的。钱德拉塞卡觉得自己遭到了背弃，他认为这种轻蔑在一定程度上出于种族原因。我们总愿意认为科学是一种精英体制，但科学家也可能存有嫉妒之心和短视。（量子先驱保罗·狄拉克也经历过类似的阻力，他精辟地指出，科学是靠一个一个葬礼逐步向前推进的。）钱德拉塞卡最终被证明是正确的，并因其对恒星结构和演化的深刻见解而获得诺贝尔物理学奖。

钱德拉塞卡为物理学家打开了一扇门，让他们想象一颗恒星坍缩成除白矮星之外的天体时会发生什么。几年后，美国的天文学家沃尔特·巴德和弗里茨·兹威基几乎漫不经心地提出，在钱德拉塞卡极限以上，恒星坍缩后可能会形成纯中子物质，但他们没有做任何计算来支持这个猜想。1939年，烟不离手、作风严谨的罗伯特·奥本海默算出了答案。他与一个研究生一起确定了中子星的质量范围[2]。同年，正如我们已经看到的，他证明了在这个质量范围以上的恒星遗迹（超过太阳质量的3倍）一定会形成黑洞。

所有的恒星在死亡前都会失去质量。如上所述，在太阳死亡而形成

[1] S. Chandrasekhar, “The Maximum Mass of Ideal White Dwarfs, ” *Astrophysical Journal* 74（1931）: 81-82.——原注

[2] J. R. Oppenheimer and G. M. Volkoff, “On Massive Neutron Cores,” *Physical Review* 55（1939）: 374-81.——原注

白矮星之前，它会失去一半质量。所有诞生时质量不超过太阳质量 8 倍的恒星都会留下不超过太阳质量 1.4 倍的白矮星。如果一颗恒星的初始质量是太阳质量的 8 ～ 25 倍，那么它的内核就会持续坍缩，直到所有的质子和电子都结合成纯中子物质为止[1]。由于不存在电场力，因此中子就像鸡蛋盒里的鸡蛋一样挤在一起。支撑着这种物质以防止其进一步坍缩的是强大的核力以及更强的量子力，而后者也阻止了白矮星进一步坍缩。这就是中子星，宇宙中最小、最致密的一类星体。当天体的质量超过 25 倍太阳质量时，我们面对的就是“爱因斯坦的怪物”这一可能性（见图 11）。

中子星对我们的想象力提出了挑战[2]。一颗中子星就像一个城市大小的原子核，其原子序数为 10^{57}。它的物质密度比水大 1000 万亿倍。倘若将一块方糖大小的白矮星物质拿到地球上，其质量会是 1 吨，但是倘若将一块方糖大小的中子星物质拿到地球上，其质量就相当于珠穆朗玛峰的质量。当一颗恒星发生如此剧烈的坍缩时，磁场也会被挤压和集中。有些中子星的磁场强度比地球磁场强千万亿倍，其表面附近的引力如此之强，以至于从 1 米高处坠落的物体在与地面碰撞的瞬间会被加速到 480 万千米 / 小时。角动量守恒意味着当恒星坍缩时，像太阳这样的恒星在正常情况下的缓慢自转会被放大。自转最快的中子星每秒自转 716 周，即每分钟自转 42000 圈。这样一个快速自转的固态天体并不完全稳定，因此其固体外壳会在被称为星震的事件中发生剧烈的变化。

[1]　P. Haensel, A. Y. Potekhin, and D. G. Yakovlev, *Neutron Stars*（Berlin: Springer, 2007）. ——原注

[2]　罗伯特 · 弗斯特接受了这一挑战，他的《龙蛋》（*Dragon's Egg*, New York: Del Rey, 1980）被认为是硬科幻小说中的经典之作。他想象了一种能够生活在中子星表面的微小智慧生物，它们的发展和思考时标比人类快 100 万倍。——原注

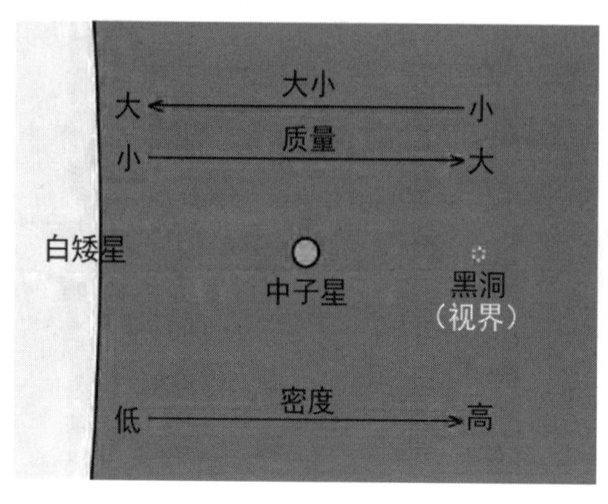

图 11　恒星的初始质量越大，在所有聚变反应完成后的恒星遗迹就越小，其密度也越大。图中左边的曲线显示了白矮星的大小。尽管中子星和黑洞的质量只比白矮星大几倍，但这些符号表明它们要小得多，密度也大得多（帕特里克·伦恩 / 奎斯塔学院）

如何才能探测到中子星？这些城市大小的星体不该发光，因为它们不像普通恒星那样聚变元素。几十年来，天文学家把它们归为天体物理学中的奇闻异事：一些需要想象而从未目睹的事情。然后到了 1967 年，年轻的研究生乔斯林·贝尔和她的论文导师托尼·休伊什探测到狐狸座中有一不明天体发出了周期为 1.3373 秒的射电脉冲。这些脉冲是如此强大且有规律，以至于贝尔和休伊什认为这个天体可能是一座灯塔，因此他们开玩笑地把它命名为 LGM-1（Little Green Men，小绿人）。其他的“脉冲星”也很快就被发现了，贝尔和休伊什把它们与早先的中子星预言联系了起来。强磁场驱动中子星表面的热斑发出射电辐射，当旋转的中子星像灯塔的光束那样将这种辐射扫过射电望远镜时，人们就会观测到脉冲。

7 年后，发现脉冲星的诺贝尔奖被授予休伊什和射电天文台的负责人马丁·赖尔，而不是真正发现脉冲星的乔斯林·贝尔，争议随即爆发了。科学界的许多人都清楚，她被排除在这项荣誉之外是因为她是一位年轻的女性。那时，获得过诺贝尔物理学奖的科学家已超过 200 位，其中只有两位是女性：1903 年的玛丽·居里和 1963 年的玛丽亚·戈佩特·梅耶[1]。

射电望远镜巡天发现的脉冲星的数量稳步增加到 3000 多颗。然而，由于导致热斑的条件很罕见，因此只有极少数中子星是射电脉冲星。银河系有数以百万计的中子星，它们中的绝大多数都在深空中安静地自转着，黑暗而无法被探测到。

发现第一只黑天鹅

1964 年，甲壳虫乐队在美国掀起了一场风暴，还有一位名叫卡修斯·克莱[2]的莽撞年轻拳击手成为世界重量级拳王。当时科学也在蓬勃发展。1964 年 1 月，“黑洞”一词首次出现在出版物上。当年 6 月，一枚从新墨西哥州发射升空的小型探空火箭在天鹅座中发现了一个强 X 射线源。“黑天鹅”这一说法指的是一些罕见的、意料之外的事件，而它们在科学发展中发挥了超常的作用。（哲学家也用这个词来谈论归纳法

[1] 参见 J. Emspak, “Are the Nobel Prizes Missing Female Scientists?” *Live-Science*, October 5, 2016。女性在其他诺贝尔奖项目上的境遇也仅仅是略好。在今天，天文学已逐渐改善其性别平衡问题，但在最高学术级别上，男性仍然多于女性，而且他们赢得了各主要奖项的最大份额。我与乔斯林·贝尔相当熟悉，我们有一段时间同在爱丁堡皇家天文台工作。她清楚地记得发现的那一刻，当时她看到带状记录纸上有一些不断重复的、没有得到明显解释的波形曲线。她扮演着侦探的角色，一个接一个地追查并排除其他解释。至于诺贝尔奖，她在谈到早期被遗漏时并没有一丝苦涩。她在其他所有方面也都有着辉煌的成就。关于她自己的故事，请参见 J. S. Bell Burnell, “Little Green Men, White Dwarfs, or Pulsars?” *Annals of the New York Academy of Science* 302（1977）: 685-89。——原注

[2] 拳王阿里的原名，他改信伊斯兰教后将名字改为穆罕默德·阿里。——译注

的问题：看到许多白天鹅并不能证明黑天鹅不存在。）在黑洞物理学中找到黑天鹅的第一个例子花费了 7 年的探测时间[1]。

X 射线天文学在 20 世纪 60 年代是一个新领域。来自宇宙的高能辐射源只能在太空中探测到，第一个源在 1962 年才被发现。1964 年通过观测确认的 8 个源与超新星遗迹（即大质量恒星死亡时的剧烈活动所产生的热气体）相符[2]。为这一发现所做的观测的空间分辨率很低，因而没能把从天鹅座 X-1 发出 X 射线的区域缩小到比星座本身小得多的区域。1970 年，乌呼鲁 X 射线卫星显示，天鹅座 X-1 的 X 射线强度在不到 1 秒的时间内发生了变化。天体物理学家将时间作为一种测量遥远天体大小的方法，其原理是 X 射线强度的变化不会比光穿过光源的速度更快。天鹅座 X-1 的 X 射线强度变化表明，该天体的直径可能不超过 100000 千米——不到太阳大小的 1/10。

在美国国家射电天文台提供的天空中的准确位置上，人们确认这一可变 X 射线源处有一颗蓝超巨星。超巨星是炽热的恒星，但它们不能发射大量的 X 射线。对这些 X 射线的唯一解释是，那个空间区域中的某种东西正在把气体加热到几百万摄氏度的高温。具有决定性意义的下一步采用了光学技术。1971 年，两组科学家拍摄了这颗蓝超巨星的光谱，发

[1] N. N. Taleb, *The Black Swan: The Impact of the Highly Improbable*（London: Penguin, 2007）. 在这种情况下，黑天鹅是指黑洞。人们此前曾预测过黑洞的存在，但认为它们很罕见。有些人则认为黑洞是永远无法被探测到的。——原注

[2] S. Bowyer, E. T. Byram, T. A. Chubb, and H. Friedman, “Cosmic X-Ray Sources,” *Science* 147（1964）: 394-98. ——原注

现其多普勒频移的周期性变化与 X 射线发射强度的变化相符[1]。研究人员通过轨道计算得以估算出一颗“看不见的”、正在牵引着蓝超巨星的伴星的质量。研究人员推测，有一个黑洞正在从伴星上吸走气体，而这些气体以某种方式被加热到足以产生 X 射线的高温（见图 12）。

图 12　图中黑洞的原型是天鹅座中最强的 X 射线源——天鹅座 X-1。这个黑洞与一颗蓝超巨星构成密近双星。被吸向黑洞的气体形成吸积盘，吸积盘被加热到足够高的温度而发射出大量的 X 射线（美国国家航空航天局 / 夏布拉科学中心 /M. 韦斯）

当天文学家汤姆·博尔顿准备在波多黎各举行的美国天文学会会议上发表关于这些发现的论文时，他紧张极了。当时他只有 28 岁。他回忆道：“在提交论文的 5 分钟前，我还在匆忙地修改它。我坐在房间的后面，

[1]　将天鹅座 X-1 确定为第一个可行的黑洞候选者的两篇论文是：B. L. Webster and P. Murdin, “Cygnus X-1: A Spectroscopic Binary with a Massive Companion?” *Nature* 235（1971）: 37-38 和 C. T. Bolton, “Identification of Cygnus X-1 with HDE 226868,” *Nature* 235（1971）: 271-73。指出该 X 射线源的精确射电位置的论文是：L. L. E. Braes and G. K. Miley, “Detection of Radio Emission from Cygnus X-1,” *Nature* 232（1971）: 246。——原注

设法将最新的数据放入我的图表中。”[1] 他还感受到竞争的压力。他刚获得博士学位才一年，而且是在一个人单干。英国皇家格林尼治天文台的一个更有经验的团队正在使用一架口径更大的望远镜来获取天鹅座 X-1 的类似数据。每个人都对自己的解释持谨慎态度，因为以前曾有人因为错误地声称探测到黑洞而毁掉了职业前程。不出一年，博尔顿就有把握了，他把自己的名誉押在了这上面。接着，他在普林斯顿高等研究院（爱因斯坦和奥本海默的学术大本营）发表了这项研究成果。观测结果是可靠的，观众信服了，第一只黑天鹅找到了。

到 20 世纪 70 年代末，黑洞已进入大众文化中。它的奇异特性令那些极少会想到天文学的人也为之着迷。迪士尼公司制作了电影《黑洞》（*The Black Hole*），其不祥的主题使它被评为PG级 [2]。这对迪士尼公司来说还是第一次。尽管这部电影的技术含量很低，部分内容也很俗，但它在当时是一部雄心之作，它把黑洞作为死亡和变形的隐喻。甲壳虫乐队、匆促乐队、皇后乐队和平克·弗洛伊德乐队都以歌曲的形式向天体物理学表达了敬意 [3]。

---

[1] 引自 Bruce Rolston, “The First Black Hole,” news release, University of Toronto, November 10, 1997。——原注

[2] “Parental Guidance” 的缩写，即 “须有家长指导观看”。——译注

[3] 加拿大前卫摇滚乐队匆促在第一个黑洞被发现后不久就听说了这个消息，并创作了组歌《天鹅座 X-1》。他们在 1977 年和 1978 年发行的两张专辑都主打这首歌。在这首讽喻式的作品中，探索者冒险进入黑洞，大声呼喊着“声音和愤怒淹没了我的心。每根神经都被撕裂”。在这首组歌的第二部分，他在一个叫作奥林匹斯的世界里越过了视界。他在那里和解了受逻辑支配的阿波罗和受情感支配的狄俄尼索斯这两个正在打仗的部落之间的矛盾。摇滚和天文学的神化出现在 1975 年，这一年平克·弗洛伊德乐队发行了他们的概念专辑《希望你在这里》，主打曲——《继续闪耀吧，你这疯狂的钻石》——由 9 个部分组成。这首歌是一个双重隐喻，一方面对一个曾经光芒四射而年轻时便淡出大众视线的人致敬，另一方面暗指白矮星是准晶体碳。罗杰·沃特斯唱道：“你的眼神就像天空中的黑洞。”——原注

为看不见的舞伴称重

对任何恒星而言，质量就是命运。质量表明了恒星能用于聚变反应的燃料箱的大小。质量也决定了恒星的引力，因而决定了恒星的大小、它的内部温度和压力、所支持的聚变的类型以及核反应发生的速度，所有这些都来自一个数字。任何声称探测到黑洞的断言都必须以可靠的质量估计为根据。不幸的是，质量也是最难测定的量。视觉数据给出了亮度和表面温度，但是还需要单独的观测来测量距离，进而给出光度，随后还需要一个恒星模型来推算质量。

一个单独潜伏在深空中的黑洞有着巨大的质量，但仅靠它本身是无法被我们探测到的。幸运的是，所有恒星中有半数以上都构成双星或多星系统。牛顿的引力定律告诉我们，两个物体以相等的力相互吸引。它们绕着一个叫作质心的公共点公转，并且总是位于质心的两边。想象两个人手牵着手旋转。如果他们的体重相同，那么他们的"运行轨道"的中心就是位于他们正中间的那一点。不过如果一个成年人拉着一个孩子旋转，那么他们绕转的点就会离成年人比较近，而离孩子比较远。这种情况更像掷链球（我希望这个类比就到此结束）。恒星的运转原理也是这样。两颗质量相等的恒星在与质心的距离相同的轨道上运行。如果两颗恒星的质量不相等，那么其中质量较大的恒星离质心更近，而质量较小的恒星有较大的加速度，因此在更大的轨道上运行得更快（见图13）[1]。

[1]　这类似于跷跷板的情况。当两个体重相等的人坐在跷跷板的两端时，他们是平衡的。如果是一个大人和一个小孩，大人就必须坐得离轴较近才能与小孩平衡。这个具有平衡中心的杠杆就像一条有质心的轨道。当两个物体质量极端不相等时，比如说一颗行星在绕着一颗恒星运行的情况，恒星的轨道非常精细，其实只是微微晃动而已。例如，木星（太阳系中最大的行星）使太阳围绕其边缘晃动的周期等于木星的轨道周期12年。——原注

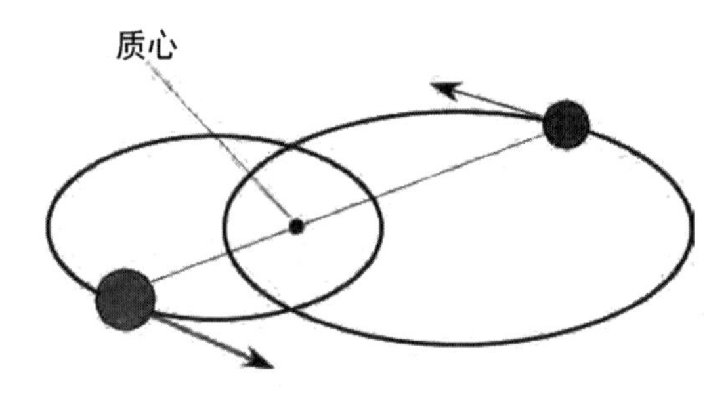

图 13　在双星系统中，两颗恒星绕着一个共同的质心沿轨道运行。质量较大的恒星离质心较近，而质量较小的恒星离质心较远。如果两颗恒星之间距离太近而无法在图像中分辨，则可以用光谱法测量其轨道，光谱线在一个周期内先向红端移动，波长增加，然后向蓝端移动，这就给出了轨道的周期（罗伯特·H．高迪 / 弗吉尼亚联邦大学）

以上是概念上的叙述，现在让我们来加上数学知识。在圆形轨道中，速率等于圆的周长除以完成一次轨道运行所需的时间（也就是周期）。如果我们测得周期和速度，就能得到轨道的半径。开普勒第三运动定律以牛顿给出的形式将轨道上的两颗恒星的组合质量与轨道的大小和周期联系了起来。这里有 4 个变量，因此我们需要测量其中的 3 个。在由一颗可见恒星和一颗不可见伴星组成的双星系统中，我们必须测得可见恒星的质量，才能确定那个暗天体的质量[1]。我们怎么做到这一点呢？

舞池里一片漆黑。女舞者穿着白色衣服，男舞者穿着黑色衣服。在侧面照来的昏暗灯光下，我们看得见女舞者，而看不见男舞者。他们旋转着越过舞池。从女舞者的移动方式来看，我们知道她被一个看不见的舞伴抓着。双星也以类似的方式紧紧地拥抱在一起，对更大的宇宙浑然

[1]　轨道通常是椭圆形的，而不是圆形的，但这一复杂性并不影响主要论点。在轨道运动过程中，恒星的速度是变化的，但其平均速度与在相同大小的圆形轨道上运行时的速度相同。——原注

不觉。如果这两颗恒星相隔很远，而离地球又不太远，我们就能同时看到这两颗恒星，并且只要观察它们的运动就能测量出其轨道。这种情况叫作目视双星。更常见的情况是，这些恒星离我们很远，天文学家无法看出它们是分开的天体。不过光谱学揭示了来自每颗恒星的吸收谱线，这些吸收谱线在长短波长之间振荡，体现了轨道运动引起的周期性多普勒频移。这种情况叫作光谱双星。在双星中的一个是黑洞的情况下，我们就被困住了手脚，因为此时的光谱只显示来自可见恒星的吸收谱线。

与两位舞者的情况一样，可见恒星的运动预示了不可见星体的运动。但这里存在两个使情况复杂化的大问题。第一个问题是我们需要估计可见恒星的质量。要做到这一点，我们就需要确定我们到这一双星系统的距离，这样才能计算出光度或者这颗恒星每秒发射的光子数。然后将这些量连同恒星的表面温度（由其颜色确定）和表面引力（由光谱中的谱线形状确定）输入到一个复杂的恒星结构和产能模型中，从而得到一个估计的质量。

第二个问题是我们的视角。光谱学测量的是多普勒频移，即靠近观察者或远离观察者的径向运动。一个侧向观察到的双星系统（其轨道垂直于天空平面）提供了最充分的效果，因为在每一个轨道周期中，一颗恒星径直朝我们而来、另一颗恒星径直离我们而去的情况都会出现一次。但是一个正向观察到的双星系统（其轨道在天空平面上）测不到任何多普勒效应，因为所有运动都是横向的。双星以随机的指向分散在空间中，因此我们面临着一个额外的难题，那就是我们不知道恒星的倾角。好消息是，对于几乎所有的倾角，多普勒频移都低估了轨道速度，因为通常运动的一部分不是径向的。所以当天文学家计算恒星的质量时，他们通常只能确定其下限。由于我们的目的是要证明看不见的那颗伴星具有成为黑洞所需的最小质量，因此该方法是可行的[1]。

有镀金证书的黑洞

当人们谈论天文学的时候，他们想到的是哈勃空间望远镜拍摄的壮美图像。但是，我们对宇宙的理解的许多进展都来自光谱学，它是一门研究电磁波与物质的相互作用的学问。牛顿利用光谱来理解光的性质。19 世纪初，年轻的约瑟夫·冯·夫琅禾费经历了孤儿院生活和悲惨的劳工生活，然后在他工作的玻璃制造厂发生爆炸时幸存了下来，接下来他制作了第一幅太阳光谱，并从中看到了暗示太阳成分的那些特征。100 年后，哈佛学院天文台的一群收入微薄的女性扫描了记录在照相底片上的数十万幅光谱，从而收集到了用于了解恒星构成和宇宙真实大小的信息[2]。

在作为一名天文学家的职业生涯中我拍摄过数千幅光谱，其中的每幅光谱都是一个需要解决的难题或者一件需要打开的礼物。它们是测量距离和搞清化学成分的关键，它们也为星系中心不能以言语表达的暴烈活动提供了线索。在一晚的观测结束时，屏幕上出现的那条波形曲线是光线到达望远镜，被光谱仪处理成一条微弱的条纹，然后落在电荷耦合器件（CCD）上的结果。CCD 将光子转换成电子，然后再转换成电信号，电信号经过处理被转换成一幅强度与波长的关系图。

在夏威夷的一个夜晚，我在 4200 米高的莫纳克亚休眠火山顶上用望远镜进行观测。来自 CCD 的数据在计算机显示器上形成一条条水平

[1] 对双星轨道的完整解给出了等式 $PK^3/2\pi G = M\sin^3 i/(1+q)^2$，其中 P 是周期，K 是径向速度变化的完整幅值的一半，M 是黑洞的质量，q 是伴星与黑洞的质量之比。——原注

[2] D. Sobel, *The Glass Universe: How the Ladies of the Harvard Observatory Took the Measure of the Stars*（New York: Viking, 2016）. ——原注

条纹。我的目光被一条特别微弱的条纹吸引了。数字光谱中的这些暗纹表明存在一个与银河系构成元素相同的遥远星系。我可以推断出它是怎么旋转的，它由什么类型的恒星构成，以及这些恒星之间混合了多少气体。各光谱特征的红移告诉我，这个星系距离我们100亿光年，早在地球形成之前，这个星系的光就开始了它们的行程。我知道这个暗弱的星系在发光的同时正在以比光速更快的速度远离银河系。这是由于大爆炸后不久宇宙开始极速膨胀。支配宇宙的是广义相对论而不是狭义相对论，因此空间扩张的速度可以比光速更快！我有点羞于承认这一点，但当时我甚至忘记了要对自己能知道关于宇宙的这些事情而感到惊奇。对于我所知道的一切，我很少质疑支撑着它们的推理链和科学方法的基础。

光谱学是理解双星及其轨道的关键。它使天文学家可以测量一个双星系统中看不见的那颗伴星的质量，并且使他们能够以足够的精度测量看不见的质量，从而得出“爱因斯坦的怪物”真实存在的结论。在双星系统中有为数不多的“镀了金的”情况，其中那颗看不见的伴星的质量足以使其成为一个黑洞，而且这些情况极难用任何其他假设来解释。让我们来更仔细地考察那个黑洞原型——天鹅座X-1。

我们从地球上看到天鹅座高悬在夏夜的天空中。我们瞄准标志天鹅身体的十字符号中心附近的一个区域。通过一架较好的双筒望远镜，我们可以看到一颗蓝白色恒星。它坐落在一群松散的恒星中，这些炽热而年轻的恒星都是在同一时间形成的。500万年前，当我们的灵长类祖先分化成进化树上的一个分支时，一团坍缩的气体和尘埃凝结形成了这些恒星。这颗令人感兴趣的蓝白色恒星距离我们6000光年，靠近银河系中一个相邻旋臂的边缘。这个惊人的距离相当于3.2亿亿千米。这颗恒星如此容易被看见，因此它必定极其明亮，它发射的能量是太阳的40

万倍。这些光线很古老。当它们离开这颗恒星时，地球上的人类还不到 100 万人，而猛犸即将在北美灭绝。

我们小心谨慎地接近“猎物”。如果我们离这颗恒星的距离等于地球到太阳的距离，那么它就会亮得耀眼，大小则是太阳的 20 倍。这颗蓝超巨星被锁定在一条周期为 6 天的轨道上，它与一颗几乎看不见的伴星之间的距离比水星到太阳的距离还近。但是，这颗伴星并不完全是暗的。这颗蓝超巨星是一个剧烈的聚变反应堆，它将等离子体风从它的外层大气推进太空，其中一些物质被伴星吸入，形成一个由超高温气体组成的涡旋盘。在超过 100 万摄氏度的温度下，该气体盘发出大量的紫外辐射和 X 射线。这颗伴星的引力也会将这颗超巨星的外包层扭曲成泪滴状，细的一头指向伴星。如果我们能够跟随这颗有指向的“泪滴”并接近标志着伴星的涡旋盘，我们就会在它的中心看到一小块完全黑暗的地方：黑洞（见图 14）。

图 14　一个完全孤立的黑洞是无法探测到的。在包含一颗大质量恒星的双星系统中，黑洞从其伴星那里虹吸物质到吸积盘，并且这些气体被加热到足以发射 X 射线。吸积盘绕着自转着的黑洞的视界形成涡旋（美国国家航空航天局 / 喷气推进实验室）

以上描述的是一种推断，我们从来没有近距离地看到过这个黑洞或任何其他黑洞。尽管如此，至今已有 100 多篇关于天鹅座 X-1 的研究论文，它是天空中得到最深入研究的天体之一。科学家对其轨道周期的测量结果异常精确：5.599829 天，误差为 0.1 秒 [1]。我们需要知道超巨星的质量和轨道倾角来计算它的伴星的质量。光谱学和详细模型显示，HDE 226868 的质量大约是太阳的 40 倍 [2]。测量倾角较为困难，因为暗伴星永远不会到可见恒星的后面。换句话说，在这个系统中没有类似日食的现象。最近的研究表明其倾角为 27 度，这意味着暗伴星的质量是太阳质量的 15 倍 [3]。这远远超过了形成中子星的最大恒星遗迹的质量。它的引力如此之大，以至于这颗致密的伴星一定是一个黑洞。数据中的所有不确定性和建模中的所有不确定性都不能削弱这个结论 [4]。到了 1990 年，证据已足够确凿，因此斯蒂芬 · 霍金溜进基普 · 索恩在加州理工学院的办公室，在墙上的一张证书上签了名，承认输了他们打的赌。

质量大到足以作为黑洞死亡的恒星是非常罕见的。银河系中大约有

[1] C. Brocksopp, A. E. Tarasov, V. M. Lyuty, and P. Roche, "An Improved Orbital Ephemeris for Cygnus X-1," *Astronomy and Astrophysics* 343 (1998) : 861-64.——原注

[2] J. Ziolkowski, "Evolutionary Constraints on the Masses of the Components of the HDE 226868/Cygnus X-1 Binary System," *Monthly Notices of the Royal Astronomical Society* 358 (2005) : 851-59. ——原注

[3] J. A. Orosz et al., "The Mass of the Black Hole in Cygnus X-1," *Astrophysical Journal* 724 (2011) : 84-95.——原注

[4] 这一简短的讨论省略了数十篇论文和数千小时的观测，这些论文和观测将天鹅座 X-1 提升到了一个镀金黑洞候选者的地位。减小观测误差和排除其他模型花费了数年的时间。例如，作为一种避免推断出黑洞所采用的方法，早期的模型调用了一个三星系统，其中有一颗蓝超巨星和一对由主序星与中子星组成的密近双星。这些模型最终被发现基本上没有可能性。参见 H. L. Shipman, "The Implausible History of Triple Star Models for Cygnus X-1: Evidence for a Black Hole," *Astrophysical Letters* 16 (1975) : 9-12。——原注

4000亿颗恒星，其中大多数是质量远小于太阳的暗淡红矮星。我们可以利用太阳附近已确认黑洞的小样本来推想整个星系中的黑洞总数，结果估计有3亿个黑洞。这几十个镀金的例子在黑洞总数中所占的比例几乎是无穷小，而这个黑洞总数在所有星体中所占的比例也非常小。

在过去大约10年中，专家们公布了一些名单，其中列出了25～30个镀金黑洞候选者[1]。这个数字增长缓慢，这是因为专家们对证据的要求很高。这些候选者都位于轨道测量结果极为精确的双星系统中，其中暗伴星的质量是太阳的3倍以上，因此肯定是黑洞。在每一例中都有一些额外的证据支持这一假设。这些黑洞的质量范围是太阳质量的6～20倍，而它们的轨道周期则从慢悠悠的一个月到急匆匆的4小时不等。我们在离银河系最近的星系——大麦哲伦云中发现了两个黑洞：LMC X-1和LMC X-3。它们与我们的距离都是16.5万光年。所有其他候选者的距离都为4000～40000光年。另外还有30个系统正在等待更多或更好的数据，以加入这张镀金名单。

利用引力光学

在我们的故事中，到目前为止对黑洞的搜索一直依赖双星系统。黑洞在这些系统中是看不见的舞者。不过，有一种方法即使在这位黑暗舞者独自起舞的情况下也能找到它。这种方法基于广义相对论的一个首要

[1] J. Ziolkowski, “Black Hole Candidates,” in *Vulcano Workshop 2002, Frontier Objects in Astrophysics and Particle Physics*, edited by F. Giovanelli and G. Mannocchi（Bologna: Italian Physical Society, 2003）, 49-56, and J. E. McLintock and R. A. Remillard, “Black Hole Binaries,” in *Compact Stellar X-Ray Sources*, edited by W. H. G. Lewin and M. van der Klis（Cambridge, UK: Cambridge University Press, 2006）, 157-214. ——原注

预言：任何质量都能使光线发生偏折。由于质量使光发生弯曲，因此来自更远光源的光就受恒星或星系的聚焦并被放大。这种现象被称为引力透镜效应。在爱因斯坦发表他的理论后不久就有人对此发表了预言。一直到1979年，这种现象才被实际观测到。当时观测到的是一颗类星体的两个像，这种分成多重像的效应是由介于类星体与我们之间的一个星系团所造成的。

引力透镜是一种细微的效应。单单一颗恒星的质量不足以使光线弯曲得太大。1919年，爱丁顿测得一颗遥远恒星发出的光经过太阳边缘时的偏转角为2角秒，相当于太阳角直径的千分之一。透镜效应也很罕见。恒星之间的空间广袤无垠，因此任何两颗恒星不大可能排列得足够近，以至能观测到透镜效应。这种靠近排列的概率是百万分之一，所以为了观测到一个引力透镜事件，可能需要观测100万颗恒星。当附近的一颗恒星直接经过一颗较远的恒星的前方时，这种效应被称为微引力透镜效应。在微引力透镜的情况下，偏转角太小，因此我们无法看到分成多重像的现象，但背景恒星的光被引力放大。观察者看到背景星在前景星越过它时暂时变亮。前景星的质量越大，这种效应持续的时间就越长。由于决定透镜效应的是质量而不是光，所以即使前景中的恒星或透镜不发光，也会出现这种暂时变亮的现象（见图15）。这是探测孤立黑洞的唯一方法[1]。

[1]　其实探测孤立黑洞还有另一种方法，它所依据的事实是它们可以从星际介质中吸入稀薄气体。如果这些气体在坠入黑洞的过程中升温，那么它们就会发出一种独特的可见辐射光谱。有一项研究筛选了来自斯隆数字化巡天项目的近400万个恒星源，最终得到40个具有适当光学颜色和弱X射线发射的恒星源，其中没有一个被证实是黑洞，所以大家对这种方法还没有定论。——原注

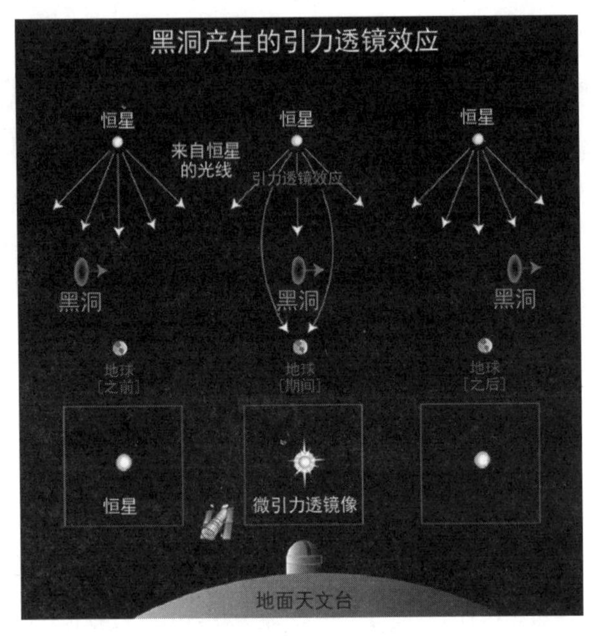

图 15　利用质量使光线弯曲这一事实，可以探测孤立的黑洞。如果一个黑洞从一颗更远的恒星前面直接经过，那么这个黑洞就起到了透镜的作用，恒星的光会被短暂地放大。多重像分开的距离太小，以至于任何望远镜都观测不到（美国国家航空航天局 / 欧洲航天局）

微引力透镜探测黑洞的优点是方法简单且直接。对于任何双星系统，都有两个需要测量的质量、一个通常未知的轨道倾角，以及一些间接从光谱中得到的参数。透镜效应只涉及一个方程，这个方程将光被放大的效应与透镜的质量和距离联系在一起。对于典型的黑洞质量，这种放大效应持续数百天，所以很容易观测到。微引力透镜的缺点是，这种放大效应是一次性事件。它不像双星系统有重复的轨道而允许在未来收集更多的数据。当一个黑洞从一颗更远的恒星前方经过时，它们就像夜间经过的船只，信号从不重复。更重要的是，距离和质量在透镜方程中是相关的，因此，除非有额外的信息可以确定距离，否则质量就不能加以确定。

利用微引力透镜效应捕捉黑洞是一项大海捞针似的活动。科学家开展微引力透镜巡天项目来寻找大质量致密晕状天体（Massive Compact Halo Object，MACHO）。这些天体也许可以用来解释暗物质。这些暗物质比我们星系中的正常物质重 6 倍。大质量致密晕状天体可以是任何一种完全暗的或非常暗的物体，如黑洞、中子星、褐矮星（亚恒星天体）或自由飘浮的行星。微引力透镜在探测大星系方面并不成功，但是这些原欲用来探测暗物质的巡天项目确实探测到了（几个）黑洞[1]。每百万颗恒星中就有一颗会经历微引力透镜效应，但其中只有 1% 是由黑洞产生的透镜效应，因此必须监测数亿颗恒星才能发现两三个黑洞。波兰的一个研究小组利用一架 1.3 米口径的望远镜积累的 10 年数据，从 1.5 亿颗恒星的数十亿次光度测量中筛选出了 3 个很好的黑洞候选者[2]。这才能叫尽心尽力。

大旋涡边缘的物理学

埃德加·爱伦·坡于 1841 年发表了短篇小说《坠入大旋涡》（*A*

[1]　暗物质是宇宙学中尚待解决的重大问题之一。各类星系中的恒星运动表明，它们必定是由某种物质形式结合在一起形成的。这种物质不发光，但它们加起来的质量等于所有恒星质量总和的 6 倍。人们曾利用微引力透镜巡天项目证实，至少在银河系中，暗物质不可能由恒星遗迹和亚恒星天体组成。此外，红外观测还排除了岩石状天体（从行星直到尘埃颗粒）。剩下的最佳解释是大质量、弱相互作用的亚原子粒子的一种新的形式。——原注

[2]　L. Wyrzykowski, Z. Kostrzewa-Rutkowska, and K. Rybicki, “Microlensing by Single Black Holes in the Galaxy,” *Proceedings of the XXXVII Polish Astronomical Society*, 2016. 尽管困难重重，但微引力透镜确实是对来自双星系统的黑洞统计数据的重要补充。人们发现，双星中的黑洞质量不小于太阳质量的6倍，而中子星的质量几乎都为太阳质量的1～2倍。在恒星遗迹的质量分布中似乎存在着一个 2 ～ 6 倍太阳质量的“缺口”，这可能会对现存的那些遗迹形成理论提出挑战。令人欣慰的是，微引力透镜没有出现这样的缺口。——原注

Descent into the Maelström），小说中的故事叙述者是一个年轻人，他在预计自己可能死于挪威海岸的一个旋涡中时突然变老。他的一个兄弟葬身于无底深渊，另一个兄弟则被这种景象弄得精神错乱。叙述者独自生存下来讲述了这个故事[1]。他回忆起当时的情景，脸部的肌肉抽搐着："旋涡的边缘是宽宽的一道闪闪发光的水花，但是没有一滴水滑进这个可怕的漏斗里。极目所见，它的内部是一堵光滑而又漆黑的水墙……"

爱伦·坡虚构的这位叙述者在大旋涡中发现了一种奇异而可怕的美。我们对黑洞可能会有类似的感觉。爱因斯坦的这些怪物很可怕，但也很吸引人。就像旋涡边缘闪闪发光的水花和漂浮的残骸、丢弃的货物一样，双星系统中的黑洞也会引发壮观的效应。这对天文学来说是一个绝妙的讽刺，原则上应该完全不可见的天体却可以是宇宙中最明亮的天体。原因就是引力。

举一个地球上的例子，请考虑巴西和巴拉圭两国边境上的伊泰普大坝。该设施每年产生 100 太瓦·时（1×10^{14} 瓦·时）的惊人电力，足以满足上亿人的能源需求[2]。这些电力从何而来？大坝提高了来自巴拉那河的水体。每秒钟有 30 万立方米的水下落 110 米，这些水在加速到 160 千米 / 小时的过程中将重力势能转化为动能。随着这些动能被涡轮机叶片转化为旋转能量，水的流速在大坝底部降至 16 千米 / 小时，旋转的涡轮机产生电力。同理，正在坠入黑洞的物质也会产生能量。

让我们看看物质坠入黑洞时会发生什么。这个过程被称为吸积。黑

[1] E. A. Poe, "A Descent into the Maelstrom"（1841）, in *The Collected Works of Edgar Allan Poe*, edited by T. O. Mabbott（Cambridge, MA: Harvard University Press, 1978）. ——原注

[2] 美国历史悠久的胡佛大坝于 1936 年投入使用，发电量是这个数字的 1/25，在发电量方面没有进入世界前 50 名。峰值发电量最高的是中国的三峡大坝，但伊泰普大坝的年平均发电量略高于三峡大坝。——原注

洞主要吸引构成恒星并松散地充满星际空间的气体氢。氢的质子和电子可以直接落进去。它们可以直接冲向视界，消失在黑洞中，从此再也不会被看见。然而，这是非常不可能的，因为几乎没有气体粒子会直接飞向黑洞。它们中的大多数会发生侧向运动。这些粒子在有一些侧向运动的情况下，就可能会进入太空，永远不再回来，也可能会开始绕着黑洞沿轨道运行。它们还会相互碰撞，这是因为它们的运动轨迹略有不同。所以粒子沿着迂回的、混乱的路径飞向黑洞，它们之间发生的所有碰撞使气体变热。

现在我们加上一个至关重要的事实——黑洞的自转，这使它具有角动量。在物理学中，角动量总是守恒的。有一条法则决定了粒子在旋转系统中如何运动[1]。黑洞旋转得很快，这是因为它已经发生了坍缩，而且很小。一颗缓慢旋转的大质量恒星会变成一个快速自转的恒星遗迹（请想一想溜冰者的情况，当他们张开双臂时旋转变慢，而当他们收拢双臂时就会旋转得比较快）。自转的黑洞使它周围的热气体形成旋涡，这就好像你用力搅动浴缸中心的水时，浴缸边缘的水就会形成旋涡[2]。黑洞赤道附近的气体旋涡最大。这种由热气体形成的旋涡叫作吸积盘。

由于大部分气体集中在黑洞赤道周围的吸积盘中，所以黑洞两极上方的区域相对空旷。这意味着一些热气体可以沿着两极逃逸。在此过程中，黑洞的自旋能转化为逃逸气体的动能。这些气体以两股与黑洞自转轴方向一致的高速粒子流的形式被喷射出来。这些喷流带走了落入黑洞

[1]　一个粒子的角动量等于 mvr，即该粒子的质量乘以它的速度后再乘以它到黑洞的距离。开普勒第二定律说明了角动量在轨道上是如何守恒的。当一颗行星或一颗彗星越靠近太阳时，它运动得就越快，因此 r 减小，但是 v 要增大来作为补偿。于是，乘积恒定不变。——原注

[2]　如果气体本身也具有角动量，那么即使没有自转的黑洞也能形成吸积盘。——译注

中的物质的引力能的一小部分。如果能够靠近吸积盘，我们就会看到由于黑洞的强引力使光发生弯曲而产生的奇异扭曲（见图 16）。

图 16　使用完整的广义相对论方程，用计算机模拟黑洞及其周围的吸积盘所得到的图像。较亮的盘左侧正在靠近黑洞，较暗的盘右侧正在后退。扭曲的原因是质量使光线发生弯曲。请注意，盘的远端并没有被黑洞遮挡，这是因为引力透镜效应让我们看到了黑洞的后面（J．A．马克／法国科学研究中心）

我们可以形象化地想象这一气体吸积盘，就像爱伦·坡的旋涡边缘漂浮着的那些残骸和丢弃的货物。这一活动的中心是一个自转的黑洞，黑暗且无法平息。粒子越靠近黑洞，它们就运动得越快。它们的引力能转化成动能。它们还在相互碰撞，所以气体会升温，盘内的摩擦会导致强烈的热辐射。吸积盘里的气体温度高达几百万摄氏度，发出明亮的 X 射线。

这样引力能就转化成了辐射。具有讽刺意味的是这样一个事实：如此黑的东西可以创造出如此明亮的景象。这一过程的效率极高。此处所说的效率是指储存的能量转化成辐射的比例。化学燃烧是地球上大部分能量的来源，其效率为 0.0000001%。恒星中使其发光的聚变的效率略低于 1%。静止黑洞发生吸积的效率为 10%，旋转黑洞的吸积效率高达

40%[1]。黑洞是自然界中最强大的能量来源。

气体不容易落入黑洞，因为它具有角动量。围绕着太阳运转的行星也是如此。搞清楚黑洞吸积的细节是天体物理学中最具挑战性的难题之一，数十位研究人员花费近 20 年时间才解决了这个难题[2]。吸积盘中的气体颗粒受到摩擦，所以整个盘的表现就像具有黏滞性。结果是一些物质失去角动量，向黑洞靠近；而另一些物质获得角动量，向外移动。接近吸积盘内边缘的粒子以非常接近光速的速度运动。当一个典型的粒子接近视界时，它会与其他粒子推挤着通过吸积盘以螺旋式缓慢地进入。然后在吸积盘的内边缘，引力把它直接拉进黑洞。黑洞通过这一系列事件收集质量。

亚瑟·爱丁顿爵士在 20 世纪初计算出了吸积的极限。爱丁顿极限假设了一个球面几何结构，并提出这样一个问题：在哪一点上，把一个粒子向里拉的引力与把这个粒子向外推的辐射压势均力敌？黑洞质量增长的最大速率是相当低的：它在一年中的质量增长不超过月球质量的

[1] 实际计算需要用到广义相对论和一些数值近似。唯一更有效的产能过程是物质 - 反物质湮灭，其质量 - 能量释放效率为 100%。不过，这在宇宙中是非常罕见的情况，而吸积能是在所有双星系统的黑洞中都可以看到的。有关详情请参见相关教材，例如 J. Frank, A. King, and D. Raine, *Accretion Power in Astrophysics*, 3rd edition (Cambridge, UK: Cambridge University Press, 2002)。——原注

[2] 棘手的问题是要弄清楚角动量怎么会丢失，从而使物质落入其中。答案涉及湍流和穿过吸积盘的磁场的作用。部分解决这个问题的第一个“标准”吸积盘模型是 N. I. Shakura and R. A. Sunyaev, “Black Holes in Binary Systems: Observational Appearance,” *Astronomy and Astrophysics* 24 (1973) : 337-55。人类取得的突破性进展是认识到磁场可以极大地促进角动量输运，参见 S. A. Balbus and J. F. Hawley, “A Powerful Local Shear Instability in Weakly Magnetized Disks: I. Linear Analysis,” *Astrophysical Journal* 376 (1991) : 214-33。完全模拟这种情况需要依靠现代计算机的力量。三维磁流体力学计算是天体物理学中最具挑战性的问题之一。——原注

1/3[1]。按照这个速度，它的质量需要 3000 万年才会翻倍。但是，落入黑洞的质量有效地转化成向外的辐射，这就意味着黑洞是极其明亮的。由伴星气体提供燃料的黑洞可以比一颗同等质量的恒星亮 100 倍。

双星怪物家族大巡游

恒星以中子星的形式结束生命的比例很低，而以黑洞的形式结束生命的比例还要更低——百分之零点几。黑洞和黑天鹅一样罕见。重复一遍，恒星形成时的质量分布高度偏向低质量恒星，每一颗太阳质量的恒星都对应着数百颗低质量红矮星。红矮星死亡后逐渐消逝的余烬称为白矮星。因此，95% 以上的恒星以白矮星的形式结束它们的生命，而不是以中子星或黑洞的形式。

在所有恒星中，像我们的太阳这样的单星的数量刚刚过半，1/3 是双星，还有 10% 的恒星系统有 3 个或更多的成员[2]。大多数双星都处在远远分离的轨道上，周期为数年、数十年甚至数百年，因此它们没有相互作用，也不会影响彼此的演化。一小部分双星的轨道周期在几小时到几周之间，它们不到总数的 5%。

任何恒星都有一个假想的边界，在这个边界内，所有的物质都受到引力的约束。对于一颗孤立的恒星，这个边界是一个球面。当双星靠得很近时，这些边界会被拉伸成中间有些接触点的泪滴形状。质量可以通过“泪滴”的连接点从一颗恒星流到另一颗恒星。通常质量大的恒星会

---

[1] 事实上，“月球质量的 1/3”这个数还依赖黑洞的质量，即需要知道黑洞质量才能计算出吸积率。——译注

[2] D. Raghavan et al., “A Survey of Stellar Families: Multiplicity of Solar-Type Stars,” *Astrophysical Journal Supplement* 190（2010）: 1-42. ——原注

从质量小的恒星那里虹吸气体。如果它们确实靠得很近，那么它们的假想表面就会合并成一个共同的包层，于是质量就能很容易地在两颗恒星之间迁移[1]。

大多数密近双星包含两颗红矮星，这是因为大多数恒星都是矮星。当这些恒星死亡时，它们会坍缩成白矮星，但小质量恒星的寿命如此之长，以至于它们中的大多数至今还没有死亡。大质量恒星的寿命很短，因此如果我们找到由一颗大质量恒星和一颗小质量恒星构成的双星，那么很可能其中质量较大的恒星已经死亡，留下一颗中子星或一个黑洞。

将各类恒星遗迹中的双星系统按照罕见程度越来越高的顺序排列会是这样的：双白矮星、白矮星和中子星、白矮星和黑洞、双中子星、中子星和黑洞、双黑洞。让我们把最后一种组合称为双黑珍珠，这是最罕见的组合形式。我们稍后还会讨论这一类。

要讲述关于双星的所有故事，需要比本书篇幅更长的一本书。就像人与人之间的关系一样，它们也千差万别。构成伴侣的双方可以有大有小，性情可以有热有冷，双方都有给予和获取，其中一方的生活深刻地影响着另一方。有时是一方脱离了这种关系，一方几乎总是先于另一方死亡。对于恒星而言，一段亲密关系甚至可以延续到死后的新生。

假设两颗正常的恒星在互相绕转，它们正处于生命的壮年时期，将

[1]　在双星系统中，定义物质受到恒星束缚的区域的假想表面被称为洛希瓣，这是以 19 世纪中叶的一位法国天文学家和数学家的名字命名的。洛希瓣被从孤立恒星的球面拉伸到密近双星的泪滴形状。在分离的双星中，两颗恒星各有自己的洛希瓣。在半分离的双星中，两颗“泪滴”相互接触，质量可以流过它们的接触点——拉格朗日点。拉格朗日点是以 18 世纪中叶的一位意大利天文学家和数学家的名字命名的。在相接双星中，两颗恒星有一个共同的包层，因此共享大部分质量。当恒星之间的分隔距离更远时，如果其中一颗恒星的质量很大，并且有星风，那么它们之间可以交换质量，而向各个方向流出的气体会有一部分落到伴星上。——原注

氢聚变成氦。质量较大的恒星首先消耗完它的氢，并膨胀成一颗红巨星，气体溢向它的伴星。两颗恒星都被淹没在气体中，按螺旋方式彼此靠近。质量较大的恒星死亡后坍缩成白矮星。质量较小的恒星最终衰老并膨胀，气体涌向它死去的同伴。白矮星的引力非常强大，将气体压缩到足以点燃核聚变反应。它摇曳不定地燃烧，短暂地起死回生。这被称为新星，即"新的恒星"。猛烈的核聚变释放出大量气体，这个过程会间歇性地重复。有时新星爆发会使一颗恒星从望远镜中的微弱光芒变得肉眼都能看见[1]。如果转移的质量足够大，那么白矮星就可能超过钱德拉塞卡极限，即太阳质量的 1.4 倍。在这种情况下，死亡恒星发生超新星爆发而再次死亡，留下一颗中子星[2]。

最终形成一个黑洞的双星的生命故事如下[3]。两颗炽热的大质量恒星处于密近双星轨道上。其中质量较大的恒星耗尽其核心的氢后向外膨

[1] D. Prialnik, "Novae," in *Encyclopedia of Astronomy and Astrophysics*, edited by P. Murdin（London: Institute of Physics, 2001）, 1846-56。在银河系中，每年我们能发现大约 10 颗新星，它们爆发的时标大多在 1000 年到 100000 年范围内。有一些壮观的新星爆发的时标不超过人的寿命，其亮度不用望远镜就能看到。北冕座 T 星也称为"耀星"，它在 1866 年和 1946 年两次爆发，成为天空中最明亮的星体之一。而蛇夫座 RS 在过去的一个世纪里已经发生了 5 次亮度足以使肉眼可见的爆发，其中最近的一次是在 2006 年。——原注

[2] 这种场景可能看起来不甚重要而又深奥难懂，但它是现代天文学的核心。当单颗大质量恒星死亡时，会产生一些超新星（称为 II 型超新星），但它们的亮度差别很大。然而，当双星系统的一颗超新星爆发（称为 Ia 型超新星）时，这是物质以一种有规律的方式被"舀"到一颗白矮星上的结果，因此不同系统之间的亮度差异仅为 15%。这些超新星是"标准炸弹"，所以它们也是可以用来测量距离的"标准灯泡"。由于超新星的亮度可以相当于整个星系的亮度，因此它们在数十亿光年之外都是可见的。20 世纪 90 年代中期，天文学家利用 Ia 型超新星发现了宇宙加速膨胀这一现象和暗能量，并由此引出了一项诺贝尔奖。参见 S. Perlmutter, "Supernovae, Dark Energy,and the Accelerating Universe," *Physics Today*, April 2003, 53-60。——原注

[3] K. A. Postnov and L. R. Yungelson, "The Evolution of Compact Binary Systems," *Living Reviews in Relativity* 9（2006）: 6-107. ——原注

胀，其大部分包层溢向它的伴星，留下一个裸露的氦核。几十万年后，它在激烈的超新星爆发中死亡，留下一个黑洞。质量较小的伴星从爆发中获得气体，从而加速了自身的演化。1万年后，伴星在到达生命的尽头时向外膨胀，气体溢向黑洞，并引发强烈的X射线辐射。然后，伴星也会以超新星的形式爆发。最终形成的系统由其质量决定：要么是一颗中子星和一个黑洞，要么是双黑洞（见图17）。

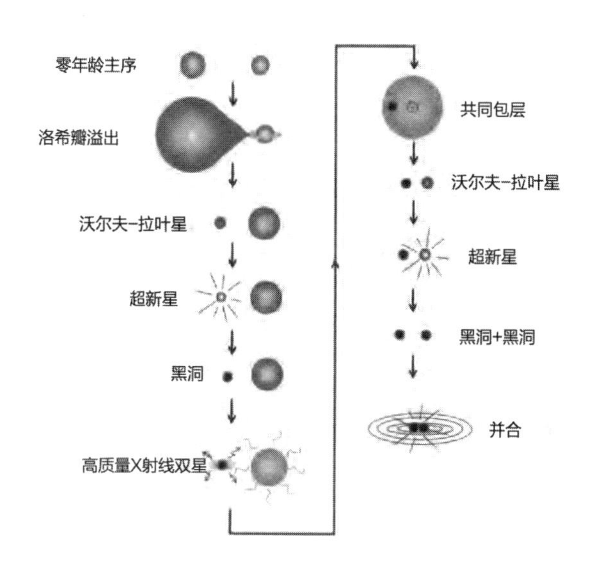

图17　形成罕见的双黑洞系统的演化序列。在左上方，恒星从零年龄主序开始。质量较大的恒星通过洛希瓣溢出将物质溢向它的伴星。质量较大的恒星在沃尔夫－拉叶星阶段停留一段时间后，在超新星爆发中死亡，然后形成一个黑洞。它作为一个高质量X射线双星系统发射X射线。然后这两颗星占据一个共同包层。第二颗恒星也以同样的方式死亡。这两个黑洞最终会并合成一个质量更大的黑洞（*Pablo Merchant/A&A, vol. 588, p. A50, 2016, reproduced with permission/ copyright ESO*）

黑洞是大质量恒星演化的一个奇异但不可避免的结果。如果它们是在双星系统中，那么它们的相互作用将使它们能够被探测到。每一秒钟，在宇宙的某个地方都会有一颗大质量恒星以激烈的方式死亡；每一秒钟都有一小块时空从视野中消失；每一秒钟都有一个黑洞诞生。

然而，如果存在另一种形成黑洞的途径，结果会怎样呢？要是结果比之前的所有想象都更怪异，那么又会怎样呢？

第 3 章　超大质量黑洞

死亡恒星是黑洞唯一可能的类型吗？黑洞必须具备的条件是密度足够大，从而能产生异常强大的引力，以至于光线都无法逃脱。原则上，比坍缩恒星更大（或更小）的天体也可能发生这种情况。尽管如此，当超大质量黑洞被发现时，人们仍然感到很惊讶。其中一些黑洞的质量甚至超过了我们星系中所有恒星级黑洞的质量总和。更令人惊讶的是，每个星系的中心都存在着这样一个黑洞。

世界上唯一的射电天文学家

1937 年夏天，伊利诺伊州的惠顿闷热潮湿。26 岁的格罗特·雷伯每天出门，到他母亲家旁边的空地上砍柴、加工金属，从早上 7 点一直干到天黑。他正在造一架射电望远镜，碟形天线的直径为 10 米，这是他能用现有材料造出的最大天线了[1]。完工以后，他有了当时世界上最大

[1]　这架望远镜花了他 2000 美元，大约相当于今天的 3.3 万美元。雷伯一个人包揽了所有的活儿：铺水泥，自己做铁匠和木匠，连接电线和建造接收器，进行观测，归纳数据并对其给出天文学解释。——原注

的射电望远镜（见图 18）——直径可达 100 米的现代射电望远镜的先驱。此后 10 年，雷伯一直是世界上唯一的射电天文学家。

图 18 世界上第一台抛物面射电望远镜，由业余射电天文学家格罗特·雷伯于 1937 年建造。这个 9 米高的碟形天线建在伊利诺伊州惠顿市雷伯家的后院。它是年轻的射电天文学领域中未来所有碟形天线的原型（格罗特·雷伯）

但他并不是第一位射电天文学家。卡尔·扬斯基受过物理学方面的专业训练，他受雇在新泽西州霍尔姆德尔的贝尔实验室工作时年仅 23 岁。公司想调研使用波长为 10 ～ 20 米的无线电波提供跨大西洋电话服务的可能性。扬斯基的工作是查找可能干扰语音通信的静止源。1930 年，他在实验室附近的一片马铃薯休耕地里建造了一架天线。这个精巧的装置看起来像早期双翼飞机的机翼框架，它依靠 4 个橡胶轮胎在一条圆形轨道上绕轴转动。这些轮子来自一辆福特 T 型车。扬斯基通过旋转天线就可以分辨入射无线电波的方向，而这些无线电信号被放大后，在附近的一间棚屋里被用钢笔记录在一张移动的图表纸上。他探测到的大多数信号是附近的雷暴所产生的静电，但也有一种微弱的无线电咝咝声。不到一年的时间，扬斯基就证明了这种咝咝声并非来自陆地。它保持着恒星时，每升起和落下一次的时间不是24小时，而是23小时56分钟[1]。这一辐射在银河系中心人马座方向上最强。扬斯基的惊人发现引起了轰动，1933年5月5日《纽约时报》（*New York Times*）对此进行了报道[2]。

一种研究宇宙的新途径诞生了[3]。在天文学依靠肉眼的几千年中，以及自伽利略第一次使用望远镜以来的几百年里，所有来自空间的信息都限于一个很窄的光学波段：肉眼能看到的最红的红到最蓝的蓝，波长只相差2倍。现在，人类记录下了来自一个全新电磁波段的信号。扬斯基提议建造一架直径为30米的射电天线，这样他就可以继续追查他的发

---

[1] 由于地球绕着太阳的轨道运动，因此每颗恒星每天都会提前4分钟升起和落下。经过一年累加起来就是24小时，而整个天空循环通过我们的夜晚。因此，恒星时与太阳时略有不同。扬斯基利用这一点来证明他的射电信号来自地外，就像乔斯林・贝尔几十年后对脉冲星所做的那样。——原注

[2] K. Jansky, "Electrical Disturbances Apparently of Extraterrestrial Origin," *Proceedings Institute of Radio Engineers* 21（1933）: 1837. 30年后偶然发现的大爆炸残余微波辐射的情况与此惊人地相似。1964年，贝尔实验室的阿诺・彭齐亚斯和罗伯特・威尔逊正在调研利用微波进行卫星通信的可行性。当他们在无线电接收器中追踪噪声源时，发现了微弱的残余咝咝声。这些声音在天空的各个方向上都有相同的强度。它们是来自早期宇宙的辐射，由于宇宙膨胀而被冷却和稀释。这一次，贝尔实验室引起了注意。彭齐亚斯和威尔逊因他们的发现而获得了1978年的诺贝尔物理学奖。——原注

[3] 为了纪念扬斯基的开拓性贡献，射电辐射强度的单位被命名为扬斯基（Jansky，符号JY），这样他就加入了为数不多的以自己的名字命名单位的电学先驱之列：瓦特（Watt）、伏特（Volt）、欧姆（Ohm）、赫兹（Hertz）、安培（Ampere）和库仑（Coulomb）。1950年，扬斯基死于导致肾衰竭的布赖特氏病，享年44岁。他没能见到由他开创的这门学科的迅速发展。——原注

现。贝尔实验室的负责人对此不感兴趣。他们把扬斯基调派去研究另一个项目，因此他没有再研究射电天文学。

扬斯基的工作激发了雷伯对宇宙射电波来源的好奇心。20 世纪 30 年代初，雷伯申请去贝尔实验室与扬斯基共事，但此时正值大萧条时期，没有公司招聘新员工。所以他自学了如何制作望远镜和接收器。他喜欢独自工作。正如他所说："从来没有自命权威的家伙在我身后窥视，给我糟糕的建议。"[1] 雷伯适应了一种生活节奏：白天，他在芝加哥附近的一家工厂设计射电接收器，晚饭后抓紧时间睡四五个小时；然后从午夜直至日出，他的天线旋转着探测天空，而他就坐在地下室里每隔一分钟记录一次射电信号。最后，他改进了他的接收器，买了一台自动图形记录仪，这样他就不用彻夜不眠了。这使他得以开始对射电天空进行第一次巡天。

雷伯是孤立无援的。他没有可以交流想法的同行，而且他研究的是人们从未探索过的波段。想象一下你是世界上第一位雕刻家，其他人在画素描和油画，但没有任何人创作三维的艺术品。由于没有人与你有共同语言，因此你会感到孤独。像以前的扬斯基一样，雷伯将他的研究成果发表在一本无线电工程杂志上，而工程师们几乎没有注意到他的工作。与此同时，天文学家则对此不感兴趣或仍持怀疑态度。雷伯在 1940 年证实了扬斯基探测到的来自银河系的射电波，于是他向《天体物理学杂志》(*Astrophysical Journal*) 提交了有关"宇宙静电噪声"(*Cosmic Static*)。编辑奥托·斯特鲁夫把这篇论文发给了好几位审稿人。工程师不明白其中的天文学含义，天文学家则被无线电术语

[1] 转引自 W. T. Sullivan, ed., *Classics of Radio Astronomy* (Cambridge, UK: Cambridge University Press, 1982)。——原注

搞糊涂了。没有人愿意推荐发表这篇论文。尽管如此，斯特鲁夫还是决定将其发表[1]。随后，这位世界上唯一的射电天文学家继续进行着他孤独的研究。

雷伯一丝不苟地绘制了射电天空分布图。他不断地研究越来越短的射电波，因为他知道越短的波会越精确地定位射电辐射源。通过研究数个波段，他分析判定出引起这种辐射的物理过程。他在 1944 年撰写了一篇论文，其中包括有史以来第一张射电天空分布图[2]。这篇论文还证明了宇宙射电波的发射过程是非热的，因此这不同于来自一个温度恒定的物体的辐射。他的分布图显示，这些辐射集中在银河系，另外还有两个发射峰，分别在仙后座和天鹅座。前者后来被证明是 11000 光年以外的一个超新星遗迹。后者恰好离原型黑洞天鹅座 X-1 不远，最终它将被证明是一个有着超强射电辐射的、距离我们 5 亿光年的星系。

天文学家会花费一些时间来了解这个被称为天鹅座 A 的星系的性质。它是天空中最强的射电源（见图 19），它的发现确立了雷伯的反传统地位。正如他曾经对一个年轻学生提出的建议："选择一个所知甚少的领域，然后专攻这个领域。但是不要把当前的所有理论都当作绝对事实而全盘接受。如果其他人都在向下看，那你就向上看或者朝着一个不同的方向看。你将发现的东西可能会令你感到惊讶。"[3]

---

[1] 这个故事来自 John Kraus in *Big Ear*（Delaware, OH: Cygnus-Quasar Books, 1994）, and in J. D. Kraus, "Grote Reber, Founder of Radio Astronomy"。——原注

[2] G. Reber, "Cosmic Static," *Astrophysical Journal* 100（1944）: 279. 另请参见为这本杂志的百年特刊所撰写的评论：K. I. Kellerman, "Grote Reber's Observations of Cosmic Static," *Astrophysical Journal* 525（1988）: 371-72。——原注

[3] Kraus, "Grote Reber, Founder of Radio Astronomy."——原注

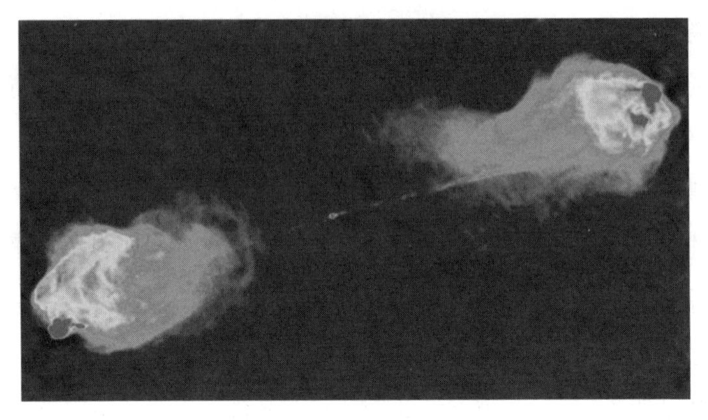

图 19　天鹅座 A 是天空中最强的射电辐射源之一。这张照片是用一个叫作甚大阵的射电干涉仪拍摄的。我们现在知道中心的那个明亮的射电光点是 6 亿光年之外的一个星系中的超大质量黑洞。两束高能等离子体喷流从核心向外喷出，并在星系范围之外很远处形成弥散的射电辐射“瓣”（R. 伯利、C. 卡里利和 J. 德勒埃 / 美国国家射电天文台）

有明亮核的星系

科学不像河水那样流动，科学家很少能顺利地被带入理解的海洋。更多的时候，他们是穿越艰难知识领域的探险者——有时是在白天稳步前进，有时是在大雾中摸索，而且没有指南针；有弯路，也有死路。不同的人向着同一个目标努力，却不是总有交流，甚至不知道彼此的存在。很少有人足够聪明或足够幸运，能够找到高地，从而看到更广阔的风景。

20 世纪初，天文学界对于“星云”的性质有着激烈的争论。所谓“星云”是 100 多年前威廉 · 赫歇尔和其他一些人分类编目的一片片模糊发光的区域。由于许多星云都具有螺旋状结构，而且它们不像大多数恒星形成区那样靠近银河系平面，因此天文学家开始认真看待把它们称作“岛宇宙”的假说，即它们是距离我们的星系非常遥远的独立恒星系统。

如果确实是这样，它们的光谱看起来就会像许多恒星的光谱的总和，具有与太阳及其他恒星相同的吸收线。1908 年，利克天文台的爱德华·法思观察了星云 NGC 1068 的光谱，结果惊讶地发现其中不仅有吸收线，而且还有 6 条强发射线。这些特征只有在气体被某种极端能量源加热时才会产生[1]。当时，这个结果如此令人费解，以至于遭到了忽略。直到 20 年后，埃德温·哈勃才证明 NGC 1068 实际上是一个星系[2]。

20 世纪 40 年代初，卡尔·塞弗特还是南加州威尔逊山天文台的一位博士后。由于塞弗特当时的导师是埃德温·哈勃，因此他在研究中使用了当时最强大的 1.5 米和 2.5 米口径望远镜[3]。塞弗特收集他的数据时，

[1] 在光谱学中，谱线的波长是与元素匹配的，因此可以给出气体的化学构成，而谱线的性质则表明气体的物理状态。当较冷的气体在较热的能量源之外（比如在构成恒星的外包层）时，就会看到吸收线。这是 19 世纪初冯·夫琅禾费首次在太阳的谱线中看到的。当气体获得能量，从而使电子从所有原子中脱离出来时，就会产生一系列发射线。这表明存在一个非常热的源。此外，当谱线较宽时，较大的速度范围表明有一种剧烈的能量来源导致气体的运动。——原注

[2] S. J. Dick, *Discovery and Classification in Astronomy: Controversy and Consensus*（Cambridge, UK: Cambridge University Press, 2013）. ——原注

[3] 我很幸运地使用过威尔逊山天文台的 2.5 米口径望远镜，一年之后，卡内基研究所就将它封存了。洛杉矶不断增加的灯光使它在多年前就失去了竞争力，但此前它曾占据世界最大望远镜地位长达 30 年。埃德温·哈勃曾用这架望远镜发现所有星系都远离银河系而去，以及宇宙是巨大的且正在膨胀。因此，使用这架望远镜仍然是一件令人兴奋的事。我记得在北码头后面有一排木质储物柜，其中一个储物柜的黄铜铭牌上清晰地刻着哈勃的名字。也许哈勃把他的最后一夜的便餐留在了它的里面？走在圆顶下面的地板上，我看见脚下有水银珠。望远镜的轴承漂浮在水银上，水银发生了渗漏。多年来已有数位工作人员因与它接触过多而死亡。在哈勃的时代，观察人员工作几小时，然后停下来吃晚饭，接着喝波特酒、抽雪茄，随后继续工作。威尔逊山天文台的宴会老派而正式。山顶上的资深天文学家坐在桌子上首，旁边是其他的在职天文学家。学生和像我这样的博士后坐在桌子的下首。餐饮是由一位才华横溢而脾气暴躁的法国厨师烹调的，他在洛杉矶周边开过好几家餐馆，但由于与主顾及赞助人发生纠纷，因此一家家都关门歇业了。威尔逊山天文台对于一个有创意而又有反社会倾向的人而言是一个完美的避风港。食物很丰盛，但太油腻了，以至于随着时间的流逝，我发现自己产生了幻觉。为了清醒一下头脑，我走到外面围绕着圆顶的有三层楼高的栈道上。星星在上方闪烁，城市的灯光散布在下方，形成一个发光的、凹凸不平的网格。——原注

洛杉矶的人口只有现在的1/3，城市灯光只有现在的1/10。他还受益于空袭珍珠港事件后政府实行灯光管制而形成的真正意义上的黑暗天空。他拍摄了明亮星系核的光谱，发现其中有6个类似于NGC 1068的光谱，其明亮的发射线表明存在着一个高能过程。他还注意到这些发射线非常宽——发射线的宽度表明气体的运动范围。在一个正常的旋涡星系中，最大旋转速度为300千米/秒。然而，塞弗特测量的多普勒宽度是每秒数千千米，这表明这些星系中心附近的气体的移动速度比以前测得的任何东西都要快10～20倍。以这种速度运动的物质会飞离星系，除非星系中心附近有某种巨大的质量将其拴住。

塞弗特有一个难题要解决：什么能导致星系中心处的气体快速运动？当时没有人知道。就像格罗特·雷伯在翌年发表的关于"宇宙静电噪声"的那篇论文一样，塞弗特的论文在天文学领域几乎没有产生什么波澜。这篇论文在发表16年后才得到引用[1]。这类星系一直处于悬而未决的状态，最终以塞弗特的名字命名。与此同时，射电天文学的技术进步带来了新的见解。

射电天文学发展成熟

20世纪40年代，第二次世界大战还在继续。此时纯科学似乎变得没有任何实际意义了。不过，许多射电天文学家在雷达技术的发展中发挥了关键作用，而雷达的发展转而又对第二次世界大战的结局起到了关键作用。打胜仗的是首先发现敌机、敌舰或敌方潜艇的一方。英美工程

[1] C. K. Seyfert, "Nuclear Emission in Spiral Galaxies," *Astrophysical Journal* 97 (1943): 28-40. ——原注

师和科学家研发出一种即使在夜间也能“看清”数百千米范围内的物体的雷达。雷达帮助英国人击沉了德国的 U 型潜艇，使他们能够发现来袭的轰炸机，并为诺曼底登陆提供了掩护。人们常说是原子弹结束了战争，但雷达赢得了战争。

雷达也带来了天文学发现。1942 年，陆军作战研究小组的斯坦利·海伊正为英国海岸雷达防御受到的严重干扰而发愁。他意识到这些干扰并不是来自敌方，而是来自太阳。战争后期，他在设法追踪德国 V2 火箭时发现了流星的电离轨迹。直到战争结束，他的这两项发现才得以发表。他的团队还证实了令人费解的天鹅座 A 射电源的存在及其强度。战后，他继续在英国南部的皇家雷达研究所从事军事工作，而其他研究战时雷达技术的人员也成为射电天文学的先驱。马丁·赖尔在剑桥大学创办了卡文迪许实验室，伯纳德·洛弗尔则建立了焦德雷尔·班克射电天文台，作为曼彻斯特大学的一个野外工作站[1]。

澳大利亚由于对盟军战事所贡献的技术专长而成为射电天文学强国。当时世界上最好的战时雷达实验室之一就在悉尼。战后，该实验室完好无损，而其中的工作人员转向研究宇宙射电“噪声”。其中值得注意的是鲁比·佩恩 - 斯科特，她是澳大利亚有史以来培养的最出色的物理学家之一，也是世界上第一位女性射电天文学家。在为战事做出贡献后，她是第一个研究太阳射电暴的人，为世界各地的射电阵中都在采用的干涉测量法建立了数学的形式体系。她在整个职业生涯中都在与性别

[1] 赖尔和洛弗尔这两位物理学家清楚地看到了射电技术开辟宇宙新窗口的力量。他们轻而易举地跨越了分隔工程和科学这两种“文化”的鸿沟，各自成立了一个重要的大学研究小组，从而将射电天文学转变成天文学的另一个分支。战时雷达专家罗伯特·迪克在麻省理工学院成立了一个研究小组。但是考虑到美国是扬斯基和雷伯的故乡，射电天文学在美国的起步可谓慢得出奇。——原注

歧视进行斗争，而且不得不隐瞒自己的婚姻，因为当时不允许已婚女性全职担任公务员[1]。

与此同时，在欧洲，天文学在战争结束后得到了大力推动：来自德国雷达设备的 7.5 米天线被重新部署到英国、荷兰、法国、瑞典和捷克斯洛伐克的天文台。这是一个铸剑为犁、致力于科学的喜人故事。

1946 年，斯坦利·海伊和他的同事用经他们改良过的防空雷达天线发现，天鹅座 A 的辐射强度每分钟都在变化。由于光在如此短的时间内只能传播一定的距离，因此任何变化时标都会为辐射源设定一个尺度。快速变化只能在很小的辐射源中看到。在这种情况下，他们确定这个天体是非常小的，相当于一颗恒星。马丁·赖尔提出，天鹅座 A 可能是一种新的恒星——“射电恒星”，它在射电波段很明亮，但在可见光波段不可见。这把所有人都弄糊涂了[2]。像太阳这样的恒星只发射微弱的无线电波，那么恒星如何才会成为如此明亮的射电源呢？正如射电天文学家 J. G. 戴维斯评论的那样：“似乎存在一个光学宇宙和一个射电宇宙，它们截然不同，但又同时存在。因此，显然有必要将它们以某种方式联系在一起。”[3]

---

[1] 参见 M. Goss, *Making Waves: The Story of Ruby Payne-Scott, Australian Pioneer Radio Astronomer*（Berlin: Springer, 2013）以及 W. T. Sullivan III, *Cosmic Noise: A History of Early Radio Astronomy*（Cambridge, UK: Cambridge University Press, 2009）。前者描述了鲁比·佩恩 – 斯科特的贡献，后者则很好地讲述了射电天文学的早期故事。——原注

[2] 当赖尔和其他科学家证明天鹅座 A 的辐射实际上是稳定的时，这种困惑加深了。海伊等人所观察到的变化是由于地球上层大气中的电离气体云使无线电波发生弯折而造成的。具有讽刺意味的是，这并没有扼杀“射电恒星”假说，因为在可见光波段，恒星会闪烁而行星不会。这是因为恒星是点状的，而行星是圆盘状的，所以对于地球上的观测者来说，行星的闪烁被抵消了。根据同样的逻辑，如果天鹅座 A 闪烁，那么它一定是点状的，或者至少具有很小的角直径。——原注

[3] B. Lovell, “John Grant Davies（1924–1988）,” *Quarterly Journal of the Royal Astronomical Society* 30（1989）: 365-69. ——原注

射电天文学进步的障碍是角分辨率（任何望远镜能分辨的最小角度）。较好的角分辨率对应较小的角度。如果光源之间的距离小于望远镜的角分辨率，那么它们就会模糊地混在一起。角分辨率还会影响视线深度。当光源模糊地混成一团时，就不可能分辨出哪个比较近，哪个比较远。设想你是近视眼，身处在一个挤满人的大房间里。你也许能辨认出最近的几张脸，但其余的脸都模糊得令人绝望。你甚至连房间里的人数都很难数清。戴上眼镜，一切都一下子变得清晰了。

更清晰的图像需要更短的波长或者更大的望远镜[1]。角分辨率与观测所用的波长成正比，而与望远镜的大小成反比。射电波的波长比光波长几百万倍，因此与光学天文学家相比，射电天文学家一开始就处于非常不利的地位。他们通过建造大型望远镜来部分地弥补这一点。格罗特・雷伯的碟形天线的直径为 9.4 米，比当时的任何光学望远镜都要大。它最清晰的图像的直径为 15 度，那是将手臂伸直时看到的拳头的宽度。在这么大的一片天空中有许多光学天体，所以雷伯不可能推断出射电波的来源。如果转换到较高的频率，也就意味着波长较短（200 厘米，而不是 2 米），那么就可以得到 10 倍的分辨率。要正确地讲清这一点，请注意可见光的波长是雷伯观测到的 200 厘米波长的 300 万分之一。一架与雷伯的望远镜口径相同的光学望远镜将使图像的清晰度提高 300 万倍。若要获得像 1 米口径光学望远镜拍摄的那样锐利的图像，则需要一架像美国那么大的射电望远镜！

干涉测量法的创立解决了这个问题。在干涉仪中，来自两架（或更多架）射电望远镜的入射波与保存下来的波的相位信息相结合——这意

[1] 实际的公式是 $\theta = 1.22\ (\lambda / D)$。其中，$\theta$ 是角分辨率或光束的宽度，单位是弧度；λ 是观测到的波长，D 是望远镜的口径，这两者以相同的单位度量。——原注

味着可以准确测定波峰和波谷到达的时间。这样，决定角分辨率的就是望远镜的间距而不是口径大小。所以，两架相距 1 千米的 10 米口径碟形天线的角分辨率比单独使用其中任一架要高 100 倍[1]。这种技术也被称为孔径综合，因为它“综合”出了一架具有大得多的分辨率的望远镜。1950 年，剑桥大学卡文迪许实验室的格雷姆·史密斯使用两架为新用途而改装过的德国天线，以 1 角分（即月球直径的 1 / 30）的精度测量了明亮的射电源天鹅座 A 的位置——这是一个极为重要的突破（见图 20）。

格雷姆·史密斯对天鹅座 A 的位置的精确测量引起了加州理工学院的天文学家沃尔特·巴德的注意。在收到史密斯的数据后不到两周，巴德就坐进了帕洛马山 508 厘米口径望远镜的观察室里。这是当时世界上最强大的光学望远镜。这位德国出生的天文学家在第二次世界大战期间没有获准入伍。因此像卡尔·塞弗特一样，他利用洛杉矶的战时灯火管制政策，拍摄了一些具有空前深度的夜空照片。在后来的一次访谈中，有一段花絮描绘了一幅生动的画面：“当他讲述他在仔细扫描数千块照相底片的过程中所看到和发现的东西时，数字、图片和天文八卦背后的宇宙王国、银河系和河外世界那令人难以置信的壮丽画面开始展现出来。这个男人身着灰色套装配深蓝色领带，脚上穿着一双巨大的棕色鞋

[1] 这种方法是用射电模拟迈克尔逊干涉仪或杨氏双缝实验。设想两架射电天线的正上方有一个信号源。波到达每一架天线的路径长度相同，因此，这些波结合在一起时就会相互叠加而产生更大的振幅。当信号源移动时，路径差随之发生变化。当路径差等于半波长时，两个信号结合而相互抵消。因此，当光源移动时，就会产生由高低信号构成的条纹图案。这些干涉条纹的宽度是由两架天线的间距决定的，这就是为什么格雷姆·史密斯可以如此精准地确定天鹅座 A 的位置。澳大利亚射电天文小组设计出了这种理念的一个巧妙的形式。他们在海崖上安装了一架天线，使其面向东方。当辐射源上升时，射电辐射会以一个较低的角度直接到达天线，但也会通过海面反射以稍长一点的路径传播。天线和它的“镜像”就构成了干涉仪的两个组成部分。——原注

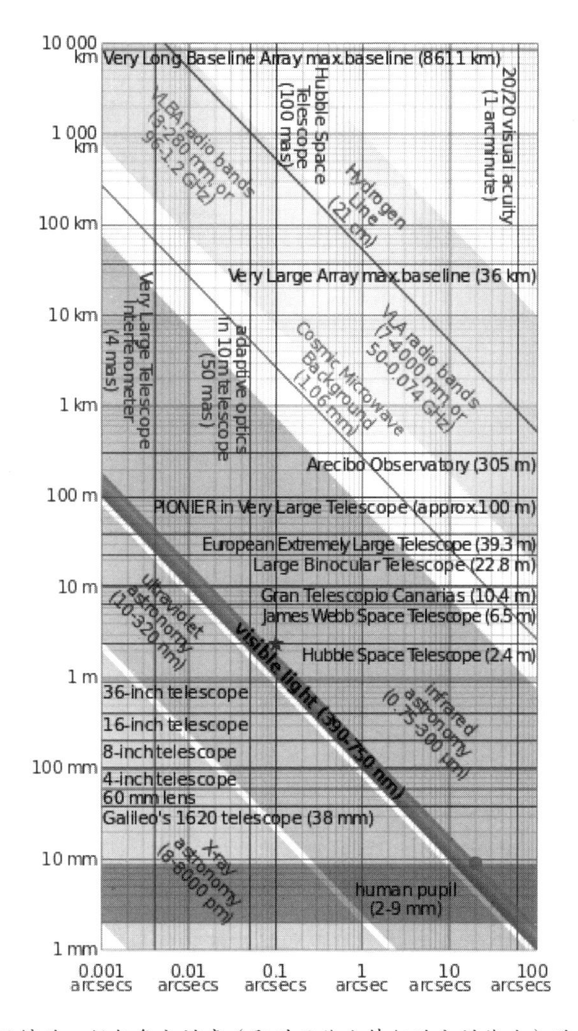

图 20　望远镜的口径与角分辨率（即对天体小特征的分辨能力）的对数坐标关系图。作为参考，月球的角直径是 1800 角秒。10 毫米孔径和 20 角秒分辨率处的点表示裸眼，而 2.4 米孔径和 0.1 角秒分辨率处的点表示哈勃空间望远镜。电磁辐射的波长用对角线表示，从左下角的 X 射线递增到右上角的无线电波。最大的单架光学望远镜口径约为 10 米，射电望远镜口径约为 300 米。干涉仪模拟一架非常大的望远镜，因此提供了一个非常高的角分辨率（克里斯·伊姆佩）

子。他完全被自己的研究迷住了。巴德一头稀疏的白发被仔细地梳理成分头，眉毛略显浓密，鹰钩鼻分外突出，他边说边比划，不停地抽着烟。他把宇宙的奥秘看成所有侦探小说中最伟大的一部，而他则是其中最主要的侦探之一。”[1]

当巴德将这架绰号为“大眼睛”的、口径为 5 米的望远镜对准天鹅座 A 时，拍摄到的照相底片令他兴奋不已。他说：“我在检查底片的那一刻就知道有些东西不寻常。整块照相底片上布满了星系，超过 200 个，最亮的那些在中心处。它显示出潮汐扭曲的迹象：那两个核之间的引力。我以前从未见过任何这样的情形。我脑子里思考的东西太多了，以至于在开车回家吃晚饭的路上不得不停下来想一想。”[2] 在射电天文学家和光学天文学家的通力合作下，一个重要的问题得到了解答：天鹅座 A 是一个遥远的、被扭曲的星系。它的谱线红移了 5.6%，这表明它正在以 5600 万千米 / 小时的速度后退。在膨胀宇宙模型中，红移表示距离，因此，这就意味着天鹅座 A 在 7.5 亿光年之外。我们现在看到的射电波是在地球上的生命还没有针尖大的时候发出的。

巴德一直在思考宇宙“失事火车”可能产生的能量，他还提出，超级明亮的天鹅座 A 是由一对正在发生相互碰撞的星系构成的。巴德在加州理工学院的同事鲁道夫 · 闵可夫斯基对他的理论提出了质疑，巴德试图跟他打赌这一假设会被证明是正确的，赌注是 1000 美元（黑洞理论学家显然不是唯一有赌博倾向的科学家）。当时，那是人们一个月的工资。闵可夫斯基没有上钩，于是巴德把赌注降低到一瓶威士忌。闵可

[1] 转引自以下图书中的编辑简介：*Quasi-Stellar Sources and Gravitational Collapse: Proceedings of the First Texas Symposium on Relativistic Astrophysics*, edited by I. Robinson, A. Schild, and E.L. Schucking（Chicago: University of Chicago Press, 1965）。——原注

[2] 转引自 J. Pfeiffer, *The Changing Universe*（London: Victor Gollancz, 1956）。——原注

夫斯基在拍摄了天鹅座 A 中心附近的那些非常炽热的气体的发射谱线后认了输。当两个星系碰撞时，它们所含的气体被加热。（巴德后来抱怨说，闵可夫斯基用来付赌金的威士忌只有一小扁瓶，而不是一大瓶，而且后来他到自己的办公室时把那瓶威士忌喝了个精光。）尽管如此，后来许多理论物理学家通过仔细计算后断定，一次碰撞无法解释射电亮度问题。一个核心问题仍然没有答案：天鹅座 A 发出的射电波怎么可能比银河系多 1000 万倍？

一位荷兰天文学家发现了类星体

关于宇宙射电波，1950 年有人提出了一种新的机制 [1]。当电子以接近光速的速度在磁场中运动时，它们的前进路线是螺旋形的，并且发射出波长范围很大的强辐射。这被称为同步辐射。20 世纪 40 年代，在实验室的加速器中产生了同步辐射。但是粒子在数百或数千光年跨度的空间中加速时也会发生这一过程，这仍然让人感到惊讶。1958 年，在巴黎举行的一次国际天体物理学会议上，有科学家发表论文称，同步辐射可以解释太阳耀斑、蟹状星云中的一颗于 1054 年爆发的超新星的余辉、奇特的椭圆星系 M87，可能还可以解释天鹅座 A。

当剑桥大学的射电天文学家在 1959 年发布他们的第三份星表时，光学天文学家则将那些最致密的射电源作为他们的研究目标。这些射电

[1] A. Alfven and N. Herlofson, “Cosmic Radiation and Radio Stars,” *Physical Review* 78（1950）: 616. Other early papers were G. R. Burbidge, “On Synchrotron Radiation from Messier 87,” *Astrophysical Journal* 124（1956）: 416-29, and V. L. Ginzburg and I. S. Syrovaskii, “Synchrotron Radiation,” *Annual Reviews of Astronomy and Astrophysics* 3（1965）: 297-350. ——原注

源为找到光学对应物提供了最好的机会[1]。同以前一样，加州理工学院的天文学家是这场运动的中坚。汤姆·马修斯和艾伦·桑德奇观测了这份星表中的第 48 个天体 3C 48，并在射电源对应的位置发现了一个微弱的蓝色天体，它周围环绕着缕缕星云状物质。光线变化很快，因此这个天体不可能比一颗恒星大多少。所有问题中最令人困惑的是光谱：它的发射线又强又宽，无法被确认为任何已知元素的光谱。马修斯把它展示给大厅走廊那一端的杰西·格林斯坦看，但是作为恒星专家的格林斯坦从来没有见过这样的恒星光谱。格林斯坦由于无法解释这些数据，便把这份光谱放在抽屉里，随后就把它给忘了。

下一步轮到马尔滕·施密特了。这位年轻的荷兰天文学家来加州理工学院研究星系中的恒星形成问题，但射电源之谜引起了他的兴趣。1963 年，澳大利亚的射电天文学家利用月亮掩食 3C 星表中第 273 个天体的机会，非常精确地测定了这个射电源的位置。施密特借助帕洛马山的那架口径为 5 米的望远镜，看到一个蓝色的恒星状天体。它具有一个向一侧延伸的线性特征。该天体的光谱显示出类似于 3C 48 光谱中的那种神秘发射线。当施密特试图用一种熟知的元素来匹配这些谱线的模式时，他意识到这些特征是红移了 16% 的氢谱线。如果把红移看作是由于宇宙膨胀造成的，那么 3C 273 正以令人难以置信的 1.6 亿千米 / 小时的速度远离我们。施密特描述这一发现的 4 篇经典论文发表在《自然》

[1] 我们必须克服一些重大的技术难题，才能使强射电源与其光学对应物相匹配。关于某个特定射电源的强度有多大甚至其是否存在，不同的射电巡天项目并不总能取得一致的结果。射电源的角直径从几十角分到几角秒不等，而干涉仪所观察到的情况除了取决于观测频率以外，还取决于阵列中的元件数量和间距。同时，天空中任一特定区域中的射电源数量都随着射电通量的减小而迅速增加。这意味着可能存在多个接近探测极限的射电源。这些射电源凑在一起，于是看起来像一个更强的单一射电源。这被称为巡天的“混淆界限”。——原注

（*Nature*）杂志上[1]。

50 年后，他回忆起那个发现时刻时说：“把它解释为宇宙学红移，我很快就这么做了，因为它在天空中是如此明亮——结果证明其光度非常高。这是值得注意的，因为它比正常星系，甚至最大的那些星系都要亮得多。因此，你发现了宇宙中的某种不同寻常的东西，它的光度超过整个星系，而看起来像一颗恒星。这是一种令人震惊的体验（见图 21）。”[2]

图 21　为纪念马尔滕·施密特发现类星体 50 周年研讨会而制作的组合照片。左：帕洛马山天文台 5 米口径望远镜和类星体 3C 273 的图像。中：马尔滕·施密特正在检视这架望远镜所拍摄的光谱。右：宣布这项发现的那篇论文的标题页以及 3C 273 的光谱，发射线标在上方，波长标在下方（G．乔尔戈夫斯基 / 加州理工学院）

[1]　C. Hazard, M. B. Mackey, and A. J. Shimmins, “Investigation of the Radio Source 3C 273 by the Method of Lunar Occultations,” *Nature* 197（1963）: 1037-39; M. Schmidt, “3C 273: A Star-like Object with Large Redshift,” *Nature* 197（1963）: 1040; J. B. Oke, “Absolute Energy Distribution in the Optical Spectrum of 3C 273,” *Nature* 1987（1963）: 1040-41; and J. L. Greenstein and T. A. Matthews, “Redshift of the Unusual Radio Source: 3C 48,” *Nature* 197（1963）: 1041-42. For a modern summary of the chronology, see C. Hazard, D. Jauncey, W. M. Goss, and D. Herald, “The Sequence of Events that led to the 1963 Publications in Nature of 3C 273, the first Quasar and the first Extragalactic Radio Jet,” in *Proceedings of IAU Symposium 313*, edited by F. Massaro et al.（Dordrecht: Kluwer, 2014）. ——原注

[2]　马尔滕·施密特在他的发现 50 周年纪念时接受的访谈。——原注

有了施密特的洞见，格林斯坦找出了先前 3C 48 的那份光谱，并且很快识别出是正常元素红移幅度两倍多（高达 37%）的谱线[1]。3C 273 距离地球 20 亿光年，3C 48 距离地球 45 亿光年。后者的光正好是在地球形成时发出的，这些光从那时起就一直在太空中穿行。这两个天体发出的光的亮度都是整个星系亮度的 100 倍，然而它们比太阳系还小。马尔滕·施密特为这类离奇的天体创造了一个新术语：类恒星射电源，或简称类星体。

由于关键工作是在洛杉矶完成的（帕萨迪纳很久以前就被洛杉矶的扩张所吞并了），那就让我们用大洛杉矶来做一个类比。设想你在晚上乘坐直升机在洛杉矶上空高高盘旋。在这个大约有 1000 万人口的城市里，人均拥有的住宅灯、街灯和车灯数量为 10 盏，因而总共大约有 1 亿盏灯（为了简单起见，我把这些数字四舍五入到最接近的数量级）。如果洛杉矶是一个星系，那么每一盏灯就代表大约 1000 颗恒星。现在想象一下，在洛杉矶市中心有一个单点光源，它发出的光比整个城市的灯光还要亮数百倍。然而它的大小只有几厘米，并不比任何一盏单独的灯大。如果我们能从地面上高高升起，从而使城市在我们下方几千千米处，那么在其他一盏盏灯光都淡出视野很久之后，这个强烈的中心光源依然可见。穿过漫长的宇宙距离，一个星系可能太小太微弱而令我们无法看见，但它那明亮的核闪耀着灿烂的光芒。这就是一个类星体。

[1] 事实上，澳大利亚射电天文学家约翰·博尔顿和美国天文学家艾伦·桑德奇在 1960 年都各自测得了 3C 48 的一个谱线。他们两人都差一点就比施密特早 3 年先发现类星体。——原注

天文学家收集遥远的光点

类星体最显著的特性是它们的高红移，这表明它们距离我们很远，光度也很高。宇宙的膨胀拉伸了穿越其间的光子的波长。这一效应被称为宇宙学红移[1]。红移用 z 表示，它的定义为 $1+z=R_o/R_e$，其中 R_o 是一个天体发出的光被观测到时宇宙的大小（或空间中任意两点之间的距离），R_e 是这束光发出时宇宙的大小（或空间中任意两点之间的距离，因为整个空间以相同的速率膨胀）。辐射也具有完全相同的关系，$1+z=\lambda_o/\lambda_e$，其中 λ_o 是我们现在通过望远镜观测到的被拉伸或变红的光子的波长，而 λ_e 是这个光子最初发出时的波长。

星系离我们越远，其退行的速度就越快。事实上，每个星系都在彼此远离[2]。埃德温·哈勃于1929年进行的这一观测导致了宇宙膨胀的想法的产生。当红移很小的时候，它约等于退行速度与光速的比值[3]。在发现类星体之前，我们已知最远的天体是长蛇座星系团中的一个星系，其红移为 $z=0.2$。不出两年，马尔滕·施密特就用3C 9将红移的记录推到了 $z=2.0$[4]，

[1] 宇宙学红移与多普勒频移在物理上是不同的。当波在介质中传播且波源相对于观察者移动时发生的是多普勒频移，最常见的例子是警笛。当警车靠近时，警笛的音调会升高；当警车远离时，警笛的音调会降低。宇宙学红移不需要介质，因为此时波长的变化是由宇宙中各处的时空膨胀引起的。——原注

[2] 宇宙学将哥白尼原理（即我们在太阳系中并不占据特殊位置的思想）扩展到整个宇宙。这是现代宇宙学的一个基本假设，到目前为止还没有任何观测结果违背这一假设。银河系的近邻星系与宇宙中遥远区域的星系看起来似乎并无任何不同，分布也没有什么不同。——原注

[3] 哈勃定律是 $v=H_0D$，其中 v 是退行速度，D 是距离，比例常数 H_0 为哈勃常数，即宇宙当前的膨胀率。用退行速度和光速来表示的低红移近似是 $z=v/c$。正确的相对论公式是 $z=\sqrt{(1+v/c)/(1-v/c)}$。——原注

[4] M. Schmidt, "Large Redshifts of Five Quasi-Stellar Sources," *Astrophysical Journal* 141（1965）: 1295-1300. ——原注

即 3C 9 是一个以 80% 光速退行的类星体。我们现在看到的光是它在宇宙年龄为目前年龄 1/4 时发出的（见图 22）。由于遥远的光就是古老的光，因此，天文学家利用遥远的天体作为“时间机器”。类星体是遥远而古老宇宙的探测器。

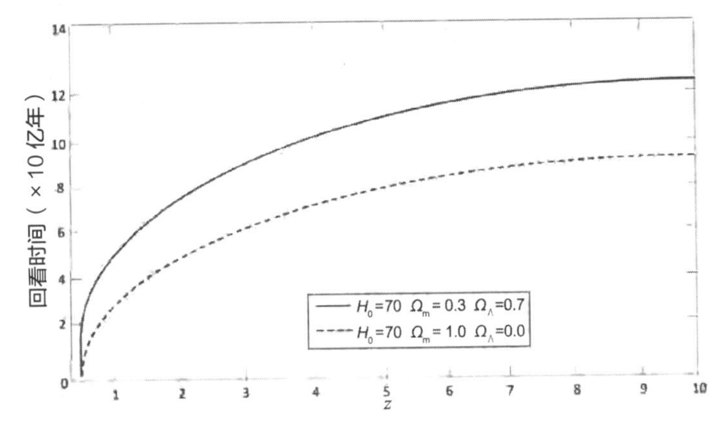

图 22　遥远的光就是古老的光。红移是由宇宙膨胀引起的，而哈勃表示红移随着到银河系距离的增加而增加。上图显示了红移（即光在膨胀的宇宙中传播而引起的少量波长变化）与回看时间（即光是在多久之前发出的）之间的关系。宇宙的年龄是 138 亿年。类星体的光已经传播了占宇宙年龄相当大一部分的时间。实线显示的是当前公认的时间模型（克里斯·伊姆佩）

在早期阶段，寻找类星体是一项艰苦的工作。射电天文学家不得不费尽周折才能得到其准确位置。由于白天和夜晚能同样好地探测到射电波，因此，守在望远镜前的典型的一天由两个 12 小时轮班组成。控制室里如迷宫一般的电路必须反复检查。插头将来自不同望远镜或一个阵列的不同部分的信号传输到一个相关器中。只有一位专家能够监控这个错综复杂的网络。这是计算机运算的非常早期阶段，因此，信号是以模拟形式记录在磁带上的。监控磁带走带装置并卷好新磁带，以确保磁带永远不会用完，这是一项专职工作。这些信号随后用打孔卡片输入一台大型计算机中，以监测射电源在天空中移动时射电信号强度的变化，并将其与精确的时钟读数结合起来，从而计算出射电源的位置。为了得到一个精确的位置，仪器需要对天空扫描许多天许多次。

光学天文学家的日子稍微好过一点，也更有意思。他们坐在主焦室中，悬挂在大型望远镜的主镜上方，就像一只深陷在金属网中的苍蝇。从圆顶张开的狭缝望出去，外面是闪耀的星空。他们会把未曝光的照相底片带进主焦室，这些照相底片被密封在一个不透光的盒子里，并被小心翼翼地放到照相机里，这样它们就可以对夜空曝光。然后，他们会用一个小面板上的按钮来微调望远镜追踪天空的速度，以确保图像尽可能锐利。这里有有意思之处，但有时也很乏味。冬天有长达12小时的寒冷夜晚，除了每隔几秒钟按一下导航按钮和每隔几小时换一次照相底片之外，没有多少事情可做。光学天文学家为了测量一个天体的红移，不得不在望远镜前待上一整夜。

被收入星表的类星体只有几十个，而天文学家注意到类星体比任何恒星都更蓝（即更热）。有数位研究者认识到，还有其他同样蓝的类恒星天体，它们与任何射电源都不成协。光谱显示，这些蓝色天体中的许多具有高红移，它们也是类星体。天文学家受到这一发现的激励，对大片天空进行了照相巡天，以“收获”颜色最蓝的一些天体。这种方法非常有效，用这种方法选出的类星体数量比用强射电辐射找到的类星体多10倍。

搜寻类星体的竞争偶尔会演变成恶言相向。1965年，卡内基研究所的艾伦·桑德奇在一篇论文中提到一类新的射电类星体——射电宁静类星体。由于他的声望很高，以至于《天体物理学杂志》的编辑没有经过同行评审就发表了这篇论文。加州理工学院的弗里茨·兹威基被激怒了，因为他之前就已发现了具有类星体特征的致密星系。几年后，他在自己的一本关于特殊星系特征的书中写了一篇充满指责的前言："尽管桑德奇早在1964年就已知道所有这些事实，但他还是尝试做出最惊人的剽窃壮举之一：宣布宇宙中存在着一种重要的新组件——类恒星星系。桑德奇的这项惊天动地的发现仅仅是对致密星系起了个新名称，将它们称为'闯入者'和类恒星星系，依此他自己扮演的才是闯入者的角色。"[1]对于有教养的学术界来说，这真是够了。

卡内基研究所与加州理工学院之间的竞争引发了许多雄心勃勃的项目，这些项目推动着21世纪光学天文学的发展。首先，加州理工学院在夏威夷建造了两架10米口径的凯克望远镜，而卡内基研究所在智利建造了两架6.5米口径的麦哲伦望远镜。现在卡内基研究所是22.5米口径的巨型麦哲伦望远镜的主要合作者，而加州理工学院则是计划中的30米口径望远镜的主要合作者[2]。这两架望远镜都是投入的经费达数十亿美元的国际合作项目。随着天文学家希望找到越来越远的光点，他们

[1] F. Zwicky and M. A. Zwicky, *Catalogue of Selected Compact Galaxies and of Post-Eruptive Galaxies*（Guemligen, Switzerland: Zwicky, 1971）. 引起他愤怒的那篇论文是A. Sandage, "The Existence of a Major New Constituent of the Universe: The Quasi-Stellar Galaxies," *Astrophysical Journal* 141（1965）: 1560-68。对这些插曲的重述可参见K.I. Kellerman, "The Discovery of Quasars and its Aftermath" *Journal of Astronomical History and Heritage* 17（2014）: 267-82。——原注

[2] 巨型望远镜建造的下一阶段有着与上一阶段一样的激烈竞争。计划中的每一架20米或更大口径的望远镜都将花费10亿美元或更多。巨型麦哲伦望远镜在这项竞争中占据优势地位，7面镜子中已有5面在亚利桑那大学铸造完成，一座山头已被夷平，智利的建筑也已开始建造。加州理工学院原计划建造一架30米口径的望远镜，但由于一度遭到当地夏威夷活跃人士反对在莫纳克亚山建造而搁浅，但现在计划已经回到正轨。欧洲南方天文台的39米口径望远镜也将建在智利。多半为欧洲合作伙伴之间的国际协议为它提供了优渥的资金。这场竞赛中的黑马是中国，他们可能会跳过8～10米级别，在青藏高原建造另一架巨型望远镜。——原注

的“玩具”也变得越来越复杂，越来越昂贵。

亚利桑那大学正在为巨型麦哲伦望远镜制作镜面。每一年左右，我都会去参观足球场下方的设施。20 吨的小块纯玻璃被放入一个直径约为 9 米的大缸中，然后加热到 1170 摄氏度，并旋转成抛物面形状。当这个巨大的镜面炉旋转时，亮光闪烁，热浪倾泻而出，一切就像一场凶险的游乐场之行。周围穿着白大褂、戴着安全护目镜的工程师看上去就像一群疯狂的科学家。3 个月后，当镜子完全冷却下来时，它被打磨得近乎完美。令我吃惊的是，如果把成品镜子放大到美国本土那么大，那么最大的起伏或瑕疵将不到 2.5 厘米高。巨型麦哲伦望远镜使用 7 面大镜子，其中 6 面像花瓣一样排列在中心镜面的周围。与此同时，30 米口径望远镜将由 492 面六边形镜子组成。这两个项目在竞争谁将成为新的世界上最大的望远镜。它们都将投入相当多的时间研究类星体。

假设有超大质量黑洞

即使在发现类星体之前，天文学家也有理由相信在一些星系的中心发生着一些极为不寻常的事情。1959 年的一项计算表明，塞弗特星系的宽发射线可以用一个比太阳质量大 10 亿倍的致密天体的引力来解释。英国理论物理学家杰夫·伯比奇简洁地阐述了射电星系所面临的挑战：它们包含在磁场和相对论粒子中的能量需要将多达 1 亿个太阳的质量完全转化为能量[1]。相对论粒子是运动速度接近光速的粒子。亚美尼亚理论物理

[1]　塞弗特的计算过程发表在 L. Woltjer, “Emission Nuclei in Galaxies,” *Astrophysical Journal* 130（1959）: 38-44。射电星系的能量计算过程发表在 G. Burbidge, “Estimates of the Total Energy and Magnetic Field in the Non-Thermal Radio Sources,” *Astrophysical Journal* 129（1959）: 84-52。——原注

学家维克托·阿姆巴楚米扬提出了“对星系核概念进行一种根本性改变”的想法。他说：“我们必须摒弃那种认为星系核仅仅由恒星构成的观念。”[1]

各种假设接踵而至。也许这些能量来自一个致密星团的爆发，因为一颗超新星触发了星团中的其他链式反应。也许通过碰撞喷射出的大量气体，一个星团可以演化到非常大的密度。也许这些能量来自单独的一颗超大质量恒星。然后，在施密特做出他那项激动人心的发现后不到一年，两位理论物理学家提出类星体能量来源于超大质量黑洞的吸积[2]。他们认识到恒星的聚变效率太低，不足以产生类星体的能量，而需要一个引力引擎。随着质量盘旋落入大质量黑洞的最内层稳定轨道，质量可以接近 10% 的效率转化为粒子和辐射能。即使在这样的效率下，最明亮的那些类星体也需要质量为太阳 10 亿倍的黑洞为其提供能量。

天体物理学界并没有立即对超大质量黑洞感到欣喜若狂。请记住，“黑洞”一词被创造出来和天鹅座 X-1 首次被探测到都是在 1964 年。当时恒星质量黑洞仍然是一个新奇的概念，然而已经有理论物理学家提出质量还要大 10 亿倍的黑洞！这听起来像是胡乱猜测。你能想象 10 亿这个倍数吗？这是一粒沙子和一满箱沙子之间的差别，这是口袋里的钱只够买一个汉堡包和世界首富之间的差别，这是你的直系亲属的总质量和珠穆朗玛峰的质量之间的差别。即使经验丰富的天体物理学家想到质量相当于小型星系的黑洞时，也感到大为吃惊。

类星体的极端能量需求基于这样一个事实：它们离地球很远，因此

[1] V. Ambartsumian, “On the Evolution of Galaxies,” in *The Structure and Evolution of the Universe*, edited by R. Stoops（Brussels: Coudenberg, 1958）, 241-74. ——原注

[2] E. Salpeter, “Accretion of Interstellar Matter by Massive Objects,” *Astrophysical Journal* 140（1964）: 796– 800; Ya. B. Zel-dovich, “On the Power Source for Quasars,” *Soviet Physics Doklady* 9（1964）: 195– 205. ——原注

必须具有非常高的光度才能让它们这样明亮。光度是固有的亮度，即光源每秒发射出多少个光子。如果类星体不在它们的红移所显示的位置，那么它们的能量需求就会放松。其中的逻辑是这样的：置于100米远处的100瓦灯泡会显得昏暗，但如果这个灯泡与我们的距离实际上是100千米，那么它的光度就必须提高100万倍。也就是说要换成一个1亿瓦的灯泡，在你看来才会达到同样的光度。类星体是昏暗的，但是它们与地球的距离如此遥远（数十亿光年），因此其光度一定高到令人难以置信。

这个问题导致一小群人数不多但直言不讳的天文学家（其中包括一些备受尊敬的名字）对类星体红移的宇宙学本质提出了质疑[1]。膨胀宇宙模型中的宇宙学红移被解释为距离。这些天文学家指出，我们在红移小得多的星系附近看到了类星体，而单从概率上来看的话，这样的地方应该没有这么多类星体。他们注意到，在宇宙学解释中，有过多的特定红移没有得到解释。这些统计学断言对大多数天文学家来说并不是很有说服力，而基于能量密度的物理学论证更加令人不安。物理学家认为类星体会被它们自身的辐射“窒息”，在能够发出明亮的光芒之前就被熄灭了。具有非常快速射电变化的那些类星体是如此致密，以至于当相对论电子放出射电光子时，它们会撞击这些光子并将其提升到光学频率，然后是X射线频率，再然后是伽马射线频率。结果会摧毁这个射电源，使

[1]　在20世纪60年代到70年代，非宇宙学红移的主要支持者在观测方面有哈尔顿·阿普和比尔·蒂夫特，而在理论方面则有弗雷德·霍伊尔和杰夫·伯比奇。类星体红移“争议”是各次会议上激烈辩论的主题，双方几乎没有任何共识。到20世纪80年代，这场争论在很大程度上已有定论，结果偏向于宇宙学解释。但即使到现在仍有一些研究者声称类星体与我们的距离并不像它们的红移所显示的那么遥远。观测方面的论证可参见H. C. Arp, “Quasar Redshifts,” *Science* 152（1966）: 1583。理论方面的论证可参见G. Burbidge and F. Hoyle, “The Problem of the Quasi-Stellar Objects,” *Scientific American* 215（1966）: 40-52。——原注

之变成伽马射线源。20 世纪 60 年代中期，研究者在各次会议上就这个问题进行了许多激烈的辩论，但并没有达成一致的意见。这个问题需要新的、更好的射电观测结果才能取得进展。

测绘射电喷流和瓣

射电天文学家感到有点儿恼火是情有可原的。他们提供了星系核中极端能量的第一个证据，以及能够发现类星体的精确位置。但是，如果不测量红移（这需要光谱），那么就无法理解类星体，而且事实证明大多数类星体的射电辐射都很微弱。看来似乎所有的行动都要在光学天文学中实施。

不过，射电天文学家还藏着另一条锦囊妙计。在类星体的发现阶段，他们曾利用相隔数百米的碟形天线将位置误差降到大约 1 角分。而通过将干涉仪中的天线间距增加到 1 千米，并且使用尽可能短的波长，他们达到了 1 角秒的精确度——接近光学观测中位置的精确度。他们可以像光学天文学家一样精确地测绘射电天空分布图。以这样的详细程度来看，射电源具有惊人的多样性：有射电星系，此时的光学对应体显然是星系；有类星体，此时的光学对应体则是类似恒星的天体；最常见的一类射电源有着巨大的射电辐射瓣，它们横跨一个核区有射电辐射的椭圆星系。在某些情况下，这些射电辐射瓣延伸数百万光年，深入到星系际空间[1]。这个椭圆星系通常有一种奇特的或扰乱的形态，看起来像有一些

[1] 所有的射电辐射都是由电子在热而弥散的等离子体中发出同步辐射而产生的。能量输运必须非常高效才能到达星系范围之外这么远的地方。这些瓣呈现的是相对论粒子“撞击”弥散星系际介质的地方，通常会产生一些增强发射的热斑。热等离子体中有磁场穿过，这意味着射电辐射具有线偏振性。——原注

高能粒子束正从星系中心喷射出来，为双瓣中的射电辉光提供能量。天鹅座 A 就是一个完美的例子 [1]。

我们已经遇到了一些具有吸引人的和不寻常特性的星系：有些具有强射电辐射；另一些则具有强 X 射线辐射；有些具有强烈的光学辐射，并且在其中心附近有快速移动的气体。所有这些表现都不是由一大群恒星简单集合而成的星系的特征。天文学家使用“活动星系”一词来统称那些核区特别活跃的星系。

由于我本人是光学天文学家，因此我通常更喜欢我能看见的数据。但是为了理解活动星系，我使用了位于新墨西哥州的甚大阵（Very Large Array，VLA）。我工作的地方就是电影《接触》（*Contact*）中朱迪·福斯特听到来自外星人的消息的那间控制室。VLA 由 27 架碟形天线构成，每架天线的直径为 25 米，它们可以排列成一个横跨 40 千米的 Y 形区域。这些碟形天线在铁轨上移动，以改变它们之间的间隔大小。我花了一段时间来熟悉射电天文学术语。尽管当地的射电天文学家很乐意帮助我处理数据，但我注意到他们喜欢对自己的研究课题保持神秘感。我充其量不过是这个部落的一位荣誉成员。

射电天文学家特别关注现有干涉仪无法分辨的源。这些源的变化表明它们并不比我们的太阳系大多少。20 世纪 60 年代，他们开始制造一架与地球同样大小的射电望远镜。他们必须找到一种不一样的方法来组合来自不同望远镜的信号（见图 23），这是因为电缆和微波连接在洲际尺度上已不适用了。他们的方法是将来自每架望远镜的信号记录在磁带上，并用一个原子钟记录时间，然后把这些磁带放在一起形成干涉条纹，最

[1] D. S. De Young, *The Physics of Extragalactic Radio Sources* (Chicago: University of Chicago Press, 2002). ——原注

终得到一张分布图。数据处理是一项单调乏味的工作，依赖原子钟、计算机和磁带记录仪的进步。1967 年，美国和加拿大的几个研究小组以相隔 200 千米的距离观测了几个源。在一年之内，他们在波多黎各、瑞典和澳大利亚又增加了间隔越来越远的天线。这些天线的基线长达 1 万千米，相当于地球直径的 80%；角分辨率提高了 1000 倍，达到了千分之一角秒。以这个角分辨率，可以从纽约市看到埃菲尔铁塔顶端的一个 10 美分硬币。射电天文学家现在可以获得比光学天文学家清晰得多的图像。

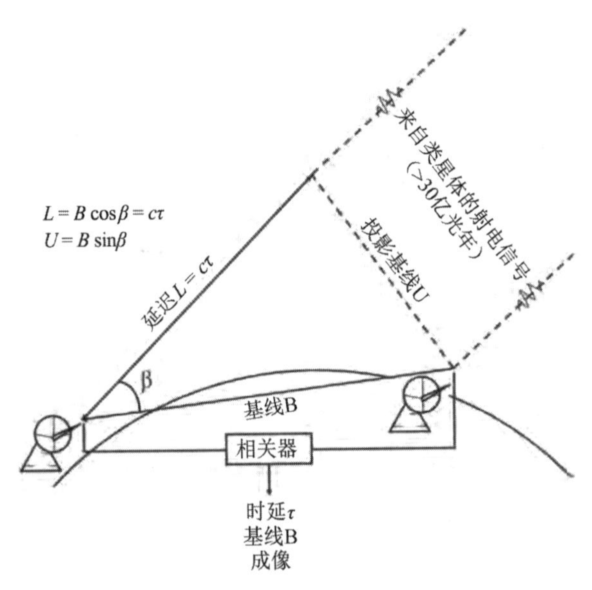

图 23　通过甚长基线干涉测量方法，将间隔遥远的射电望远镜的信号组合在一起，以模拟一架尺寸相当于这些望远镜之间的最大间距的巨大望远镜所能达到的非常高的角分辨率。来自遥远类星体的光到达两架望远镜的时间略有差异，其时间延迟由简单的几何问题决定。这些独立的射电信号由一个叫作相关器的电子器件组合起来（克里斯·伊姆佩）

这项新技术被称为甚长基线干涉测量（Very Long Baseline Interferometry，VLBI）。1970 年，使用 VLBI 研究类星体的射电天文学家注意到，最密集的射电源有单面喷流，而且喷流中经常有“团块”或热斑。在花费一年时间收集到的数据中，他们可以看到这些团块正在远离核区。天文学家已经习惯了银河系外宇宙的巨大时间尺度，那里的星系自转一次需要数亿年，所以看到每年都有变化令他们心满意足[1]。但是当他们把这些团块的表观横向运动转换为速度时，他们震惊了：它们彼此分离的速度是光速的 5 ～ 10 倍。这违反了相对论吗？不，这是一种视错觉。由于致密射电源中的射流几乎指向我们，而这些团块的移动速度接近光速，因此它们可能显示出非常快速的横向运动。这就像地球上有人发射一束强光，使其光斑扫过月球表面，如果光束绕轴旋转得足够快，那么月球上的人就能看到光斑似乎移动得比光速更快，即使光束中的光子以光速运动，并不比光速更快。这种现象被称为超光速运动，我们已经在几十个致密射电源中看到过。

对射电源的精细测绘表明，射电天文学家也可以使自己获得的图像与光学天文学中的图像一样美丽（见图 24）[2]。这些数据支持超大质量黑洞的假说。强射电辐射意味着有一个粒子加速器在运作，而致密性意味着辐射来自空间的一个微小区域。只有像黑洞这样的引力引擎才能做到这一点。此外，由于星系具有角动量，而且星系中心的致密天体应该在自转，因此气体将沿着自转轴的两极逃逸。黑洞可以成为比最好的人造

[1] 介绍这项发现的论文是 A. R. Whitney et al., “Quasars Revisited: Rapid Time Variations Observed Via Very Long Baseline Interferometry,” *Science* 173（1971）: 225–30， 以及 M. H. Cohen et al., “The Small Scale Structure of Radio Galaxies and Quasi-Stellar Sources at 3.8 Centimeters,” *Astrophysical Journal* 170（1971）: 207– 17。早在 5 年前就已出现了根据理论论证预言的表观超光速运动：M. J. Rees, “Appearance of Relativistically Expanding Radio Sources,” *Nature* 211（1966）: 468-70。——原注

[2] A.-K. Baczko et al., “A Highly Magnetized Twin-Jet Base Pinpoints a Supermassive Black Hole,” *Astronomy and Astrophysics* 593（2016）: A47– 58. ——原注

加速器还要强大得多的粒子加速器。引力为磁化的等离子体双向喷流提供能量，它们以接近光速的速度从黑洞附近喷射出去，远远延伸到星系边缘以外，照亮了射电夜空。

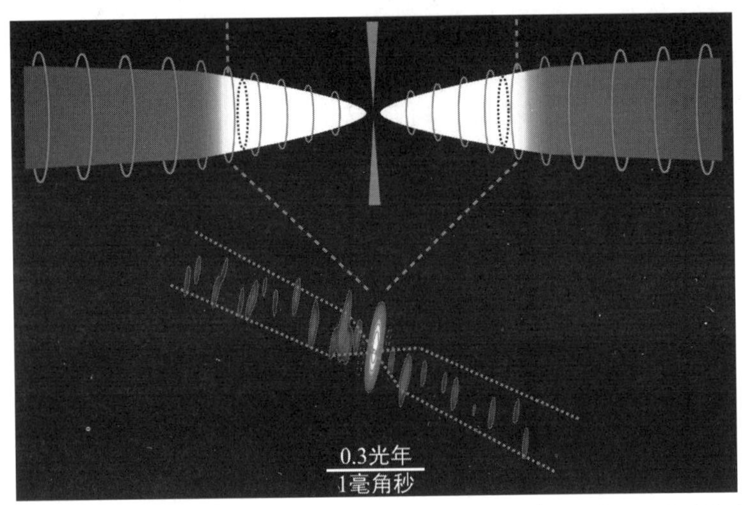

图 24 活动星系 NGC 1052 的毫米波射电干涉仪数据（下方），以及两股水平喷流和通过竖直吸积盘的一个横截面的示意图（上方）。磁场帮助喷流对齐，并为其提供能量，而这些数据可以用来测量中央黑洞视界附近的磁场强度（*Ann-Kathrin Baczko/A&A, vol. 593, p. A27, 2016, reproduced with permission/copyright ESO*）

活动星系“动物园”

在盲人摸象这个寓言中，每个盲人都去触摸大象，想知道它是什么样子。一个盲人摸到大象的一条腿，于是说大象像一根柱子；另一个盲人摸到大象的尾巴，于是说它像一条绳子；第三个盲人摸到大象的耳朵，于是说它像一片棕榈叶子；第四个盲人抓住一根象牙，于是说它像一根管子（见图 25）。这则寓言阐明了使用不完备信息进行推理的危险。既然想到了动物，就让我们来看看活动星系的“动物园”。

图 25　在这幅 19 世纪的画作中，盲人们在检查一头大象。结果每个人都对大象长得像什么得出了不同的结论。这幅图放在科学领域隐喻了不完备信息的危险，在天文学中则隐喻了从电磁波谱的不同部分组合出信息的困难（伊科·汉那布萨）

活动星系是由否定的回答来界定的：它们表现出无法用恒星或恒星过程来解释的高能行为。这个课题起始于塞弗特在 1943 年发现的旋涡星系。它们的明亮蓝色核和宽发射线都意味着气体运动得太快，以致无法用星系的正常旋转模式来解释[1]。事后看来，塞弗特星系显然是

[1]　恒星周围的电离区域也显示出强发射线，但塞弗特光谱中的这些谱线需要大量的紫外辐射才能被激发，而年轻恒星是不可能产生这么多紫外辐射的。根据光谱的不同，塞弗特星系分为两种类型：1 型具有非常宽的发射线，表明气体的运动速度可达光速的 5%；2 型则具有较窄的发射线。1 型塞弗特星系通常比 2 型塞弗特星系更亮。甚至还有一个中间类型，称之为 1.5 型塞弗特星系，其发射线有弱而宽的翼叠加在强而窄的核心上。天文学家还发现了一类具有低激发核发射线的星系（LINER）。它们比普通星系更活跃，但是不如塞弗特星系活跃。是的，活动星系的分类是复杂而混乱的。——原注

普通星系和类星体之间“缺失的一环”。这是因为它们具有非热辐射，但比类星体又更近、更暗。然而，由于发现类星体时塞弗特星系已经被遗忘了几十年，因此，在当时看来，类星体似乎是前所未有的。天文学家利用哈勃空间望远镜拍摄了一些深度曝光图像，显示了类星体周围的“绒毛”实际上是一个遥远星系发出的光。这在某种程度上令人想起夜晚的洛杉矶的那个类比，表明类星体光源确实存在于一个恒星之城中[1]。

当时还有一种类似的尝试致力于将射电源分成不同的种类。低光度射电星系具有核和双向喷流，喷流通常以不规则发射瓣的形式在星系内终结。高光度射电星系具有核和单向喷流，喷流延伸至远超过宿主星系的瓣。具有最强核心的射电源是类星体，它们具有快速变化的射电波和光学亮度以及极高的能量密度。在所有这些类星体之中，最极端的种类被称为“耀变体”。正如其名字所暗示的那样，它们具有引人注目的亮度变化，有时分分钟都在发生变化。它们的性质符合我们在朝向中央引擎俯视相对论型喷流的咽喉时所看到的情形，而这个中央引擎就是超大质量黑洞[2]。

几十年前，我在苏联猎寻耀变体，但收获超出了我的预期。有时，这一旅程就像是直接出自间谍小说。当两个身材魁梧的男人进入车的后

[1] 20 世纪 90 年代对类星体“宿主星系”的这类观测，有助于平息类星体红移是非宇宙学的说法。当时存在着一个活动核的连续统一体，其范围从附近的、较温和的到非常遥远的、明亮的。这一连续统一体中的数据符合这样一个事实：它们生活在一个距离由膨胀宇宙中的红移所表示的星系中。与此同时，一些非宇宙红移的证据消失了。不存在某些特定红移值过量的情况，分布是平滑的，高红移类星体与低红移星系之间表面上的联系被证明是巧合，并不表明其中存在着一种物理联系。——原注

[2] R. D. Blandford and M. J. Rees, “Some Comments on the Radiation Mechanism in Lacertids,” in *Pittsburgh Conference on BL Lac Objects*, edited by A.M. Wolfe（Pittsburgh: University of Pittsburgh, 1978）. ——原注

座，提着枪坐在我的两边时，我开始担心起来。观测天文学家的生活通常不会有那么多的变故。我们正要前往格鲁吉亚的一家冰激凌工厂，以物物交换的方式获得干冰来冷却我们从美国带来的仪器。

我们是为苏联境内当时世界上最大的 6 米口径望远镜而来的，目的是研究河外星系“动物园”里最罕见的野兽。一颗耀变体发出的光可以在不到 1 小时的时间内超过整个星系光度的 100 倍。我们的仪器是一个光度计，可以在不到 1 秒的时间里测出远处辐射源的光度。我们希望能毫无遮挡地看到一个超大质量黑洞附近的大旋涡。我的同伴是智利天文学家圣雅各・塔皮亚，他是我在亚利桑那州遇见的。我们的东道主是天文台的工作人员，他们是拥有博士学位的资深科学家。

我们艰难地收集着数据。我和圣雅各轮流坐在主焦室里。主焦室是望远镜顶部的一个金属圆筒，光线从主镜反射回来后就聚焦在这个圆筒上。它的里面还放置了我们从美国带来的光度计。主焦室里没有衬垫，在 2 月的一个漫长夜晚结束时，尽管我穿了好几层冬衣，但还是感到寒冷刺骨。然而，也有一些让我们欣喜若狂的时刻。一个晴朗的夜晚，我们的目标开始闪烁：仪器上的光子计数器探测到它的光起伏不定。我想象有一颗恒星在撞击吸积盘的过程中被撕裂成碎片，成为那头野兽的燃料。那一夜将尽时，我们和东道主们坐在一起，吃着用切碎的泡菜做成的“穷人的鱼子酱”。我们喝完了一瓶伏特加，讲着故事，直到一轮饱满的红太阳升起在高加索地区上方。

活动星系的“大象问题”是由选择性视觉引起的。如果你用射电的方法去观察，就会看到一个核以及喷流和瓣，但是大多数活动星系是射电宁静的。如果你用光学方法去观察，就会看到宽的发射线和一个暗弱的宿主星系中心的明亮的核，但是看不到喷流现象。电磁波谱的这两部分并不能说明整个故事。我们需要其他观测途径。

正如我们已经看到的，X 射线天文学促使人类在 1964 年发现了原型黑洞天鹅座 X-1。6 年后，一枚探空火箭探测到了来自附近的两个活动星系（半人马座 A 和 M87）以及一个类星体（3C 273）的 X 射线[1]。20 世纪 70 年代，在轨运行的爱因斯坦天文台所具有的灵敏度足以探测到大量类星体。它们的 X 射线是可变的，这表明它们是从中央引擎附近发出的。许多类星体发出的紫外线和 X 射线看起来就像温度为 100000 开的气体发出的热辐射。振奋人心的是，它与超大质量黑洞周围的吸积盘模型吻合[2]。

天文学家每打开一个新的波长窗口时就会探测到活动星系。1977 年发射的红外天文卫星发现类星体是强红外发射体。直觉告诉我们，在核区附近产生的短波长辐射会被外部较远的尘埃颗粒重新加工成波长较长的红外辐射[3]。20 世纪 90 年代，美国国家航空航天局的康普顿伽马射线天文台为活动星系增加了一个高能窗口。黑洞两极出现的双向喷流可以产生大量的伽马射线。某些活动星系被观测到的波长范围十分大，最大值与最小值的倍数超过了令人难以置信的 1 万亿亿（10^{20}）倍——从米的长度量级到小于原子核的尺度。2018 年，当一个来自 40 亿光年之

[1] C. S. Bowyer et al., “Detection of X-Ray Emission from 3C 273 and NGC 5128,” *Astrophysical Journal* 161（1970）: L1-L7. ——原注

[2] 关于类星体 X 射线发射的第一项判断力敏锐的研究是 H. Tananbaum et al., “X-Ray Studies of Quasars with the Einstein Observatory,” *Astrophysical Journal* 234（1979）: L9-13。首先提出类星体紫外线辐射是由吸积盘引起的是 G. A. Shields, “Thermal Emission from Accretion Disks in Quasars,” *Nature* 272（1978）: 706-08。首先推导出细致的吸积盘模型的是 M. A. Malkan, “The Ultraviolet Excess of Luminous Quasars: II. Evidence for Massive Accretion Disks,” Astrophysical Journal 268（1983）: 582-90。——原注

[3] D. B. Sanders et al., “Continuum Energy Distribution of Quasars – Shapes and Origins,” *Astrophysical Journal* 347（1979）: 29-51. ——原注

外的耀变体的中微子被探测到时，通往活动星系的一个壮观的新窗口打开了。在那之前人类只探测到过来自太阳和一颗相对较近的超新星的中微子。这个中微子是在位于耀变体中心的超大质量黑洞附近产生的，40亿年后被埋在南极冰层下的一个阵列探测到[1]。

“大象问题”可能会因波长沙文主义而加剧。天文学家不仅专攻他们所关注的天体，而且还专注于他们的观测方法。光学天文学家（仍然是所有专业人士中的大多数）正遵循着这一学科的经典轨迹——从肉眼到照片再到 CCD。射电天文学家往往具有工程背景，而红外和 X 射线天文学家通常具有物理学背景。除了技术上的区别之外，工作在不同波段的天文学家还有一种“部落”特征。有时，他们在应该交流的时候也互不交谈。

展望

天文学家试图将活动星系“动物园”中的各种不同种类统一起来，其方法是假设它们的外观取决于指向。旋涡星系是扁平的，吸积盘是薄的，因此可以预期活动星系的性质取决于它们的空间指向。用一个简单的类比来说，无论球的指向如何，它看上去总是圆形；而一个薄圆盘因其指向不同，看起来可能会像一个圆、一个椭圆，甚至像一条直线。

射电天文学家认识到，类星体之间的射电亮度差异可能不是因为其内禀光度的差异。如果将粒子加速到近似光速的喷流接近视线方向，那

[1] IceCube Collaboration, “Neutrino emission from the Direction of the Blazar TXS 0506+056 Prior to the IceCube-170922A Alert,” *Science* 361（2018）, 147-51.——原注

么它们的发射强度就会大幅增加。从超大质量黑洞的这个极轴往下看，我们会看到一个强射电核和一束单向喷流，也许还会看到一个暗弱的延展射电辐射晕。这些都是快速光变的耀变体——它们只占总体的一小部分，这是因为它们的指向非常特殊[1]。同一个源的侧视图显示出一个弱核、双向喷流和向两侧延展的瓣[2]。

我的博士论文以及此后10年的工作都是研究耀变体。它们有着跑车对年轻人那样的吸引力——快速而又苛刻，容易让你困在路上，但也同样容易给你一段刺激的驾驶体验。耀变体是不可预测的，因为它们的发射依赖超大质量黑洞附近变化无常的天体物理现象。有时我走到望远镜前，几乎所有我喜欢的目标都在争取它们的观测时间，其中有些过于昏暗，根本无法观察到。但当我走运的时候，耀变体也会给我一份像《吉尼斯世界纪录》（*Guinness Book of Records*）那样的回报。在不同的时段，我猎获了光度最高、变化最快、发射最致密、偏振度最高的活动星系。当与电磁辐射有关的振动都在单一平面上时就会发生偏振，光的偏振提供了关于光源的几何形状的信息。

然而，好的科学需要一种分析方法和系统的观测。因此，对我的研

---

[1] 我的博士学位论文研究的就是耀变体。我被它们吸引是因为它们为大旋涡提供了最清晰的视角。在每一轮观测中，我都有一张由几十个目标构成的“热门清单”。小型望远镜监测显示这些目标具有异常活动的迹象。有些时候，目标似一潭死水，光的痕迹就像磨坊的水池一样毫无波澜。另一些时候，中央黑洞在吞噬气体和恒星，并产生大量高能辐射以及速度达到光速的99.999%的电子。就像爱伦·坡小说中的那位叙述者一样，我也被一个深深的、无情的引力坑的极度之美所吸引。——原注

[2] M. A. Orr and I. W. A. Browne, “Relativistic Beaming and Quasar Statistics,” *Monthly Notices of the Royal Astronomical Society* 200（1982）: 1067-80. 靠近视线方向的相对论喷流的通量可以轻易增强1000倍。反向喷流在快速远离观测者，因此被减弱。对于观测者来说，结果看到的是一束单向喷流。延展的射电辐射不是相对论喷流的一部分，因此，它的流量不受影响。——原注

究起到推进作用的是数据的整体，而不是那些最激动人心的时刻。我知道耀变体提供了一个非常有利的视角去观测中央引擎。热气体以光速的 99% 运动，这意味着耀变体要比我们不是沿着喷流观测到的活动星系亮数百倍。虽然将气体加速到如此高的速度在理论上是一个挑战，但像我这样的观测者喜欢向理论物理学家施加压力。我们最终有可能识别出更多行为不那么令人激动的活动星系，它们向我们提供了不是沿着喷流向下看时的景象。我的目标并不是要宣称耀变体是独一无二的、奇异的野兽，而是要在活动星系“动物园”里给它们一个自然的位置。

这些想法结合在一起，形成了一个活动星系核（Active Galactic Nuclei，AGN）的统一模型。它的核心思想是，所有活动星系都由一个超大质量黑洞的吸积过程提供能量，而我们观测到的各种差异主要（但不完全）是由指向引起的（见图 26）。我们所观察到的各种性质受到遮挡以及喷流中气体运动的速度接近光速这一事实的强烈影响。核的各内禀属性取决于宿主星系的类型、黑洞的自旋及其吸积率[1]。不管大象以何种不同的方式出现，它总是一头野兽。

[1]　要关注这一概念的进展，可参见两篇相隔 20 多年的综述文章：R. R. J. Antonucci, “Unified Models for Active Galactic Nuclei and Quasars,” *Annual Reviews of Astronomy and Astrophysics* 31（1993）: 473-521 和 H. Netzer, “Revisiting the Unified Model of Active Galactic Nuclei,” *Annual Reviews of Astronomy and Astrophysics* 53（2015）: 365-408。——原注

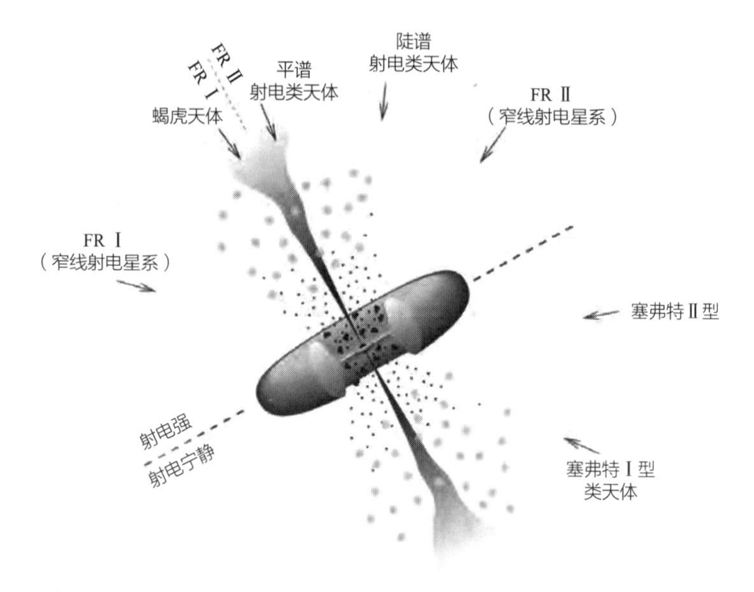

图 26　在活动星系核（AGN）的这个统一模型中，AGN“动物园”可以被认为是一个基本主题的各种变体。这种能量来自中央超大质量黑洞的吸积过程，但是观测者看到的是什么取决于他们相对于吸积盘内部、一个较大的尘埃环以及双向相对论型喷流的视线方向。我们所观察到的“动物园”里的那些动物的名字都标注在图的边缘。不同类型的 AGN（如塞弗特星系、射电星系和耀变体）在本质上是一样的。这个模型解释了活动星系之间的许多差异，但不是全部差异（美国国家航空航天局 / 戈达德空间飞行中心 / 费米伽马射线空间望远镜）

第 4 章　引力引擎

活动星系的发现改变了天文学。在那之前，人们一直认为宇宙是由恒星和气体组成的。引力将它们聚集成星系，而这些星系随着宇宙的膨胀在无声地相互滑离。但是当了解到某些星系的核心区域在间歇性地释放出覆盖整个电磁波谱的大量能量，我们对星系结构的理解就发生了改变。这一发现也引出了一些问题。超大质量黑洞是如何在星系中心形成和生长的？有什么证据可以证明引力能创造出像类星体这样壮观的现象？

第一个答案来自一个令人惊讶的方向：我们自己星系的中心。

扼要地重述一下，黑洞是引力引擎，它们把引力势能转变成辐射能。换句话说，它们用物质来创造光。当物质加速靠近视界时会发出高能电磁辐射。这一过程的效率比为太阳这样的恒星提供能量的核聚变要高几十倍。具有讽刺意味的是，这些本质上黑暗的天体以它们的质量而言应是宇宙中最明亮的。

隔壁的大黑洞

宙斯是一个浪子，他既与女神交配，也与凡人交配。他的儿子大力神赫拉克勒斯由凡人女子所生，但他让这个婴儿在他的天神妻子赫拉熟睡时吮吸她的乳汁。赫拉醒来后怒不可遏，把乳头从婴儿的嘴里拔了出来，乳汁洒向天空。因此，我们将标志着我们的恒星系统的那条不规则的光带称为“银河”（Milky Way，即“乳汁路”）或“星系”（Galaxy，取自希腊语中表示乳汁的单词）[1]。

400 多年前，当伽利略将他的那架简陋的望远镜对准银河那如薄纱般的光亮地带时，他看到银河分裂成了无数颗暗淡的恒星。我们现在知道，银河系的斑块是由尘埃造成的，这些尘埃会使星光变红变暗。黑暗的斑块不是没有恒星的地方，它们是恒星被遮蔽的地方。从大约 27000 光年之外的星系中心射向我们的光几乎完全被阻挡[2]，1 万亿个光子中只有一个能逃出来。我们还不如试图去透视一扇关着的门。

射电天文学之父卡尔·扬斯基在 1933 年指出，银河系的射电辐射峰值位于人马座。这与威廉·赫歇尔的观测结果相吻合，后者认为人马座中藏着我们的“恒星之城”中最密集的区域。射电波不受尘埃的影响。但扬斯基的简单射电天线无法非常精准地确定射电辐射的位置。1974 年，布鲁斯·巴立克和罗伯特·布朗使用甚长基线干涉测量方法证明了

[1] 这个神话最著名的表现是丁托列托的画作《银河的起源》（*The Origin of the Milky Way*, 1575），现藏于位于伦敦的英国国家美术馆。在西方国家，大多数人生活在城市和近郊，因此他们观看到的银河被光污染所遮蔽。我对我任教的亚利桑那大学的大班上的那些 20 世纪 80 和 90 年代出生的学生进行了调查，结果只有 10% 的人曾经看见过银河。——原注

[2] Z. M. Malkin, “Analysis of Determinations of the Distance between the Sun and the Galactic Center,” *Astronomy Reports* 57（2013）: 128-33.——原注

我们的银河系中心的射电源是一个非常小的天体[1]。最近的观测表明它是天空中最致密的射电源（见图 27）。这个源不同于早期巡天中发现的另外两个源。人马座 A* 的射电亮度虽然与室女座 A（M87）和天鹅座 A 相近，但室女座 A 是一个距离我们 5400 万光年的活动椭圆星系，而天鹅座 A 是一个距离我们 7.5 亿光年的扭曲星系。银河系中心比这两个原型射电星系要弱很多，因而这似乎是一种不同的现象。

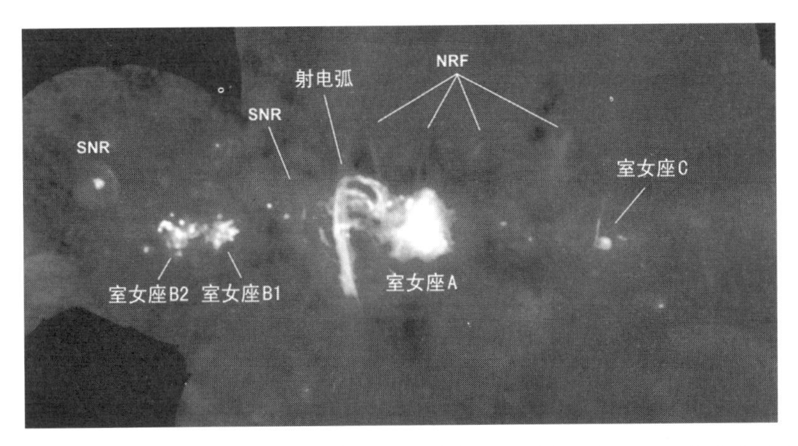

图 27 银河系中心对于可见光而言是不透明的，但是射电波可以自由穿过整个星系。这幅射电分布图显示了距离银河系中心几百光年以内的区域，较亮的区域代表较强的射电辐射。其中一些已证认的特征是非热射电丝状物（Non-thermal Radio Filaments，NRF）和超新星遗迹（Supernova Remnants，SNR）。标有“室女座 A”的区域的中心是卡尔·扬斯基于 1932 年发现的已知最致密的射电源
（F. 尤瑟夫 - 扎德 / 美国国家无线电天文台 / 国家科学基金会）

什么类型的射电源会如此微弱？ 1974 年，剑桥大学的年轻理论物理学家马丁·里斯在当时被忽视的一篇关于黑洞的论文中暗示了这个答案[2]。

[1] W. M. Goss, R. L. Brown, and K. Y. Lo, “The Discovery of Sgr A*,” in “Proceedings of the Galactic Center Workshop – The Central 300 Parsecs of the Milky Way,” *Astronomische Nachrichen*, supplementary issue 1（2003）: 497-504. ——原注

[2] M. J. Rees, “Black Holes,” *Observatory* 94（1974）: 168-79. ——原注

他认为一个大质量黑洞可能由于不吸积任何物质而是黑暗的。他还第一次提出这种黑洞可以通过其对附近轨道上的恒星的影响而被探测到。

经过了一段时间，技术才赶上这个想法。第一个问题是隔在我们和银河系中心之间的尘埃。尘埃粒子能有效地吸收和散射光线，但它们与长波长光子的相互作用要小得多。通过把我们的注意力从波长为 0.5 微米的可见光转移到波长为 2 微米的近红外光谱，星系中心的变暗因子从 1 万亿倍下降到 20 倍。这时看起来就像透过一块烟熏玻璃，而不再是一扇紧闭的门。红外探测器于 20 世纪 70 年代首先在物理实验室中露面，但它们只有一个单元或“像素”，因此拍摄一幅图像意味着以网格模式冗长地扫描望远镜。探测器就像一辆意大利跑车，不仅昂贵、不稳定，而且容易出故障。到 20 世纪 90 年代中期，第一批百万像素阵列投入使用。数字红外天文学发展的成熟程度达到了光学天文学 15 年前的水平[1]。

第二个问题是由于恒星具有高密度，图像发生重叠和相互渗入[2]。让我们来设想这一物理状况。在距离银河系中心几光年的范围内有 1000 万颗恒星。这个密度比太阳邻近区域高 5000 万倍。如果我们住在那里，那么夜空将显得十分壮观。100 万颗恒星发出的光会比满月亮数百倍，

---

[1] 开发红外探测器常常是为了军事上的应用，如夜间战场成像和导弹热跟踪，这减缓了民用领域和研究部门采用它们的进程。此外，红外成像必须处理热背景辐射，它比来自黑暗夜空的光学辐射的强度高数百万倍。有关这一主题的完整历史，请参见 G. H. Rieke, “History of Infrared Telescopes and Astronomy,” *Experimental Astronomy* 125（2009）: 125-41。有关探测器发展的历史，请参见 A. Rogalski, “History of Infrared Detectors,” *Opto-Electronics Review* 20（2012）: 279-308。光学天文学在 20 世纪 70 年代末取得了巨大的飞跃，当时电荷耦合器件（CCD）开始从实验室研究走向天文学上的用途。——原注

[2] 恒星密集区域的图像拥挤或星系图像中光的平滑分布，是图像比恒星本身大得多的结果。当星光穿过地球大气层时，无论光源的大小如何，都会变得模糊。在银河系中我们所在的这部分区域，恒星分布稀疏，几乎从不相互碰撞。它们之间的距离比它们的直径大几百万倍。即使在银河系的中心区域，恒星之间的距离也是它们自身大小的数万倍，几乎从不相互碰撞。——原注

你光靠星光就可以阅读报纸。但是，在这样的环境下几乎不可能进行光学天文研究。更糟的是，任何一颗行星上的生命都将受到挑战。超新星爆发会频繁发生，而且它们与行星的距离可能近到足以摧毁其上的全部生物。恒星之间频繁的相互作用会干扰各“太阳系”，导致行星被抛入深空。处于各“太阳系”外围的彗星云将被瓦解，由此导致的撞击和大规模灭绝事件的频率将远远高于地球上发生的情况。我们应该为身处银河系中的一个安静的郊区而心存感激。

红外探测器阵列和天文图像锐化这两种技术的融合，启发了物理学家进行一项激动人心的实验：得到尽可能清晰的银河系中心红外图像。首先在致密射电源周围几光年范围内找到运动速度足够快的恒星，从而可以逐年追踪它们的运动，然后利用它们的轨道来推算银河系中心区域的质量。

位于慕尼黑附近的马克斯·普朗克地外物理研究所的一个研究团队首先进行了尝试。他们使用智利的一架专为拍摄清晰图像而设计的 3.5 米口径望远镜。几年后，加州大学洛杉矶分校的一个研究团队用他们在夏威夷新造的 10 米口径凯克望远镜（当时世界上最大的望远镜）开始了同样的实验。这两个团队都必须与地球大气层造成的图像模糊问题进行斗争。如果你在一个绝佳的天文地点用一架望远镜观察一颗恒星，你就会看到一个明亮的光核在随机摇晃和抖动，它周围环绕着时隐时现的光斑。这些光斑是由地球上层大气的密度和温度的快速变化引起的。这些变化会使光线弯曲，使图像变得模糊和杂乱。长时间曝光得到的图像会均摊这些光斑，使恒星的影像显得平滑而模糊。短时间曝光得到的图像“定格”了大气。研究者可以对这些图像进行加工、平移和层叠，以生成清晰得多的图像。然而，这种方法非常单调和烦琐：需要成千上万幅图像，每幅都曝光零点几秒，然后只有对它们进行分析和组合才能得到一幅清晰的图像。

采用这种艰苦的方法工作数年后，研究者在这个拥挤的区域中分离出几十颗恒星，然后追踪它们的椭圆轨道（见图 28）。对于每颗恒星都可以估计出一个质量，这个质量驱动着它们的集体运动[1]。

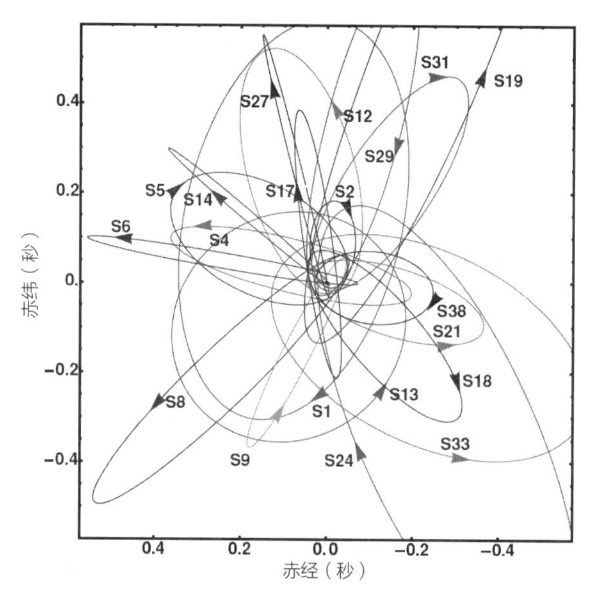

图 28　绕着银河系中心超大质量黑洞运行的恒星的轨道。科学家采用自适应光学红外成像技术，测量时间超过 16 年而成，因而图像极为清晰。在 27000 光年的距离上，1 角秒（即该图像的宽度）相当于 0.1 秒差距或 4 光月。这些数据可以用来导出每颗恒星的开普勒轨道，从而使测得的黑洞质量是非常可靠的（S. Gillessen/Institute of Physics/ApJ 692, 2009/MPE Galactic Center Team, reproduced with permission/copyright AAS）

[1]　由德国研究团队得出：A. Eckart and R Genzel, "Observations of Stellar Proper Motions Near the Galactic Centre," Nature 383（1996）: 415-17，以及 A. Eckart and R. Genzel, "Stellar Proper Motions in the Central 0.1 pc of the Galaxy," *Monthly Notices of the Royal Astronomical Society* 28（1997）: 576-98。由美国研究团队得出：A. M. Ghez, B. L. Klein, M. Morris, and E. E. Becklin, "High Proper Motion Stars in the Vicinity of Sagittarius A*: Evidence for a Supermassive Black Hole at the Center of our Galaxy," *Astrophysical Journal* 509（1998）: 678-86。——原注

这两个研究团队得出了同一个惊人的结论：靠近银河系中心的一些恒星的移动速度超过 48 万千米 / 小时，这意味着银河系中心几光年内物质的质量是太阳质量的数百万倍。但是来自与这一质量相对应的恒星的光完全达不到相应的量。即使假设有一个密集的暗星团，也无法从数量级上解释银河系中心的高质量聚度。证据只指向一个方向：一个单独的、致密的暗天体，其质量为太阳的几百万倍。在我们的家门口就存在着一个超大质量黑洞。

深渊边缘的恒星

正如罗伯特・弗罗斯特[1]所写的："我们围成一圈跳舞揣度，而秘密则端坐在中央，洞悉一切。"大自然一心一意地守卫着它的秘密。这就需要我们有坚韧的毅力和决心来揭示它们。天文学以其中有较多的激烈竞争为特色，而证明银河系中藏有一个巨大黑洞的探索是其中之一。

竞争的一方是莱因哈德・甘泽尔。他身材魁梧，满头红发，胡须浓密，满面红光，是位于德国加尔兴的马克斯・普朗克地外物理研究所所长。在天文学领域坐拥肥差的神级人物之中，甘泽尔的职位是数一数二的。各马克斯・普朗克研究所的所长都是由德国的精英科学组织马克斯・普朗克学会任命的，并且他们的职位是终身的。他们拥有自上而下的、绝对的权力，可以将大型组织的资源用于研究他们所选定的问题。甘泽尔年仅 34 岁时就被任命为所长。他的研究团队首先发表了关于银河系中心的研究结果，并声称存在着一团黑暗、致密的物质。

竞争的另一方是安德莉亚・盖孜，一个有意大利血统的纽约人。她

[1] 罗伯特・弗罗斯特（1874—1963），美国诗人，曾四度获得普利策奖。——译注

在 4 岁的时候向母亲宣布，她想成为第一个登上月球的女性。不过，她后来成为一位天文学家，获得了麻省理工学院和加州理工学院的学位。当她第一次用夏威夷的凯克望远镜观测银河系中心时，她只有 29 岁，是加州大学洛杉矶分校的助理教授。第二年她再次使用凯克望远镜进行了观测，此时她看到恒星已经在短时间内发生了移动。她说："如果那里存在着一个黑洞，那么这些东西移动的距离应该相当大。第一年，我们可以很容易地看到这些恒星发生了移动，我们当时只是有点儿激动。我想，观测当晚开始时仪器出现的故障使我们更为紧张了。要获得使用凯克望远镜的机会是非常困难的，你可能一年中只能用几个晚上……正当银河系中心即将落下去，我们将再也看不见它时，突然天时地利都有了，我们得到了这张照片。"

天文学中时而会有发现的一刻，而其他时候天文学家则不得不经年累月地艰苦积累数据，并等待数据缓慢地达到可以进行确定的证明这一水平。在本例中，分别由一位处于巅峰时期的科学家[1]和一位迅速上升的女科研新星[2]所领导的两个研究团队都知道到哪里去寻找他们的发现，而且也都确切地知道自己在寻找什么。成功需要坚持不懈的毅力和精细

[1] 莱因哈德·甘泽尔解释了为什么在我们的家门口有一个比其他任何活动星系和类星体近许多的巨大黑洞是如此重要，他说："银河系的中心是一个独一无二的实验室。我们可以在其中研究强引力、恒星动力学和恒星形成的基本过程。这些过程与其他所有星系核都有着极大的相关性，而由此得出的细节层次永远不可能在我们的银河系之外得到。"——原注

[2] 安德莉亚·盖孜是天文学领域的超级明星和年轻女性的榜样。盖孜在未满 40 岁时就入选了美国国家科学院，并在 2008 年获得麦克阿瑟奖，即俗称的"天才奖"。所有这些荣誉对她毫无影响，她喜欢谈论研究给她带来的乐趣，就如同当她还是一个小孩子时喜欢解决谜题那样。她说："研究是一份奇妙的工作，因为一旦你开始研究一个问题，你所发现的就不仅是第一个问题的答案，而且会发现新的谜题。我想这就是我前进的动力，总是有一些悬而未决的问题、新的谜题。"——原注

的实验技巧。

21世纪初，德国团队从3.5米口径望远镜升级到了8.2米口径甚大望远镜（Very Large Telescope，VLT）。后者位于智利，由欧洲南方天文台管理。2005年左右，这两个团队都开始采用自适应光学技术[1]。这种技术是一项改变了现代天文学的巨大创新，使天文学家能够“欺骗大气层”，所得到的图像与他们使用大型望远镜的衍射极限获得的图像一样清晰。利用这种技术，大气造成的图像模糊和畸变可以通过可调副镜得到快速补偿。由一个强激光器发出的光被存在湍流运动的高层大气反射，天文学家采用仪器以每秒数百次的频率测量光波波前的微小偏差，并将修正信息反馈给附在副镜后面的机械驱动器。

自适应光学技术使科学家能够将开普勒定律应用于在星系中心观察到的恒星，这些恒星的运动像一大群狂暴飞舞的蜜蜂。其中有一颗恒星在其周期为16年的轨道上被完整地追踪[2]。天文学家观察到一颗恒星或一团气体云在冲向强引力区时被撕裂[3]。被黑洞吞噬的物质可能导致了2014年观测到的一系列X射线耀斑。利用开普勒定律，科学家可以推算出引起天体运动的质量。美国团队和德国团队战成了一场光荣的平局。与此同时，射电天文学领域的科学家证实了射电源与预期的视界尺度一样小[4]。人

[1] F. Roddier, *Adaptive Optics in Astronomy*（Cambridge, UK: Cambridge University Press, 2004）. ——原注

[2] A. M. Ghez et al., “Measuring Distance and Properties of the Milky Way’s Supermassive Black Hole with Stellar Orbits,” *Astrophysical Journal* 689（2008）: 1044–62; and S. Gillesen et al., “Monitoring Stellar Orbits Around the Massive Black Hole in the Galactic Center,” *Astrophysical Journal* 692（2009）: 1075-1109.——原注

[3] S. Gillesen et al., “A Gas Cloud on its Way Towards the Supermassive Black Hole in the Galactic Centre,” *Nature* 481（2012）: 51-54.——原注

[4] S. Doeleman et al., “Event-Horizon Scale Structure in the Supermassive Black Hole Candidate at the Galactic Centre,” *Nature* 455（2008）: 78-80.——原注

们还测得引起天体运动的质量是太阳质量的 402 万倍，误差只有 4%[1]。由于现在可以进行这些计算，因此研究者不再需要在他们的写作中使用“候选的”和“假设的”之类的形容词了。超大质量黑洞的存在已经在排除合理怀疑的情况下得到了证明。

每个星系中的暗核

类星体是极其罕见的，其数量只有普通星系的一百万分之一[2]；平均而言，你需要向一个方向搜索 10 亿光年的空间才能找到一个。天文学家一发现活动星系，就想知道每个星系是否都会经历一个活动阶段。一位年轻聪明的英国理论物理学家给出了一个重要的见解。

唐纳德·林登－贝尔的兴趣可谓兼收并蓄。在将注意力转向类星体之前，他研究过流体动力学、星系中的椭球轨道、负热容以及一种被称为剧烈弛豫的引力效应。林登－贝尔在 1969 年发表的一篇有预见性的论文中推断，类星体有活动期，而且很难得有非常明亮的时候。他估计死亡类星体应该是普遍存在的，最近的类星体距离我们可能不到 1000 万光年（仅仅是仙女星系距离的 4 倍）。他认为这些暗的中心质量会使许多恒星聚集在它们的周围，因此可以通过它们对这些恒星的影响而被探测到[3]。

---

[1] A. Boehle et al., “An Improved Distance and Mass Estimate for Sgr A* from Multistar Orbit Analysis,” *Astrophysical Journal*, 830（2016）: 17-40.——原注

[2] M. Schmidt, “The Local Space Density of Quasars and Active Nuclei,” *Physica Scripta* 17（1978）: 135-36.——原注

[3] D. Lynden-Bell, “Galactic Nuclei as Collapsed Old Quasars,” *Nature* 223（1969）: 690-94.——原注

林登 – 贝尔写下这篇论文时我只有 12 岁，所以直到很久以后我才看到。但他在那个时候就影响了我的生活。我和父亲当时在英格兰南部进行了一次公路旅行。我们拜访了住在黑斯廷斯的亲戚，坐在布莱顿的卵石海滩上，然后穿过南唐斯丘陵前往赫斯特蒙苏城堡。这座城堡几近完美，它是中世纪建筑，由红砖砌成，四周环绕着护城河。但我当时已经长大，城堡不再吸引我。我父亲在四处寻找有什么别的事情做时，发现了皇家格林尼治天文台的一个标志。天文台占据了城堡的一部分，半小时后一场演讲即将开始。

唐纳德·林登 – 贝尔在讲台边踱着步，低着头，陷入了沉思。我们找座位坐了下来，很快就意识到这场演讲太深奥了，远远超出了我们的理解力。林登 – 贝尔在演讲中夹杂着夸张的手势，他不时转向黑板，潦草地写下一大堆公式。这场演讲的内容是关于星系和黑洞的。除了最宽泛的粗线条内容之外，这场演讲令我们感到高深莫测。

我当时对自己未来的道路一无所知，有时觉得我可能会成为农民、建筑师或飞行员。但是，这位身穿粗花呢衣服的理论物理学家身上有某种东西引起了我的共鸣。他告诉我，太空中有无数星系等待着被测量。他说这些星系中隐藏着可以用美丽的数学来理解的黑暗天体。他流露出一种具有感染力的兴奋之情：宇宙是可知的。就这样，一粒小种子播下了。

林登 – 贝尔提出，在所有大质量星系的核心处都存在着超大质量黑洞，而类星体罕见的原因在于，它们只在生命中很小的一部分时间里活跃地吸积气体。我们看到的只是处于“启动”状态的那一小部分。大多数类星体都处于蛰伏状态，由于附近没有“食物”，因此它们的脉搏和生命信号都降到了非常低的水平。

你如何能在星系的中心发现致密的、大质量的、黑暗的东西？这取决于能否隔离出一个由黑洞主导引力的中心区域——引力作用影响球。在这个球的半径之内，恒星和气体的运动是由黑洞驱动的；在这个半径之外，运动主要由星系中心附近的恒星驱动，而黑洞是一个次要贡献者。倘若一个大星系中包含着一个1亿倍太阳质量的壮实黑洞，那么这个半径大约是10秒差距或33光年[1]。这极其接近一个直径为10万光年的星系的中心。如果星系跟餐盘一样大，那么由黑洞主导的区域就跟一粒尘埃那么小。在一个遥远的星系中，在这么小的尺度上观察恒星或气体的运动是非常困难的[2]。

我们可以测量出，位于我们星系中心的黑洞只有27000光年远，是距我们最近的大星系——仙女星系中心的距离的1/100。天文学家能够在引力作用影响球的1/1000的尺度上对恒星进行采样，从而能够极好地把握黑洞的质量。这使得它成为大质量黑洞探测的“黄金标准”——在排除合理怀疑的情况下验证一个黑洞的存在。但科学家也渴望捕获蛰伏在其他星系中的黑洞，他们寄希望于哈勃空间望远镜。

1990年，当哈勃空间望远镜刚刚发射升空时，人们感到非常失望。它的建造目的是为了从地球轨道上拍摄超清晰图像，其设计目的是要使拍摄的图像甚至比之前建造的最好的地面望远镜拍摄的还要清晰10倍。然而，当哈勃空间望远镜传回第一批图像时，美国国家航空航天局的官员感到很困惑和羞愧。在实验室最终测试中的一个错误导致主镜出现球

[1] 计算引力作用影响半径的公式是 $R_g = GM/v^2$，其中 M 是以太阳质量为单位的黑洞质量，v 是该半径内的恒星速度离差或弥散度，由黑洞及恒星本身引起。基于观测得到的黑洞质量和恒星速度弥散度之间的标度关系，这个公式就变成了 $R_g \approx 35(M/10^9)^{1/2}$，单位为秒差距。——原注

[2] 将计算引力作用影响半径的公式 $R_g = GM/v^2$ 与计算史瓦西半径的公式 $R_S = GM/c^2$ 结合起来，即得到 $R_g/R_S = (c/v)^2$。对于一个大质量星系，这个值大约等于 10^6，其中 $v = 200 \sim 300$ 千米/秒。——原注

面像差，因而使图像失真。媒体误解了这个问题，他们指责哈勃空间望远镜使用了一面廉价的、劣质的镜子。事实上，这是有史以来制作的最精良的镜子。由于在实验室测试中的一面校准透镜定位不正确，因此它被磨成了完全错误的形状。解决这个问题花费了3年时间，并进行了一次高风险的航天飞行任务，其中包括长达35小时的太空行走[1]。在望远镜完全恢复正常后，它能够拍摄到数千万光年之外的星系核的清晰图像[2]。

为了在近邻星系中寻找黑洞，就要调整望远镜的指向，从而使星系的核心落在摄谱仪的狭缝中。摄谱仪可以沿着狭缝的不同位置提取光谱，这对应于到星系中心的不同距离。光谱的宽度给出了物质的平均速度：如果是旋涡星系，则用发射线测量气体的速度；如果是椭圆星系，则用吸收线测量恒星的速度[3]。这说明存在黑洞的迹象是靠近星系中心的气体或恒星速度弥散度急剧增大（见图29）。距离我们最近——6000万光年——的大量星系聚集群是室女座星系团。对于室女座星系团中的星

[1] R. F. Zimmerman, *The Universe in a Mirror: The Saga of the Hubble Space Telescope and the Visionaries Who Built It*（Princeton: Princeton University Press, 2010）.——原注

[2] 早在哈勃空间望远镜刚刚发射时，我就使用过它，此后又用过多次。“用过”是一种委婉的说法，因为当暗淡的星系进入视野时，即使经验丰富的天文学家也无法做到四处移动望远镜来观察它们。由于它的那张高达80亿美元的价格标签，因粗心大意地使用而冒风险导致故障的代价实在太高，所以天文学家在一个竞争激烈的评审过程中得到了分配给他们的轨道，然后他们提交自己的观测目标清单，随后通过一种人工智能调度算法交错观测这些目标，以使能量消耗、仪器改变和旋转望远镜所花费的时间最小化。几周后，人们可以从一个安全的网站上下载到经过处理的数据。唉，并不十分浪漫。——原注

[3] 这里不可避免地会有一些复杂和微妙之处。星系是三维天体，所以三维空间运动在天空平面上投射成二维，而摄谱仪的狭缝只能对一维的速度弥散分布图进行采样。因此，科学家必须对数据进行建模，并在分析中做出假设。他们可以用不同的狭缝方向来接近二维速度分布图，但这需要为每个星系分配大量令人垂涎的望远镜时间。——原注

系，引力作用影响球的角直径为0.14角秒，这几乎不到哈勃空间望远镜摄谱仪角分辨率的两倍，所以在这些距离上寻找黑洞将这架空间望远镜推到了极限。

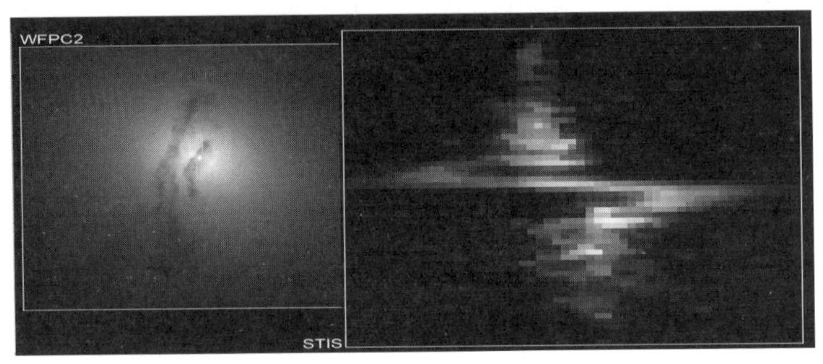

图29　M84位于室女座星系团中，距离我们5000万光年。左边的图像显示了这个星系的中心区域，有一些尘埃带穿过该区域。矩形显示的是哈勃空间望远镜上的一台摄谱仪的狭缝所在的位置，用它获得了右图所示的数据。这个曲折的形状表示沿狭缝测量的气体速度，水平位移越大，表明速度越大。如果M84中没有黑洞，那么这条迹线在星系中心附近不会有很大的速度（G. 鲍尔和R. 格林/美国国家光学天文台/美国国家航空航天局）

这项缓慢而艰难的工作持续10年后取得了成功：哈勃空间望远镜在附近的各星系中探测到了20多个黑洞[1]。我们的近邻仙女星系（M31）中有一个1亿倍太阳质量的黑洞，它的周围环绕着一群年轻的蓝色恒星。我们还不确定它们是如何在如此极端的环境中形成和生存的[2]，然而这可能是旋涡星系中的普遍现象。仙女星系的矮伴星系M32也有一个黑洞，

[1]　L. Ferrarese and D. Merritt, "Supermassive Black Holes," *Physics World* 15（2002）: 41–46; and L. Ferrarese and H. Ford, "Supermassive Black Holes in Galactic Nuclei: Past, Present, and Future," *Space Science Reviews* 116（2004）: 523-624. ——原注

[2]　R. Bender et al., "HST STIS Spectroscopy of the Triple Nucleus of M31: Two Nested Disks in Keplerian Motion around a Supermassive Black Hole," *Astrophysical Journal* 631（2005）: 280-300. ——原注

它的质量略小于银河系的黑洞，在小于 1 光年的区域内质量达太阳的 340 万倍[1]。在这个尺度的另一端是射电源室女座 A，现在称之为巨椭圆星系 M87。M87 中心的黑洞是一只真正的怪物，它的质量是太阳的 64 亿倍[2]。它的视界比太阳系还大！近邻宇宙中的黑洞大小差异很大，质量范围相差 2000 倍。

在写出那篇有预见性的论文 40 年后，林登 – 贝尔站在奥斯陆的领奖台上接受首届卡弗里奖。相得益彰的是，坐在他旁边的人是类星体的发现者马尔滕・施密特。林登 – 贝尔对黑洞的洞见是对施密特的贡献的完美补充：黑暗潜伏在每个星系的中心。

勒德洛的里斯男爵驯服怪物

仅仅用了 10 年时间，黑洞就从一个深奥的理论概念变成了解释大质量恒星演化和星系核活动的中心环节。剑桥大学是理论物理学家的理想去处。唐纳德・林登 – 贝尔于 1961 年在那里获得博士学位，1969 年写出了他的那篇关于死类星体的开创性论文。斯蒂芬・霍金于 1966 年在那里获得博士学位，1974 年写出了他的那篇关于黑洞辐射的论文。马丁・里斯比霍金晚一年获得博士学位，并且也是在 1974 年写出了他的那篇关于超大质量黑洞的影响深远的论文。

正是马丁・里斯（当时还未成为爵士）将超大质量黑洞作为引力引擎的角色建立在坚实的理论基础之上。在任何研究宇宙学的人看来，里

[1] R. P. van der Marel, P. T. de Zeeuw, H.- W. Rix, and G. D. Quinlan, “A Massive Black Hole at the Center of the Quiescent Galaxy M32,” *Nature* 385（1997）: 610-12.——原注

[2] K. Gebhardt and J. Thomas, “The Black Hole Mass, Stellar Mass-to-Light Ratio, and Dark Halo in M87,” Astrophysical Journal 700（2009）: 1690-1701. ——原注

斯都是一个巨人。他获得过的奖项数不胜数，如坦普尔顿奖、狄拉克奖、牛顿奖、布鲁斯奖、笛卡儿奖、日本旭日勋章和英国功绩勋章。他曾任英国皇家学会主席、剑桥大学三一学院院长、天文研究所所长、剑桥大学普鲁密安天文学和实验哲学教授、英国皇家天文学家。里斯对自己拥有多重身份总是表现得很谦虚，他把最后这个身份的职责描述为“如此细微，以至于死后都能胜任”。

所以，当我第一次见到他时，我期待的是一个不同凡响的人。从形体上来说，他是个矮个子，长着一个鹰钩鼻和一双锐利的灰色眼睛（见图 30）。他说话的声音很轻，你得靠过去才能听到。他的声音有着抑扬顿挫的韵律，这缘于他成长的什罗普郡。里斯发现，旋转黑洞的吸积可以导致相对论性双向喷流和横贯电磁波谱的非热发射——从波长量级为米的射电波到波长小于一个质子的伽马射线[1]。

图 30　马丁·里斯 40 多年来一直是世界上最重要的理论物理学家之一。他是最早理解黑洞如何发挥引力引擎的作用而产生大量能量并驱动相对论性等离子体喷流的天文学家之一。里斯是剑桥大学三一学院的研究员，也是宇宙学和天体物理学荣誉退休教授。他曾是皇家天文学家和皇家学会主席。2005 年，他被任命为上议院议员（M. 里斯 / 剑桥大学）

[1]　M. C. Begelman, R. D. Brandford, and M. J. Rees, “Theory of Extragalactic Radio Sources,” *Reviews of Modern Physics* 56（1984）: 255-351.——原注

活动星系是一种多尺度现象，这意味着需要一系列波长和方法来理解它们。它们对于理论物理学家来说是很有吸引力的，但很难被观测到。弥散的射电辐射瓣可以从一个星系向外延伸几百万光年。中央大质量黑洞的燃料是由宿主星系附近的环境和气体含量支配的。在几百光年的尺度上，有一个核恒星形成区和一个尘埃环。在尘埃环的中间，在光周到光月尺度上，致密而快速移动的气体云产生了宽发射线。再往里一点，热吸积盘在太阳系尺度上间歇性地喷出大量的紫外线和 X 射线。这种辐射波连续平滑地分布成连续谱。最后，在这些嵌套的俄罗斯套娃的中心，超大质量黑洞施展的引力影响尺度超过热吸积盘数十亿倍[1]。

黑洞吸积成为活动星系运作原理的一个很少被质疑的范例，这在一定程度上要归功于里斯。在 1977 年的一次会议上，天体物理学家理查德·麦克雷嘲讽了天文学家（以及任何类型的科学家）倾向于受到流行观点的束缚。他展示了一幅人物由一些简笔画构成、边界用虚线画出的图示（见图 31），其中一条边界代表引力作用影响球，另一条边界代表黑洞的视界。让我们听听他如何描述这幅漫画及其背后的社会学理论："这个系统表征为有两个半径。在吸积半径之外，天体物理学家正忙于关注尚未受到这一流行观点显著影响的其他问题，但在这个半径之内的其他人开始一头扎向它。个体之间几乎没有沟通，因为他们遵循着由他们的初始条件所决定的随机弹道轨迹。在争当第一名的过程中，他们几乎总是会错过中心要点，沿着某条切线飞离。当有足够数量的天体物理学家到达这个观点的附近时，沟通必定会发生，但通常在剧烈的碰撞中发生的、唯一持久的影响是，有些个体也许已经越过了理性的界限。超

[1] R. D. Blandford, H. Netzer, and L. Woltjer, *Active Galactic Nuclei*（Berlin: Springer, 1990）.——原注

越理性之后，这种流行的观点就成了一条信仰。这些时运不济的灵魂永远无法逃脱。”[1] 麦克雷的报告是半开玩笑的。他信服有关黑洞的论点，但同时提醒他的同事不要把质疑精神留在门外。

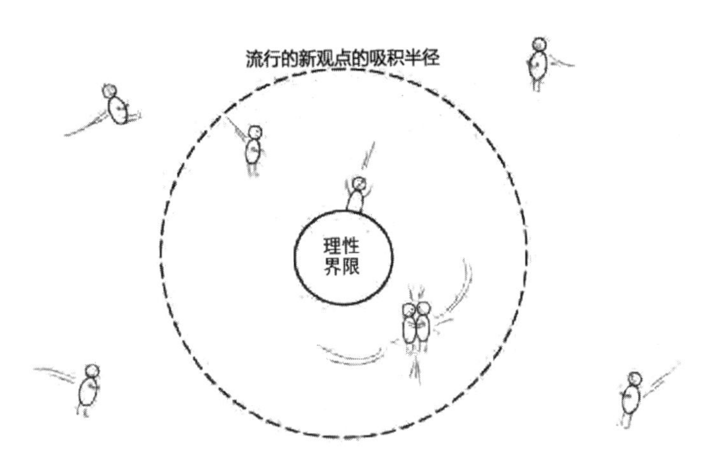

图 31　对于天体物理学家对黑洞等流行观点如何反应的嘲讽。有些人飞过去了而没有被困住，其他人相互碰撞，产生热量，但不发出多少光。大多数人被困在这种观点的影响范围内，一些人滑向“理性界限”，他们在那里丧失了有益的质疑精神（R. 麦克雷 / 科罗拉多大学）

回想一下，到 20 世纪 80 年代中期，只有银河系显示出令人信服的证据：存在着一个大质量黑洞。里斯在他的一篇论文中引入了一张流程图，展示了气体如何从星系际介质那里如细雨一般飘入星系并缓慢地找到进入核心区域的路径。这些气体以及恒星演化过程中被抛出的气体为核心星团的形成提供了物质来源。核心星团是由数千颗恒星通过引力聚集在一起的密集聚合体。星团无法支撑这么多恒星的引力作用，因此它

[1]　M. C. Begelman and M. J. Rees, “The Fate of Dense Stellar Systems,” *Monthly Notices of the Royal Astronomical Society* 185（1978）: 847-60; and M. C. Begelman and M. J. Rees, *Gravity's Fatal Attraction: Black Holes in the Universe*（Cambridge, UK: Cambridge University Press, 2009）.——原注

坍缩成一个大黑洞，而这个黑洞通过吞噬气体和恒星而增长。尽管里斯是以流程图的形式来进行展示的，但他对每一步都有合理的物理论证。这个结果使大质量黑洞产生了一种必然存在的架势。这是最好的科学家所具有的一种天赋：提出一个复杂的论点，并使它看起来显而易见。

用类星体探测宇宙

到目前为止，我们一直关注内部，试图通过观察大质量黑洞对周围环境的影响来理解它们。但事实证明，黑洞可以用来诊断宇宙中的一种更大的黑暗成分。这项技术使用类星体（它们在太空中极为遥远的距离之外也可以被看到）作为强光源。

当类星体被发现时，它们的红移表明它们与我们的距离非常遥远。类星体发现两年后的红移记录是 $z = 2$。这表明光已经传播了 100 亿年，或者说宇宙年龄的 75%。在类星体被发现的时候，正常星系的红移记录只有 $z = 0.4$，这表明光传播了宇宙年龄的 33%。利用超大质量黑洞作为遥远的灯塔开辟了天文学的一个新领域。

我们可以想象一个很长的黑盒子，里面很暗，但两端是开口的。用细光束照射盒子，并在盒子的另一端探测这些光束，就能发现盒了里是否有东西。障碍物会完全阻挡光线，甚至像气体这样的云雾状物体也会使光线变暗。当天文学家利用光谱学方法将类星体发出的光精细地按波长展开时，他们发现光的平滑分布中布满了由于光缺失或被吸收而形成的“凹痕”。这种吸收的重要性在200年前首次被认识到，当时约瑟夫·冯·夫琅禾费绘制了太阳光谱中的那些又暗又窄的谱线。古斯塔夫·基尔霍夫证明这些谱线是由太阳较冷的外层大气中的化学元素造成的。

类星体光谱有两类吸收线[1]（见图 32）。吸收线是光谱中较窄、较暗的区域，其中的光被介于中间的空间中的物体吸收。这些谱线源于恒星中的元素，比如氖、碳、镁、硅。在短波长处还有一丛氢吸收线。科学家通过大量研究已逐渐清楚地知道，第一类谱线是由星系晕中沿类星体视线方向上的化学增丰气体形成的。氢线则源于星系之间广阔空间中的原始氢[2]。

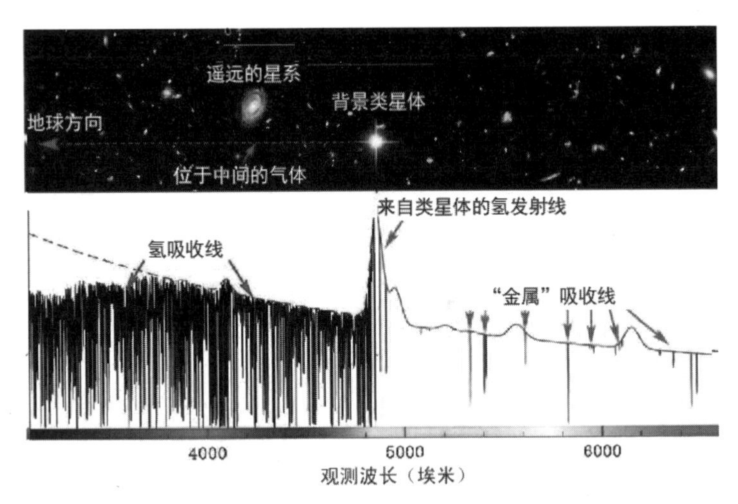

图 32　类星体距离我们非常远，它们的作用就像手电筒，照亮前方的那些可能是黑暗的、原本很难探测到的物质。上图：类星体的光穿过一个巨大的星系和它的晕，以及星系际介质中的无数小氢云。下图：类星体的光谱是光强对应于波长的图线。大星系的重元素吸收线的特征表现在光谱的红端，而小氢云的特征则是在光谱蓝端的窄吸收线构成的“森林”（M. 墨菲 / 斯威本大学）

吸收线光谱对微量气体很敏感，因此质量只有太阳质量 10 ～ 100

[1]　P. Khare, “Quasar Absorption Lines: an Overview,” *Bulletin of the Astronomical Society of India* 41（2013）: 41-60.——原注

[2]　W. L. W. Sargent, “Quasar Absorption Lines and the Intergalactic Medium,” *Physica Scripta* 21（1980）: 753-58.——原注

倍的暗气体云即使在距离我们数十亿光年处也能被探测到。膨胀宇宙模型给出了红移和距离之间的关系，因此光谱（也就是波长分布图）很容易转换成红移或距离分布图。回到之前的类比，长黑盒子是穿过宇宙的路径，类星体是远端的手电筒，而天文学家利用这些光束的光谱来断定介于其间的物质。把这种物质想象成一个贯穿宇宙的岩芯样本，绘制出跨越宇宙时间而不是地质时间的物质分布图。由于已经发现的类星体红移高达 $z = 7$，因此这些样本可以覆盖宇宙年龄的 95%。科学家利用类星体的吸收光谱，已经证明星系际空间中的物质总量比宇宙中所有星系的所有恒星的物质总量多 8 倍[1]。

类星体还以另一种方式被用来探测宇宙。让我们再讨论一下通过宇宙“长黑盒子”的光。宇宙空间大部分是空的，但是来自遥远类星体的光直接穿过一个星系或星系团的可能性很小。爱因斯坦的广义相对论告诉我们，光会由于介于中间的天体的质量而发生偏转。如果类星体与中间天体完美地沿视线排列，那么类星体点源就会变成一个叫作爱因斯坦环的光圈。如果排列略微偏离直线，那么点源被看到时就会成一对像[2]。这种现象发生的概率只有 1%，所以直到发现了数百个类星体以后，人们才注意到这一现象。由于透镜现象对暗物质和可见物质同样敏感，因此被用来表明暗物质是普遍存在的星系的组成部分，比普通物质的质量

[1] D. H. Weinberg, R. Dave, N. Katz, and J. Kollmeier, “The Lyman-Alpha Forest as a Cosmological Tool,” in *The Emergence of Cosmic Structure*, AIP Conference Series 666, edited by S. Holt and C. Reynolds, 2003, 157-69.——原注

[2] 在引力透镜理论中，像的个数总是奇数，其中有些被放大，有些被缩小。透镜最常见的几何结构会造成一对放大的像和一个通常太暗弱而无法被探测到的缩小的像，因此看到的是一对像。如果透镜体的质量分布很复杂，像的个数就可能更多，因此天文学家已经看到了 4 重像、6 重像甚至 10 重像的类星体引力透镜效应。关于这一效应的总结，请参见 T. Sauer, “A Brief History of Gravitational Lensing,” Einstein Online, Volume 4, 2010。——原注

要大 6 倍。

类星体是如此优秀的宇宙探测器，这是一个意外收获。宇宙的几千亿个星系中包含着 100 万亿亿颗恒星。然而类星体告诉我们，在星系之间的空间中还有多得多的物质，这些物质是暗的，用任何其他方法都无法探测到。所有这些恒星、所有这些星系只占物质宇宙的 2%！

称重数以千计的黑洞

让我们继续讲述发现类星体的故事。揭示和理解类星体需要应用光谱学。光谱可用来测量红移，红移可用来计算光度。高质量的光谱可以用来测量黑洞的质量，然而进展缓慢。大型望远镜一次只能拍摄到一个候选天体的光谱。在 20 世纪 60 和 70 年代，已知类星体的数目从几十个缓慢爬升到几百个。

第一个突破是用特殊光学望远镜拍摄大片天空的图像。帕洛马天文台的宽场施密特望远镜[1]于 1948 年建成。在 20 世纪 50 年代，它被用来对整个北天进行双色巡天，拍摄了近 2000 张照相底片。每张照相底片覆盖 36 平方度，大约是你握紧的拳头在一臂距离处看上去的大小。这次巡天是由美国国家地理学会资助的，这是他们绘制世界地图的目标在宇宙中的延伸。帕洛马天文台施密特望远镜的一架“孪生”望远镜建在澳大利亚，并在 20 世纪 70 年代对南天进行了巡天。每幅图像包括 100 万个星系以及 1 万个类星体和活动星系。

要找到 1% 有核活动的星系，就需要额外的信息。光学设计师开发

[1] 施密特望远镜是一种由折射和反射元件组成的天文望远镜，以其发明者伯恩哈德·施密特的名字命名。——译注

了一种可以放置在施密特望远镜的光路上的大棱镜（见图33）。该棱镜把每一个微弱的光源都展开成感光板上的一个微小光谱。类星体具有宽而强的发射线。科学家希望它们能够凸现出来，因为发射线看起来像出现在条纹顶部的一个斑点。用肉眼寻找类星体需要极高的专门技能。不过科学家开发出了可以扫描并将这些照相底片数字化的机器，而且他们使用算法把类星体从数量多得多的恒星和星系中筛选出来。

图33 通过在望远镜的光路上放置一个大棱镜，可以拍摄多个光谱，这样每个天体都有一个直接的图像（点）以及位于其右边的一条光谱（水平条纹）。任何视场中的大多数天体都是恒星或星系，它们的光谱在这种低分辨率下平滑而无特征。但是罕见的类星体会凸显出来，因为它们具有强而宽的发射线，看起来像条纹顶端的斑点。类星体3C 273在这张照片的中心附近（戴维·霍沃斯）

我开始尝试使用这种方法寻找类星体，是在澳大利亚新南威尔士州沃伦邦格尔山区的库纳巴拉布兰。这个位于澳大利亚内陆边缘的寂静小镇是英国施密特望远镜（帕洛马天文台施密特望远镜在南半球的“孪生兄弟”）的基地[1]。我在爱丁堡大学读研究生时被派遣到那里，协助一个摄影棱镜巡天项目。从苏格兰阴郁的冬天到澳大利亚炎热的夏天，其实不算艰苦。到达后的几天里，我完成了在暗室里的训练。我整晚进行观测，在睡觉前冲洗底片。这些底片的边长约为 36 厘米，厚度为 1 毫米，在黑暗中操作需要相当高的技巧。在这么长时间以后，我承认自己弄坏了不止几张底片，浪费了数小时的望远镜使用时间，现在仍深感心痛。偶尔，我真的会被底片锋利的边缘划破皮肤，我的血液滴入了显影液或定影液中。

当天空晴朗，底片曝光良好时，付出这样的努力是值得的。每张浅灰色背景的负片上都有数千条代表光谱的小暗条纹。我会一直睡到午饭时分，然后在下午把底片放进一个灯箱里，用显微镜进行扫描。我那神出鬼没的猎物是一条末端带有一个斑点的蓝色条纹，它看起来像一只蝌蚪。这个斑点是氢发射线，可以用它来区分类星体与热恒星。我还记得自己发现第一个类星体时的那种激动和震撼的心情。在找到几十个类星体之后，这种感觉仍未消失，尽管在盯着显微镜看了几小时后我的视线开始模糊。这些“小蝌蚪”中的每一只都是数十亿光年之外的一个大质量黑洞，它将辐射连续不断地倾注到宇宙中。在收获了我的第 100 个类星体之后，我到当地的山里徒步远足，在荒野中穿行，以示庆祝。吃晚饭时，当地的天文学家大大地戏弄了我一番，提醒我澳大利亚有世界上最毒的 5 种蜘蛛中的 3 种以及最毒的 5 种蛇中的 4 种。

第二个突破出现在 20 世纪 90 年代，当时照相底片被电荷耦合器件（CCD）所取代。利用光纤或狭缝，来自数百个目标的光被收集并投射

[1] 英国施密特望远镜的前员工弗雷德·沃森在《观星者：望远镜的生命与时代》（*Stargazer: Life and Times of the Telescope*, London: Allen and Unwin, 2004）一书中对这架望远镜有很好的描述。——原注

到 CCD 上。大型望远镜现在拥有能覆盖 1 平方度或更大天区（是满月面积的几倍）的摄谱仪。最超群的类星体搜寻工具是用在斯隆数字化巡天项目中的 2.5 米口径望远镜（见图 34）。这架望远镜排不进世界上最大的 50 架望远镜之列（当然，哈勃空间望远镜也排不进去），但精致的摄谱仪和 CCD 使它具有非凡的获取光线的能力。它测量了 200 万个星系和 50 万个类星体的红移。至关重要的是，这些数字光谱比我在 20 世纪 70 年代用来发现类星体的那些小条纹要好得多。来自斯隆数字化巡天项目的光谱质量很高，足以用来测量黑洞的质量。

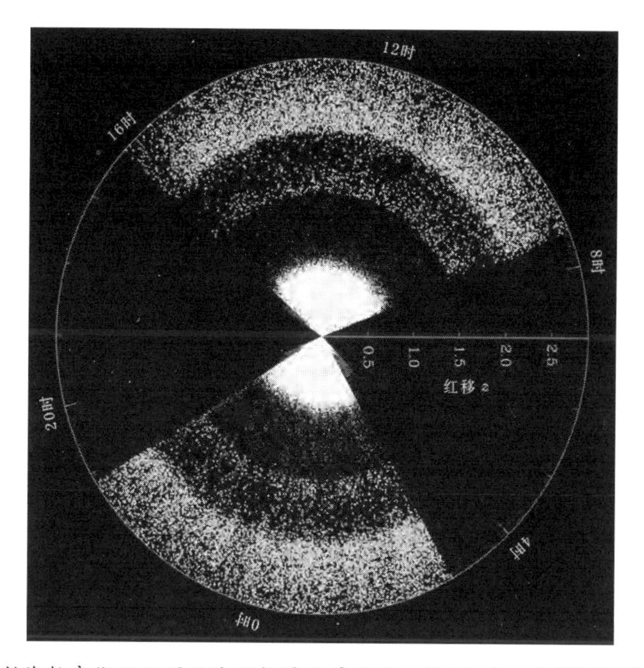

图 34　斯隆数字化巡天项目使用新墨西哥州的一架 2.5 米口径望远镜和一台高效多目标摄谱仪，测量了数量空前的星系和类星体的红移。重子振荡光谱巡天项目观测了 50 万个星系和 10 万个类星体，这张天空“饼图”显示了其中的一小部分。红移或距离沿径向增大。星系是红移小于 1 的点，类星体是红移为 1.5 ～ 3 的点（M. 布兰顿 / 斯隆数字化巡天项目）

我们已经看到给超大质量黑洞“称重”是多么困难。距离我们最近的超大质量黑洞位于银河系的中心，它的质量是根据环绕它的各椭圆轨道上的单颗恒星精确计算出来的。黑洞质量的第二次精确测量是在 1995 年，当时射电天文学家发现有水脉泽在近邻活动星系 NGC 4258 的中心处的一个薄盘中做轨道运动。脉泽是激光的长波形式，当一种气体（在水脉泽的情况下就是水分子）自然满足条件而发出强而纯的辐射时产生。其他星系也在其致密核区显示出来自水分子的脉泽辐射，由此产生的谱线使我们可以用射电方法非常精确地测量出脉泽的速度[1]。在 NGC 4258 中，脉泽的位置和速度符合开普勒运动定律。这意味着其中心质量是太阳质量的 382 万倍，而误差只有 0.3%。脉泽辐射延伸到距离星系中心不到 1 光年处，或者说是引力作用影响球的 1/1000。如此巨大的质量集中在一个通常只包含几百颗恒星的区域中，黑洞是唯一可行的解释。脉泽辐射很罕见，因此这种观测就显得很难复制，但是利用毫米波段的干涉测量也许很快就有可能实现[2]。

利用靠近核心的气体或恒星的运动，我们可以对宇宙邻近区域的星系中的休眠黑洞进行称重。然而，几十年来我们用这种方法只得到了 70 个黑洞的质量。使用目前的技术不可能将这些测量扩展到距离我们大约 6000 万光年的室女座星系团之外。

正如我们已经看到的，类星体具有超大质量黑洞。它们将落入的质量转化为强辐射，从而发挥着引力引擎的作用。为什么不用亮度来

---

[1] M. Miyoshi et al., “Evidence for a Black Hole from High Rotation Velocities in a Sub- Parsec Region of NGC4258,” *Nature* 373 (1995) : 127-29. ——原注

[2] A. J. Baarth et al., “Towards Precision Black Hole Masses with ALMA: NGC 1332 as a Case Study in Molecular Disk Dynamics,” *Astrophysical Journal* 823 (2016): 51-73.——原注

推断黑洞的质量呢？这是一个好主意，但实际上行不通。类星体远非具有标准亮度的手电筒，不同类星体的亮度范围可相差数千倍。对于一定的黑洞质量，亮度取决于吸积效率、黑洞自旋速率以及中心区域的气体和尘埃量。不幸的是，类星体的功率并不能很好地指明黑洞的质量。

就在天文学家似乎已经走到穷途末路的时候，他们想出了一个聪明的方法来推断近邻活动星系中的黑洞质量。这种方法利用了类星体的招牌特征之一：它们的宽发射线（见图 35）。产生这些发射线的热气体距离中心天体不到 1 光年，因此它们的运动主要由黑洞控制。这一区域中的气体应该遵循一个简单的方程，$M_{BH} \approx RV^2/G$，其中 G 是引力常数，V 是气体的速度。如果我们知道一颗绕日轨道上的行星的速度和距离，这个方程就能给出太阳的质量。对于黑洞，绕轨运动的气体的速度很容易从发射线的宽度得到。这样就只剩下一个未知量 R，即产生宽发射线的区域的尺度。各种物理论证表明，该区域大约是 0.01 秒差距，即 10 光天的跨度——比太阳系大 10 倍[1]。对于大多数星系来说，这太小了，任何望远镜都无法分辨。那么如何才能测量它呢？一种聪明的方法利用了类星体和活动星系的光强随时间变化这一事实。

让我们来想象一下这种情况：使类星体产生极高亮度的吸积盘非常小，因此我们可以把它看成一个点光源。亮度以天为时标发生变化，这是主张超大质量黑洞的最初论据之一，因为光源不可能比光在穿过它的时间里所传播的距离更远。这一论据的逻辑是，如果光变来自一个单一的天体，那么变化越快意味着这个天体越小。来自中心点光源的光向外

[1]　B. M. Peterson, “The Broad Line Region in Active Galactic Nuclei,” *Lecture Notes in Physics* vol. 693（Berlin: Springer, 2006）, 77-100.——原注

传播，并照射到快速移动的气体上，从而形成了发射线。气体对变化点光源的这种响应或“反响”有一个时间延迟（t）。它由光穿过气体的传播时间给出，$t = R/c$，其中 c 是光速。这被称为反响映射，因为我们是在映射来自点光源的光导致气体产生“回声”的方式。回声到达所需的时间就给出了热气体区域的尺度。

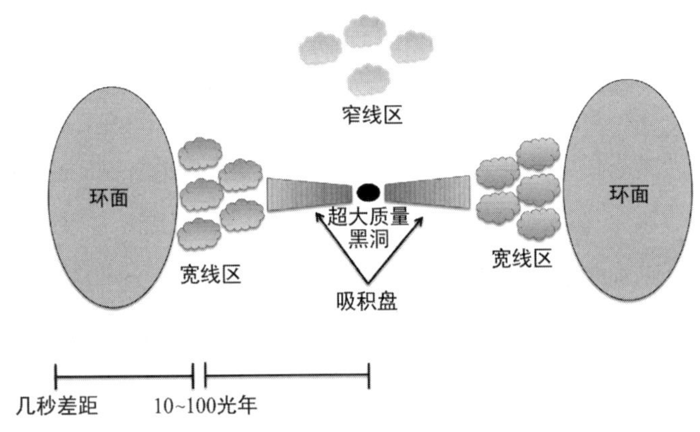

图 35 一个活动星系或类星体的内部区域的横截面示意图，它显示了可以用来测量中央超大质量黑洞质量的那些成分。当来自中央“引擎”的光发生变化时，宽线区中的气体云的响应具有 10 ～ 100 天的时延。这些云的速度是由它们的谱线宽度来测量的，因此就可以估算出驱动这些运动的黑洞的质量。这种技术被称为反响映射（C. 里奇 / 智利天主教大学）

所需的观测是简单而冗长乏味的。一场观测“运动”开始了，人们用分布在全世界的望远镜来测量类星体或活动星系样本的光谱。在世界各地借助不多的几架望远镜，我们就可以对光变进行覆盖 24 小时的观测，并且在即使有一两个观测点被云层遮挡的情况下也能获得数据。光谱是通过分散在一年中的多次持续一周的观测而收集到的，因此在从几天到几个月的所有时标上都要进行采样。由于光的传播需要时间，因此发射线气体对黑洞辐射的响应有一个时延。这个时延给出了宽线区的尺度，而宽线区又转而给出黑洞的质量[1]。

因此，反响映射依赖时间分辨率而不是空间分辨率。该方法最先应用于 NGC 5548，这是塞弗特最初发现的活动星系之一。它的中心黑洞的质量是太阳的 6500 万倍，不确定度为 4%[2]。科学家用小型望远镜进行的密集监测活动已经获得了 60 个近邻活动星系的黑洞质量[3]。研究表明，越强的活动星系具有越大的快速运动气体区域。

就在这里，情况变得有意思了。艰巨的反响映射工作显示了发射区的大小与活动星系的亮度具有怎样的联系。如今我们用单个光谱就可以估算黑洞的质量，而不再是对一个感兴趣的活动星系进行包括成百上千次测量在内的长期监测活动。发射线的宽度给出 V，而光度给出 R，这就是公式 $M_{BH} \approx RV^2/G$ 所需要的全部参数了。用单光谱估算出的黑洞质量，其不确定度因子为 3，或者说 300%。虽说这不算很好，但对于统计研究来说已经足够了。相对于通过数月的观测去获得一个黑洞的质量，用这种方法，你就可以在一个晚上测算出 100 个黑洞的质量。目前，

[1] 要做出可靠的质量估计，涉及许多细节和复杂性。产生发射线的快速移动的气体聚集成一块块云，而不是平滑分布的，并且密度不同、与黑洞之间的距离不同的云发出不同的发射线。气体的几何形状影响时延信号。例如，环状的气体几何结构有一个恒定的时延面，它是一个抛物面。更为复杂的气体三维几何结构使分析更具挑战性。由于天气变化无常和望远镜调度而导致的不均匀采样造成了更多的麻烦。一场这种激烈的反响映射运动可能会有多达上百位天文学家参与其中，所有这些活动都是为了测量少量黑洞的质量。——原注

[2] M. C. Bentz et al., "NGC 5548 in a Low-Luminosity State: Implications for the Broad-Line Region," *Astrophysical Journal* 662 (2007): 205-12.——原注

[3] B. M. Peterson and K. Horne, "Reverberation Mapping of Active Galactic Nuclei," in *Planets to Cosmology: Essential Science in the Final Years of the Hubble Space Telescope*, edited by M. Livio and S. Casertano (Cambridge, UK: Cambridge University Press, 2004).——原注

已经发布的黑洞质量达到了数万个[1]，天文学家正在大规模地测量大质量黑洞。

宇宙中的吸积功率

物质落向黑洞而被加热。此外，自旋黑洞的旋转能量也会加速粒子的运动，然后粒子就会发出辐射。这一过程的效率极高。如果我们把效率定义为输出能量除以所有投入原料的质量－能量，那么黑洞的吸积效率约为 10%。相比之下，核裂变或核聚变的效率为 1%，化学能的效率为 10^{-7}%。物质仅仅通过下落就能以光子的形式释放出其质量－能量的 10%！

需要多少质量才能将一个超大质量黑洞变成一个类星体？并不是很多。对于一个 1 亿倍太阳质量的黑洞来说，要以 10% 的效率产生像一个类星体那样的 10^{39} 瓦的功率，每年只需要吸积一个太阳的质量[2]。想想看，每年只吃一颗恒星小点心就能保持一个黑洞比整个星系都亮。正如约翰·厄普代克所说："一颗被忽略的恒星仍有足够的能量，为疯子们已经提出的所有天堂提供能量。"[3] 不过，为黑洞提供食物是一个挑战，因为类星体产生的辐射会施加一种压力，驱使物质远离中心源。这类似

---

[1] 关于这些方法的总结，请参见 B. M. Peterson, "Measuring the Masses of Supermassive Black Holes," Space Science Review 183（2014）: 253-75。A. Refiee and P. B. Hall, "Supermassive Black Hole Mass Estimates Using Sloan Digital Sky Survey Quasar Spectra at 0.7 < z < 2," *Astrophysical Journal Supplements* 194（2011）: 42–58，其中提供了大量数据。——原注

[2] 从正确的角度来看这个数字，全世界的能源消耗大约是 20太瓦（2×10^{13} 瓦），这是类星体的功率的一百亿亿亿分之一。——原注

[3] J. Updike, "Ode to Entropy," in *Facing Nature*（New York: Knopf, 1985）.——原注

于辐射压迫使彗尾指向远离太阳的方向这一现象。超大质量黑洞向内的引力必须超过向外的辐射压，物质才能被吸积。

天文学家花了很长的时间才对活动星系的吸积能力有了全面的了解。这是因为黑洞附近的物理过程会在一个很大的波长范围内传播能量[1]。例如，原型类星体 3C 273 被探测到的频率范围为 10^8 ～ 10^{24} 赫，最大波长与最小波长的倍数超过 1 亿亿倍：从 3 米长的射电波到质子 1/3 大小的伽马射线（见图 36）。然而，在如此宽广的波长范围之中，地面天文台能探测到的只有一段很宽的射电波和从近红外到光学波段的一段很窄的波段。其余波段则需要绕地轨道上的专业卫星才能观测到。

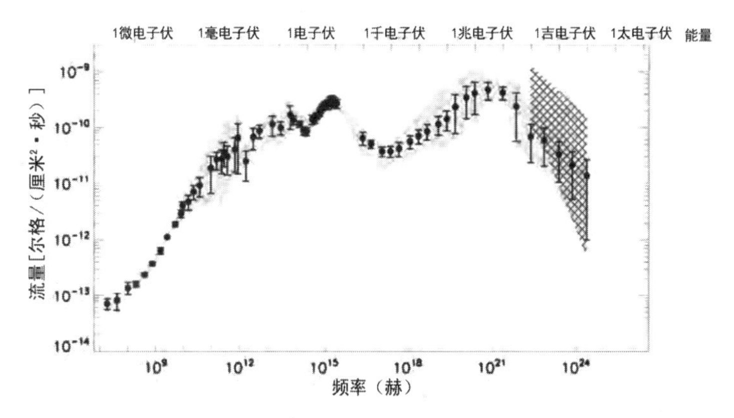

图 36　明亮类星体 3C 273 在整个电磁波谱上的能量分布：从长射电波（10^8 赫）到高能伽马射线（10^{24} 赫）。纵轴是流量，横轴是频率（底部）或能量（顶部）。恒星和普通星系只在很窄的光学和红外波段内发出辐射，因此如此宽的能量范围表明了超大质量黑洞附近的引力能和粒子加速度（S. 索尔迪 / 巴黎大学 / 法国科学研究中心）

[1]　基本的物理区别是热过程和非热过程。在热过程中，物理系统处于平衡状态，并具有一个特征温度。在这种情况下，它在一定的波长范围内发射黑体辐射，但有一个明确的峰值。该峰值辐射的波长与温度成反比（维恩定律）。在非热过程中，物理系统不处于平衡状态，没有特征温度。辐射在很宽的波长范围内发射，通常具有幂律能量分布。同步辐射是非热辐射的一个例子，就如活动星系和类星体所发出的射电辐射那样。——原注

仅用电磁波谱的一部分来观察宇宙会获得不完整的信息：盲人摸象问题。全面考虑吸积功率意味着我们必须考虑整头大象。20 世纪 50 年代首次引起人们对活动星系关注的射电辐射，其能量原来仅占类星体总能量的很小一部分。这种辐射来自黑洞附近的相对论性电子和双向喷流，我们称之为大象的尾巴。下一个最重要的贡献是高能 X 射线发射，它也来自相对论性电子，我们称之为大象的鼻子。更重要的是来自远离黑洞的冷尘埃的红外辐射，其温度范围为 10 ～ 100 开。这些尘埃是大象的腿。类星体能量最主要的贡献者是非常靠近黑洞的吸积盘，它的温度大约是 100000 开，输出能量的大部分在紫外和 X 射线波段[1]；这是大象的主要部分，即它的身躯。

活动星系最初是由于它们的射电辐射而被发现的，因为它们会在普遍宁静的射电天空中凸显出来。但在几年之内天文学家就意识到，大多数活动星系的射电辐射是如此微弱，以至于射电搜索无法发现它们。科学家在开展光学巡天项目时发现的活动星系的数量是射电巡天的 10 倍。然后，在 20 世纪 80 年代，X 射线天文学家对一种在天空中到处可见的微弱 X 射线信号大惑不解[2]。他们假定这是许多遥远的源的总和，这些源太微弱而无法被单独探测到。但是，当他们把现有的活动星系光学样本的预期 X 射线辐射全部加起来时，得出的结果仍然与 X 射线背景相差 10 倍。这个谜题现在还没有完全解开，但很清楚的是，X 射线背景

[1] A. Prieto, "Spectral Energy Distribution Template of Redshift-Zero AGN and the Comparison with that of Quasars," in *Astronomy at High Angular Resolution*, Journal of Physics Conference Series, vol. 372 (London: Institute of Physics, 2012) , 1-5.——原注

[2] X. Barcons, *The X-Ray Background* (Cambridge, UK: Cambridge University Press, 1992) .——原注

是由光学巡天中缺失的那些活动星系引起的[1]。尘埃导致它们不可见。尘埃的存在将光学辐射重新处理为红外辐射，从而彻底改变了一个活动星系的能量分布。尘埃不影响 X 射线光子，因此对活动星系群体最清晰、最完整的观测来自 X 射线巡天。

超大质量黑洞并不吓人

让我们来缓解一下与黑洞相关的恐惧。黑洞并不像宇宙真空吸尘器，它不会把周围的一切都吸进去。黑洞确实有一个引力作用影响球，像任何有质量的天体一样。但是如果太阳突然被压缩成一个黑洞，那么在地球距离处的引力将保持不变，地球会继续不受干扰地待在它的轨道上（虽然在 8 分钟之后，人类会由于失去太阳的光和能量而受到严重干扰）。其次，我们并没有面临立即遭遇黑洞的危险。只有极小部分的恒星在死亡后会成为黑洞，而且在太阳附近不存在任何黑洞[2]。

最近的恒星级黑洞是 V616 Mon，它的质量大约是太阳的 10 倍，距离地球 3000 光年。第二近的是原型黑洞天鹅座 X-1，其质量是太阳的 15 倍，距离地球 6100 光年。然而，在今后好几十年里，我们都不会拥有探访一个黑洞的技术，哪怕是使用小型空间探测器，因此任何关于人类掉进黑洞的讨论都是假想。最近的大质量黑洞是太阳质量的 400 万倍，它位于银河系的中心，距离我们 27000 光年。最近的超大质量黑洞位于巨椭圆星系 M87 的中心，距离室女座星系团 6000 万光年。这个庞然大

---

[1] A. Moretti et al., “Spectrum of the Unresolved Cosmic X-Ray Background: What is Unresolved 50 Years after its Discovery?” *Astronomy and Astrophysics* 548（2012）: 87-99. ——原注

[2] “坏天文学家”菲尔·普莱在他的博客上巧妙地论述了一些最常见的误解。——原注

物有太阳质量的50亿倍之巨。

不过，大质量黑洞并不像你想象的那么极端。定义视界大小的史瓦西半径计算公式是 $R_S = GM/c^2$，因此视界的大小与质量成正比。对于一个质量比太阳大1亿倍的类星体黑洞来说，这个半径是3亿千米，即日地距离的两倍。视界大小随质量线性增加，这意味着视界内的密度随质量的平方减小。质量是太阳3倍的恒星级黑洞的密度是水的密度的1亿亿倍，而银河系中心的黑洞的密度仅比水的密度大1000倍。一个质量是太阳1亿倍的类星体黑洞的密度只有水的10%，而最大的黑洞的密度是它的密度的万分之一。当黑洞的密度小于我们呼吸的空气时，那有多么令人毛骨悚然！

我们来花一分钟时间想一下。如果你把太阳系大小的空间填满空气，它就会成为一个黑洞。如果你能造出一个足够大的海洋，那么这个黑洞就会受到浮力作用，像气泡一样浮起来。

穿越一个大质量黑洞的视界的危险很可能比进入一个恒星级黑洞要小得多。首先，被拉成细面条的可能性要小得多。由于拉伸力而导致的加速度随着致密物体质量的增加而迅速减小。在一个1亿太阳质量的黑洞视界上，这个加速度将比地球的引力加速度小几个数量级。一个无畏的旅行者会毫无感觉地穿过视界。

这为遥远未来的太空旅行者的终极冒险提了个醒儿：给自己找一个黑洞，只要它的质量大于太阳质量的1000倍就行了。召集你的朋友和家人，把他们安置在一艘处于安全距离的宇宙飞船里。他们会认为这是与你的永别，因为没有人能逃离黑洞。然后让你的宇宙飞船进入通向视界的自由下落航程。当你接近视界时随意地挥挥手，你的朋友会看到你的形象被拉伸和扭曲。光子在奋力挣脱黑洞的强大引力时还会变红。当你穿过视界迎接神秘莫测的命运时，你不会看到或感觉到任何不寻常。你的朋友和家人看到的最后一幅画面将定格在你挥舞的手挥到一半的时刻，这个画面会逐渐变红并被永远冻结。

让我们回顾一下已经走过的路。

尽管一些早期的科学家曾梦想过黑洞，但要预言它们，则需要一种大胆的引力新理论。它们的特性如此怪异，甚至连这一理论的缔造者阿尔伯特·爱因斯坦都不相信存在这样的怪物。物理学家受到黑洞概念的激励，加倍努力地去调和引力理论与量子世界。

在这一点上，起决定作用的是观测者。我们能够梦想、计划和计算的一切并不都是真实的。每当大质量恒星死亡时就会形成黑洞，然而它们是我们的眼睛所不能见到的。所以，只有当它们围绕着一颗可见恒星沿轨道运行时才能被看到。经过几十年的艰辛努力，天文学家找到了几十个双星系统，其中暗成员的质量如此之大，以至于它必定是一个黑洞。这些观测结果令人信服，曾经打赌认为黑洞不存在的理论家都服输了。

与此同时，天文学家正在积累证据，证明星系不仅仅是恒星的大集合。一些星系的中心含有涡流形态的热气体以及强烈的射电和 X 射线辐射源，其亮度可以超过整个星系，从而能穿过宇宙的大部分空间被我们看到。这些辐射的能量来源于具有数百万倍甚至数十亿倍太阳质量的黑洞的引力。天体物理学界一个具有讽刺意味的发现是，如此黑暗的东西居然能产生如此多的光。我们自己的星系中隐藏着一个巨大的黑洞，黑暗是因为它正处于“两餐”之间的不活跃状态。判定它存在的根据来自一大群以每小时数百万千米的速度围绕它做轨道运动的恒星。

理论物理学家预言，所有星系中都应该隐藏着大质量黑洞。在诸如哈勃空间望远镜之类的工具的帮助下，天文学家证实了这一预言。他们找到的一些黑洞是不活动的、黑暗的，而其他一些黑洞则在贪婪地消耗气体，并发出明亮的光。他们为数以千计的黑洞称重。这项研究消除了黑洞带给我们的震撼力和威慑力，并赋予我们一种对它们的无法避免的感觉——这并没有令它们的惊异之处减少分毫。

现在是时候去探索黑洞的含义了。我们会着眼于它们的生命故事，以及它们在回溯到大爆炸的宇宙演化过程中所发挥的作用。我们将学习如何在计算机中模拟它们，并分析它们是否有任何可能在实验室中被创造出来。我们将看到如何用它们来检验我们的引力理论，以及我们如何探测到它们并合时时空中由此产生的涟漪。最后，我们会考虑黑洞在接近无限的宇宙时间跨度上的命运。

下　篇
黑洞的过去、现在及未来

黑洞的生命故事是怎样的？天文学家推测，一些黑洞可能是在大爆炸后不久产生的。当时宇宙还处于婴儿期，炽热而致密。自那时起，大质量恒星死亡后形成小黑洞，而大黑洞则是通过大量吞噬星系中心的气体以及星系并合时结合在一起而形成的。在本书的后半部分，我们来看看大小不同的黑洞是如何形成和生长的。由于它们的存在已不再存疑，因此，目前天文学家正在设计观测手段，去探测距离黑洞视界越来越近的那些地方。研究者还学会了如何在计算机模拟这一安全范围内探索黑洞的特性。

黑洞是引力理论的终极试验场，使我们能够以前所未有的方式检验广义相对论。未来 10 年黑洞研究中最令人激动的事情将来自引力波的探测。引力波是时空中的涟漪，是广义相对论的核心预测。几年前，当黑洞并合首次被探测到时，天体物理学的一个新领域诞生了。引力波探测器很快就会有能力以每周一个事件的频率探测到整个可观测宇宙中的黑洞并合。如果人类能存活足够长的时间，那么我们遥远的后裔就会有幸近距离观察到我们星系中央的黑洞与仙女星系中的一个类似黑洞的并合。

最后，我们会看看黑洞如何生长，以及如何随着宇宙膨胀和星系消散而最终被饿死。即使最大的黑洞有一天也会在霍金辐射的轻微声响中蒸发掉。没有什么会永存，宇宙不会，黑洞也不会。

第5章　黑洞的生命

宇宙中包含着大大小小的黑洞，其范围从大小相当于一座城市、质量相当于一颗恒星，到大小相当于太阳系、质量相当于一个星系。黑洞是如何诞生的，它们又是如何生活的？故事从大爆炸开始讲起，接着是激烈的恒星死亡以及质量向星系中心的聚集。结合观测、理论、计算机模拟，再加上一点推测，天文学家拼凑出了黑洞的历史。他们甚至考虑过宇宙本身是不是一个黑洞的问题。

宇宙的种子

早期的宇宙是混沌而无结构的。尽管随着行星、恒星和星系在引力作用下形成，宇宙变得越来越块垒分明，但它从来就不是完全平滑的。仅在大爆炸之后宇宙就存在着轻微的不均匀性，而且由于当时宇宙的平均密度非常高，因此，一些区域的引力会非常强。可见，星系形成的种子可以追溯到宇宙早期，但这还不是全部。在斯蒂芬·霍金预言了以他的名字命名的霍金辐射的同一年，他还与他的学生伯纳德·卡尔在一篇论文中写到可能在宇宙甚早期形成的黑洞——原初黑洞[1]。他们提出，即使大爆炸后发生的密度变化平均而言很小，但某些区域的密度变化也可能大到足以产生超过宇宙膨胀力的万有引力。在这些地方会发生引力坍缩，并可能形成黑洞。这个过程可以产生几乎任何质量的黑洞。霍金的原初黑洞会是宇宙的种子吗?

最早的黑洞形成于普朗克时间，即宇宙大爆炸后 10^{-43} 秒这一阶段，当时宇宙的直径为 10^{-35} 米[2]。那时形成的黑洞质量为 10^{-8} 千克，大约相当于一粒尘埃的质量。由于宇宙的快速膨胀，这些早期的黑洞无法生长，因此很快就蒸发了。任何在大爆炸之后 10^{-23} 秒以内形成的、质量小于 10^{12} 千克的黑洞现在都已经蒸发了。但是较晚形成的、质量较大的黑洞可能存活到现在。大爆炸后 1 秒形成的原初黑洞至少会有 10 万倍太阳质量，不比银河系中心的大质量黑洞小多少。

另一种有趣的理论认为，原初黑洞可能会以一种意想不到的形式存留至今。在过去的 40 年中，天文学家一直在研究暗物质问题。在所有种类的星系中，恒星都运动得太快，无法用恒星自身的引力来解释。似乎有一个额外的质量成分把星系维系在了一起，这个质量成分是所

[1] B. J. Carr and S. Hawking, “Black Holes in the Early Universe,” *Monthly Notices of the Royal Astronomical Society* 168 (1974): 399-415. ——原注

[2] 普朗克时间属于粒子物理学和宇宙学中经常使用的一种单位体系，这种单位体系中的测量完全是根据基本常数定义的，而不是人为得出的一些构思。按照约定，物理常数在用普朗克单位计算时取值为 1。普朗克单位描述了一种标准量子理论和广义相对论不能调和的情况，因而需要一种量子引力理论。——原注

有恒星质量之和的5～6倍[1]。这种暗物质对周边物质施加引力，但它不发光，也不以任何方式与辐射发生相互作用。引力透镜数据显示，暗物质也充满了星系之间的空间。如果暗物质是由原初黑洞构成的，则会怎样呢？这是一种很有吸引力的可能性。从理论上来说，原初黑洞应该像暗物质一样在整个宇宙中都能找到，并且假定它们是暗物质的来源就可以避免调用标准物理之外的（而且还没有被加速器探测到的）一种新基本粒子。

不幸的是，仔细的观测已经排除了原初黑洞大多数可能的存在方式，包括暗物质。当黑洞蒸发时，它会迸发出大量伽马射线。20世纪80年代，美国国家航空航天局已拥有一些在轨伽马射线探测卫星，但这些卫星并没有探测到预期的信号。引力透镜效应排除了从星系质量一直到地球质量的广大质量分布范围的黑洞。最近的理论研究已经关上了最后一扇窗口——从10^{14}千克到10^{21}千克，或者说从地球大气中所有碳的质量一直到太阳系中一个小卫星的质量[2]。原初黑洞的数量不可能多到足以解释暗物质，但这并不意味着它们不会以某种形式存在着。宇宙学理论预言了它们，并且它们有可能启发我们对早期宇宙的理解。目前，搜索仍在继续。

[1] 替代暗物质假设的另一种方法是说牛顿引力定律是错误的。如果引力与距离不完全是平方反比的依赖关系，就有可能在不需要暗物质的情况下给出解释，但由此付出的代价会很高。牛顿的引力定律在解释太阳系内外的弱引力方面是卓越的，而改变引力定律则破坏了这种理论的对称性和优雅。人们探索了各种不同的引力理论，但没有一种能超越牛顿理论所达到的高度。天文学家已经接受了暗物质是宇宙的一个主要组成部分这一观点，并不遗余力地致力于弄清暗物质的物理性质。——原注

[2] P. Pani and A. Loeb, “Exclusion of the Remaining Mass Window for Primordial Black Holes as the Dominant Constituent of Dark Matter,” *Journal of Cosmology and Astroparticle Physics*, issue 6 (2014): 26.——原注

第一缕光与第一抹黑暗

大爆炸后仅几秒钟就已经不再具有有利于原初黑洞形成的条件。那一瞬间的宇宙几乎是一个由高能粒子组成的完全平滑的大汽锅，各个不同区域之间的密度差异小于0.001%。大爆炸后几分钟，温度已下降到可以形成原子核。核聚变将宇宙中1/4的质量从氢转化为氦，还有微量的锂以及氢和氦的同位素。这只花了不超过煮熟一个鸡蛋的时间。此时的温度是1000万摄氏度。你需要通过X射线的视野才能看到那时的宇宙[1]。

宇宙继续膨胀并冷却。下一个重要的里程碑出现在大爆炸后大约5万年，那时物质和辐射的能量密度相等。此后，光子由于宇宙膨胀而发生红移，因此辐射能量密度比物质密度下降得更快。结果是，引力发挥了它的掌控力，只要微小的密度变化就可以开始增长了。此时宇宙的温度是1万摄氏度。如果有什么人在那里，那么他一定会看到宇宙发出蓝光。大爆炸后大约40万年，温度已下降到3000摄氏度，电子与原子核结合形成了稳定的原子。辐射第一次变得畅通无阻，“红雾”消散，初生的结构进入视野之中。

那时还尚属早期。与138亿年的年龄相比，40万年只是一眨眼的工夫——相当于一个40岁的人生命中的前10小时。随着宇宙的膨胀，它逐渐从视野中消失，宇宙中的辐射从暗红色逐渐变成了看不见的红外线。这就是黑暗时代的开始[2]。持续的黑暗时代一直到第一批恒星和星系形成才结束，这是在大爆炸后1亿年左右，所以这整个时代都在宇宙年

[1] S. Singh, *Big Bang: The Origin of the Universe*（New York: Harper Perennial, 2005）.——原注

[2] J. Miralda-Escude, “The Dark Age of the Universe,” *Science* 300（2003）: 1904-09.——原注

龄的前1%之内。

有趣的是，虽然宇宙生命的第一部分是黑暗的，但可能并非死气沉沉。在大爆炸后1000万年到2000万年间，宇宙的温度介于水的沸点和冰点之间。现在的宇宙极其寒冷，我们所知道的生物形式只能存在于恒星附近的狭长宜居带中，或者可能存在于行星或卫星表面下方较冷的地方。那里的水由于来自上方的压力和来自下方的放射性加热而保持液态。但曾经有一段时间，整个宇宙都处于一个宜居温度之下。目前，我们尚不清楚的是，这些稀有的早期恒星是否能够制造出足够的碳，让生物形式得以发展，并制造出足够的重元素，从而形成一颗供这样的生物形式栖息的行星[1]。值得怀疑的还有，2000万年的时间是否足以从简单的化学原料演化出生命。

宇宙学中的一些最重要的问题都集中在黑暗时代。它是在什么时候结束的？是恒星先形成还是星系先形成？缺乏重元素对这些形成过程具有怎样的影响？要探测宇宙中的第一缕光，最好的方法是什么？而对我们要叙述的事情而言，最重要的是：最早形成的是哪种黑洞？

让我们暂时假设暗物质是一种新型的基本粒子，它由统一了自然界的3种力的理论所预言。作为宇宙学的一个组成部分，暗物质相当简单：它对外施加引力，但不与光或任何其他形式的辐射发生相互作用[2]。暗物质的量比正常物质多6倍，所以它决定了宇宙的结构。当暗物质由于引

[1]　A. Loeb, "The Habitable Epoch of the Early Universe," *International Journal of Astrobiology* 13（2014）: 337-39.——原注

[2]　虽然天文学家不知道暗物质的物理性质，但有大量证据表明整个宇宙中存在着看不见的质量，它们的作用是使星系不散开。除非认为暗物质是宇宙的一个组成部分，否则的话，对暗物质结构形式的模拟不会产生任何类似于真实宇宙的东西。要满足的必要条件是“冷暗物质”，其中“冷”字意味着当稳定原子形成时，粒子是以非相对论速度运动的（否则结构就会被抹掉）。基础论文是G. R. Blumenthal et al., "Formation of Galaxies and Large-Scale Structures with Cold Dark Matter," *Nature* 31（1984）: 517-25。——原注

力而聚集起来时，小的或低质量的团块开始出现。大爆炸后 1 亿年，黑暗时代结束时，最早的结构形成了，它们具有 10^6 倍太阳质量的暗物质。这是现今宇宙中一个微小的矮星系的质量。随着时间的推移，这些团块并合形成越来越大的团块。每一团暗物质中都包含着一团正常物质的“馅”，其质量是暗物质的 1/6，并且这些气体会坍缩到暗物质引力“坑”的中心。当它们坍缩时恒星形成，并引发了第一缕光。在这种“自下而上”的图景中，小天体比大天体先形成，恒星比星系先形成（见图 37）[1]。

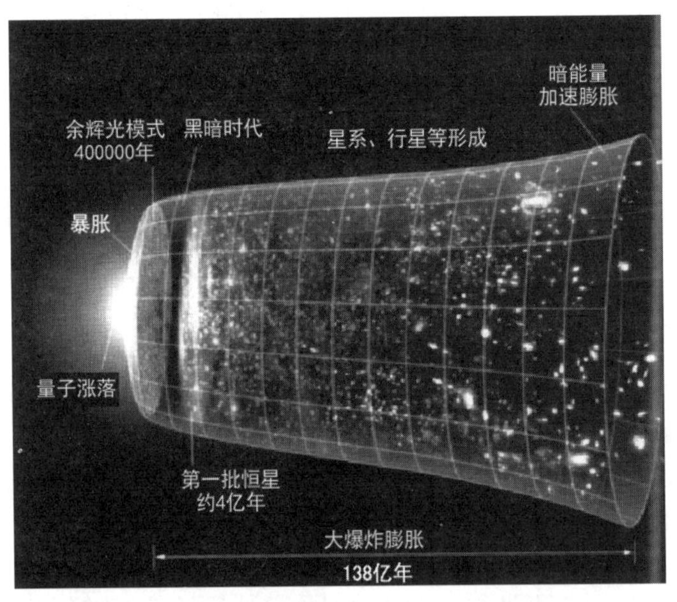

图 37　宇宙从 138 亿年前的大爆炸演化而来的二维示意图。早期指数式膨胀之后是较为缓慢的膨胀。宇宙在大爆炸后的 40 万年到几亿年间是黑暗的，此时形成了第一批恒星和黑洞。大质量黑洞的生长是由于星系并合及气体落入星系。在过去的 50 亿年里，暗能量加速了宇宙的膨胀（美国国家航空航天局 /WMAP 科学团队）

[1]　V. Bromm et al., “Formation of the First Stars and Galaxies,” *Nature* 459（2009）: 49–54; and A. Loeb, *How Did the First Stars and Galaxies Form*（Princeton: Princeton University Press, 2010）.——原注

在黑暗时代结束和第一缕光开始闪烁的时候，宇宙与现在非常不同。它的大小是现在的 1/30，温度比现在高 30 倍，密度比现在大 3 万倍。另一个主要区别是，当时的宇宙中没有比氢或氦更重的元素。恒星形成过程依赖热量辐射出去而导致气体云在引力作用下坍缩。碳和氧具有能够非常有效地带走能量的光谱跃迁。早期宇宙中没有这些元素，就意味着形成恒星的云更热，其质量更大。在现在的近邻宇宙中，恒星质量的上限大约是太阳质量的 100 倍。在早期宇宙，第一批恒星的质量很可能是太阳的 200 ～ 300 倍。很久以前，数百万倍太阳质量的暗物质团块形成了恒星，它们的平均质量是现在正在太阳附近形成的恒星的几十倍。

第一批恒星的寿命很短，它们在几百万年里就迅速耗尽了自己的核燃料。在计算机模拟中，质量最大的恒星以超新星的形式爆发，什么也不留下，或者直接坍缩成 20 ～ 100 倍太阳质量的黑洞。就像第一批恒星本身一样，它们留下的黑洞比我们在银河系中发现的黑洞质量更大。

你刚才读到的一切都基于理论和计算机模拟。那么，对第一缕光的观测搜寻情况又如何呢？搜寻的方法有两种，它们都像大海捞针。这是因为第一批恒星很稀少，而 138 亿年来宇宙一直在稳定地形成恒星。一种方法是在银河系中寻找仅由氢和氦组成的恒星，这意味着它们是由没有被上一代恒星“污染”的气体形成的。2012 年，欧洲南方天文台的一个研究小组跟踪了斯隆数字化巡天项目中的一颗昏暗的恒星，发现它的重元素丰度是太阳的二十万分之一[1]。它以130亿年的高龄成为原初恒星的最佳候选者[2]。

[1]　D. G. York et al., “The Sloan Digital Sky Survey: Technical Summary,” *Astronomical Journal* 120（2000）: 1579-87.——原注

[2]　E. Chaffau et al., “A Primordial Star in the Heart of the Lion,” *Astronomy and Astrophysics* 542（2012）: 51-64.——原注

另一种方法是在遥远的星系中寻找没有重元素的恒星。2015 年，另一个欧洲研究小组在一个红移 z 为 6.6 的星系中观测到了一些远古的恒星，这一红移意味着它们的光是在大爆炸后不到 10 亿年时发出的。论文第一作者、里斯本大学的戴维·索布拉尔将这个星系命名为 CR7，这既代表宇宙红移 7，也代表他最喜欢的足球运动员克里斯蒂亚诺·罗纳尔多。索夫拉尔说："真的没有什么能比这个更令人兴奋了。这是这些恒星首次直接给出的证据，就是它们通过制造出重元素以及改变宇宙的构成，最终有了我们今天的存在。"

由于恒星灾变而诞生的黑洞

1967 年 7 月，美国的两颗"维拉"号卫星探测到了伽马射线脉冲。这些卫星是冷战时期的发明，它们用来探测苏联是否违反了 1963 年的《禁止核试验条约》[1]。当时公众对此一无所知，但美国政府已处于高度战备状态。

幸运的是，来自洛斯阿拉莫斯国家实验室的一个研究小组证明，这些伽马射线闪光不符合核武器的特征，并推断它们的源所在的位置远在太阳系之外。1973 年，这一发现得到解密并作为研究论文发表[2]。然而，谜团更大了。每天在天空的某个地方都会有一个伽马射线暴。在几秒钟内，这些源的伽马射线的亮度超过整个宇宙的其余部分。但它们消失得也很快，持续时间从几毫秒到大约 30 秒。伽马射线卫星探测到的位置

[1] G. Schilling, *Flash! The Hunt for the Biggest Explosions in the Universe*（Cambridge, UK: Cambridge University Press, 2002）.——原注

[2] R. W. Klebasadel, I. B. Strong, and R. A. Olsen, "Observations of Gamma Ray Bursts of Cosmic Origin," *Astrophysical Journal Letters* 182（1973）: L85-89. ——原注

太粗糙，无法对这些伽马射线暴进行后续观测，而且其分布是随机的，因此无法为研究它们的起源提供线索。

突破出现在20世纪90年代后期，当时一颗快速反应X射线卫星开始在轨道上采集数据。它可以快速绕轴旋转，从伽马射线事件中捕捉到能量较低的X射线，而精确的X射线位置使光学天文学家能够捕捉到衰减过程中的余辉。光谱学表明，引发这些伽马射线暴的天体位于距离地球数十亿光年的遥远星系中。遥远的距离意味着这些伽马射线暴的亮度必定惊人。2008年发生的一个伽马射线暴事件尽管在半个宇宙之外，但用肉眼可以看到的时间也有30秒。2008年短暂出现的这束光是在地球形成前30亿年发出的[1]。2009年观测到的另一次伽马射线暴发生在一个红移z为8.2的星系中，因此那个事件发生在宇宙只有现在年龄4%的时候[2]。最强烈的射线暴产生的能量比超新星高1000倍，可达10^{44}焦。这相当于太阳一生输出的能量在1秒内释放出来的效果，而不是分散在100亿年之中！

当伽马射线暴发生时，捕捉到光学余辉是测量红移和亮度的唯一方法。它可以帮助我们知道一个天体的年龄，并向我们指示它的质量可能有多大。几年前，我在亚利桑那州霍普金斯山使用6.5米口径多镜面望远镜时收到了一个网络提醒。美国国家航空航天局的雨燕卫星探测到一个伽马射线暴，于是向全世界发出了拍摄光谱的号召。当时是凌晨3点，我放下了咖啡杯，没有什么比追逐一场恒星灾变更能让你清醒了。几分钟内，我们便就位了。显示器上什么也看不见，所以我们盲目地操纵仪

[1] J. S. Bloom et al., “Observations of the Naked Eye GRB 080319B: Implications of Nature’s Brightest Explosion,” *Astrophysical Journal* 691 (2009): 723-37.——原注

[2] N. Tanvir et al., “A Gamma Ray Burst at a Redshift of z = 8.2,” *Nature* 461 (2009): 1254-5.——原注

表，希望能有信号。第二天，处理后的数据显示出一条参差不齐的痕迹，有一些像发射线。但它不够强，因此不足以测量红移。第二天晚上，它就消失得无影无踪了。在天文学中，有时你不得不无奈地满足于追逐过程所带来的那种兴奋感[1]。

天文学家认为伽马射线暴是一个新形成黑洞的标志[2]。科学家至今研究过的数千个事件分为两种：光度高、持续时间长的事件和光度低、持续时间短的事件。最明亮的伽马射线暴是由大质量恒星旋转核心的坍缩引起的，这些恒星的质量通常是太阳的 30 倍以上，结果形成一个黑洞。恒星核心附近的物质大量落向黑洞，并旋转形成吸积盘。这些下落的气体产生了一对沿着旋转轴的双向喷流，其运动速度达到光速的 99.99%，并以伽马射线辐射的形式猛烈穿过恒星表面。大量引力能以中微子而不是光子的形式被释放出来（见图 38）。较快的伽马射线暴被认为是由两颗中子星的并合或者一颗中子星和一个黑洞的并合引起的。这两种情况都会产生一个黑洞。并合的大部分能量以引力辐射的形式被释放出来，这是广义相对论所预言的一种以光速向外辐射的时空涟漪。落入新形成的黑洞的物质形成吸积盘并释放出能量暴。

极超新星是黑洞形成的一种更为极端的事件。它释放的能量比大质量恒星正常死亡形成超新星时要高数百到数千倍。纪录保持者是 2016

[1] 搜寻伽马射线暴需要一个望远镜网络，从而可以在天气晴朗时用最大的望远镜寻找光学对应物。这是一项令人兴奋的工作，但是收益率很低。在过去 15 年已知的 5000 多次伽马射线暴中，只有不到 20 次得到了足够快速的观测，或者有足够明亮的光学对应物来测量红移。——原注

[2] N. Gehrels and P. Meszaros, “Gamma Rays Bursts,” *Science* 337（2012）: 932-36.——原注

年报道的一次极超新星爆发，其亮度是太阳的5000亿倍[1]。想象一下，比银河系中所有恒星还要多20倍的光挤在一个直径为16千米的空间里。这是自大爆炸以来有记录的最大的一次爆发，这一令人难以理解的事实挑战了任何有关其释放能量的物理理论。

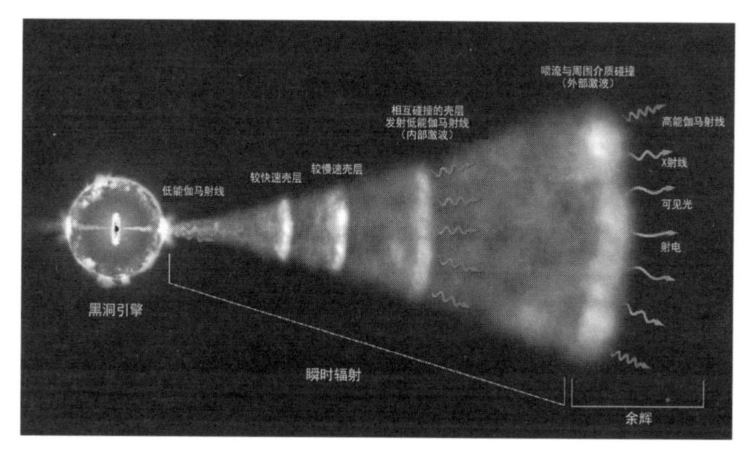

图38 一个黑洞的暴烈诞生可能会以一次伽马射线暴为标志。当能量沿着黑洞自旋的极轴以相对论性射流的形式出现时，冲击波会产生极高的电磁辐射。在几秒内，这种爆发会形成宇宙中伽马射线波段最亮的天体，在数十亿光年的距离以外都能被探测到（美国国家航空航天局/Swift科学团队）

如此巨大的爆发引起了一个令人不安的问题：地球是否正面临恒星灾变的威胁？换言之，虽然我们不必担心会掉进黑洞，但我们是否应该担心黑洞会伸出手来打我们？好消息是，这些事件非常罕见，大约每个星系每100万年发生一次，而且辐射集中在双向喷流中，而爆发在空间中的指向是随机的，因此99.5%不会击中我们。这就使得平均发生率下降到每个星系每2亿年发生一次。坏消息是，如果我们碰巧处在发射

[1] S. Dong et al., “ASASSN-15lh: A Highly Super-Luminous Supernova,” *Science* 351（2016）: 257-60. ——原注

线上，并且爆发发生在几千光年之内，那么地球及其生物圈就会受到高能辐射的重击。伽马射线会消耗掉 75% 的臭氧层，使基因突变率激增。这对生态系统的总效应难以估量，但有一个研究团队认为，4.5 亿年前奥陶纪晚期的生物大灭绝就是由伽马射线暴引起的[1]。这次大灭绝的证据与臭氧消耗及地表物种的减少是相符的，但天文学家无法确认如此古老的一次爆发，因为残留下的只有黑洞。

有更令人印象深刻的证据表明，在有记载的历史中发生过一个较为温和的事件。公元 774 年，西方世界是由相互交战的小国拼集而成的。查理曼大帝征服了托斯卡纳和科西嘉，巩固了他的王国。在佛教受到尊崇的日本，孝谦天皇下令制作了上百万卷经书，它们是世界上最古老的印刷品之一。碳年代测定表明，在为了制作这些卷轴而砍伐的树木中，碳 14 与碳 12 之比曾经历过一次急剧增大的过程。

这一急剧的增大是表明地球在大约 1250 年前曾受到伽马射线辐射的主要证据。碳 14 具有放射性，会衰变为氮。它之所以存在完全是由于宇宙射线（即来自太空的高能粒子）撞击了大气中的氮。在这一过程中碳 14 保持了恒定的低水平，但是在那些卷轴中探测到的碳 14 激增了 10 倍，因此必定有另外一个外部原因。证据之二是欧洲和美国树木中碳 14 含量的升高，尽管具体时间难以确定。证据之三是放射性铍 10 在那个时候有一次小幅跃升[2]。铍 10 是在高能粒子撞击暴露表面时产生的，

[1] A. L. Melott et al., "Did a Gamma Ray Burst Initiate the Late Ordovician Mass Extinction?" *International Journal of Astrobiology* 3（2004）: 55-61. Also, B. C. Thomas et al., "Gamma Ray Bursts and the Earth: Exploration of Atmospheric, Biological, Climatic, and Biogeochemical Effects," *Astrophysical Journal* 634（2005）: 509-33.——原注

[2] V. V. Hambaryan and R. Neuhauser, "A Galactic Short Gamma Ray Burst as Cause for the Carbon- 14 Peak in AD 774/775," *Monthly Notices of the Royal Astronomical Society* 430（2013）: 32-36. ——原注

它的浓度被用来确定冰川推进以及熔岩流和岩石中的其他地质事件的年代，这些年代可追溯到 3000 万年之前。所有这些都不能用太阳耀斑来解释，也不能用超新星来解释，因为任何距离非常近的超新星在白天都是可见的，而在中世纪的手稿中没有任何记载。这样就只剩下伽马射线暴了。在大约 5000 光年的距离上，它会向地球大气层倾泻 2 亿吨的伽马射线能量。余辉仅持续几天，因此即使肉眼可见，也很可能没有人注意到它，也没有人想到要记录它。

与此同时，天文学家还关注了一颗名为 WR 104 的大质量恒星，它距离地球 8000 光年，很可能在几十万年后的某个时候死于剧烈的核坍缩。我们无法测量它在太空中的指向，因此我们只能希望当它爆发时，它的强大喷流不会指向我们这里。天文计时是非常粗略的，因此这个时标并不能完全使人消除疑虑。它的爆发时间可能会早得多。在此期间，还有更好的事情可以让你辗转反侧。

寻找缺失的环节

我们已经讨论了两类不同的黑洞，其中一类是由大质量恒星死亡后形成的。当一颗恒星的初始质量是太阳质量的 8 ～ 100 倍时，它会留下一个质量是太阳质量 3 ～ 50 倍的暗物体。另一类形成于星系中心，其质量范围从太阳质量的几百万倍（在非活动旋涡星系中，如银河系）到太阳质量的几十亿倍（在巨椭圆星系中，如 M87）。这就留下了一个巨大的质量缺口：10^5，从太阳质量的几十倍到几百万倍。中等质量的黑洞存在吗？

我们已经发现的一小组天体从低端填入了这个缺口。回想一下亚瑟·爱丁顿计算出的黑洞的亮度极限。黑洞的吞噬速度越快，它们发出的光就越亮。不过，即使双星系统中的黑洞大肆吞食来自伴星的充足气体，它的亮度也是有限的。吸积盘释放出的辐射压抵消了黑洞的引力，因此在某一刻，试图下落的多余气体会被冲击回太空。这被称为爱丁顿极限。30 年前，人们发现了一种罕见的超亮 X 射线源。它们释放出的 X 射线辐射功率是太阳总功率的 100 万倍，其亮度足以使它们在数百万光年外的星系中也能被看到。根据爱丁顿极限，这些黑洞的质量肯定比太阳质量大数百倍或数千倍——恰好在质量缺口的中间[1]。

明亮的 X 射线双星之所以重要还有另一个原因，其中有些是类星体的按比例缩小版。奇异的双星系统 SS 433 距离地球 18000 光年，位于天鹰座。一颗膨胀的蓝星每 13 天绕着黑洞运行一周，并将气体虹吸到黑洞周围的吸积盘上。一些热气体落入黑洞，而其余的气体则集中到沿黑洞旋转轴喷射出来的双向喷流中。这些气体以光速的 1/4 运动，12.5 微秒前进 1 千米[2]。SS 433 是原型微类星体（见图 39）。微类星体拥有类星体的所有成分，包括自旋的黑洞、吸积盘、强烈的高能辐射和相对论性喷射，但它们的尺度按比例缩小为类星体的百万分之一。银河系中已知的微类星体只有 100 个，但它们对建模和理解类星体的极端天体物理学过程非常有帮助[3]。类星体的燃料供应时标比人的寿命长得多，而微类星体的燃料供应时间只有几小时，因而很容易被观察到。

---

[1] 超亮 X 射线源的物理性质存在着争议。它们可能是正在发生吸积的黑洞，但其中一些也可能是正在发生吸积的中子星。此外，理论物理学家还提出了一些可以让黑洞“强迫进食”的方法，从而使辐射超过爱丁顿极限，这转而意味着黑洞质量并不需要那么大。D. R. Pasham, T. E. Strohmayer, and R. F. Mushotzky, “A 400-Solar-Mass Black Hole in the Galaxy M82,” *Nature* 513（2014）: 74-7 给出了近邻星系 M82 中的超亮 X 射线源是一个中等质量黑洞的证据。——原注

[2] D. H. Clark, *The Quest for SS433*（New York: Viking, 1985）.——原注

[3] I. F. Mirabel and R. F. Rodriguez, “Microquasars in our Galaxy,” *Nature* 392（1998）: 673-76.——原注

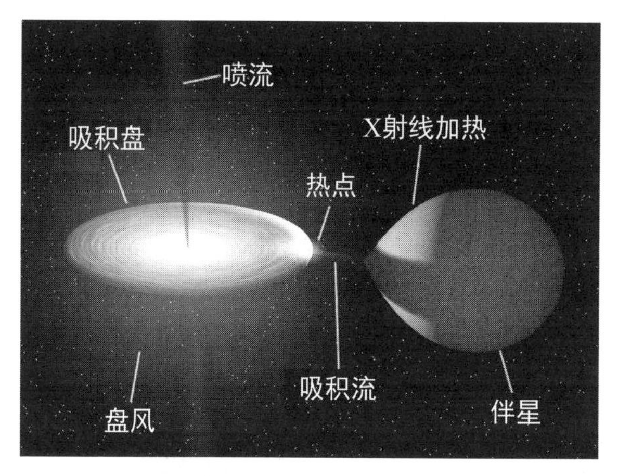

图 39　SS 433 是一个由一颗早型恒星和一个黑洞组成的双星系统。这是一幅形象化示意图，因为它距离我们 18000 光年，我们无法看到其细节。来自伴星的气体的角动量很大，所以它们通过吸积盘流到黑洞上。光学和 X 射线谱线的多普勒频移都显示了相对论性喷流的速度。这类天体是发生在类星体中心的天体物理学过程的缩影（M．鲁彭、R．汤恩斯 / 美国国家无线电天文台）

那么从高端往下填入缺口的情况又会如何呢？让我们回到过去几十年的一个核心见解：每个星系都有一颗黑暗的心脏。类星体和活动星系都很罕见。大多数星系的中心黑洞在大部分时间里是不活跃的，因此只能通过它们对星系中心附近恒星的影响来探测它们。随着天文学家在那些近邻星系中收集到有关黑洞的更多数据，他们发现其中存在着一种惊人的相关性。一个星系中的那些年老恒星的速度离散度（即它们的运动变化范围，这个量表明了总质量）精确地预言了一个不活动的中心黑洞的质量[1]。这种相关性令人费解。这些黑洞只影响到星系中心的一个较小

[1]　L. Ferrarese and D. Merritt, "A Fundamental Relation Between Supermassive Black Holes and Their Host Galaxies," *Astrophysical Journal Letters* 539 (2000): L9-12; and K. Gebhardt et al., "A Relationship Between Nuclear Black Hole Mass and Galaxy Velocity Dispersion," *Astrophysical Journal Letters* 539 (2000): L13–16. 珍妮 · 格林及其合作者将这种关系扩展到低质量的矮星系，包括活动的和不活动的。——原注

区域，而且星系中的恒星比它们的质量大 500 倍。为什么这两个全然不相干的量会发生关联？

虽然天文学家还不确定，但是这种相关性最近已经向下扩展到矮星系，甚至是包含着质量是太阳几千倍的黑洞的球状星团（见图 40）。椭圆星系很大，并且几乎完全由年老的恒星组成，因此它们拥有质量最大的黑洞。在像银河系这样的旋涡星系中，年老的恒星较少，大多数聚集在中心的一些小核球之中，因此它们容纳了较多的中等黑洞。

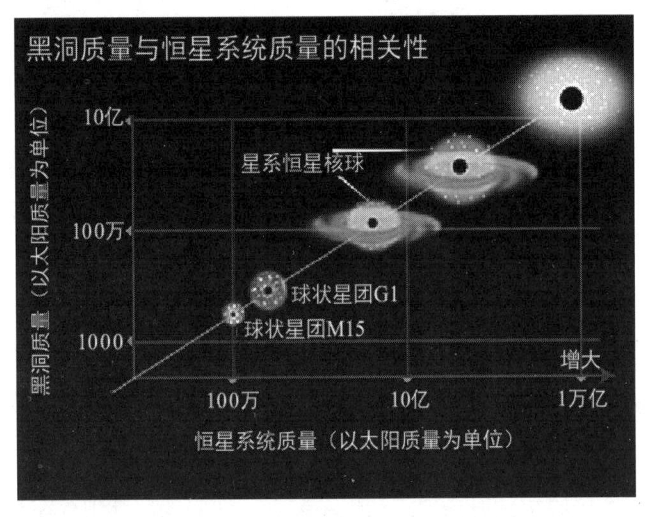

图 40 星系中年老恒星的质量与其中心黑洞的质量之间存在着相当紧密的相关性。这里涉及的星系从矮星系到巨椭圆星系，质量延伸超过 10 万倍。银河系中的球状星团将这种相关性又向下延伸到几千倍太阳质量。这种相关性表明，中心黑洞的质量只相当于星系中恒星质量的千分之几（A. 菲尔德 / 美国国家航空航天局 / 欧洲航天局）

观测较小的黑洞是有挑战性的，这将望远镜和探测器推向了极限。最好的目标是球状星团，即绕着大型星系晕做轨道运动的球状恒星群体。它们由几十万到几百万颗恒星组成，因此上面所描述的这种相关性预言中存在着几千倍太阳质量的黑洞。已经有人声称探测到了这样的黑洞，但还没有一次能经受住质疑性的详查。尽管如此，还是有少量天体填进了这一缺口。例如，2012 年人们在矮星系 ESO 243-29 中发现了一个 20000 倍太阳质量的黑洞，2015 年在矮星系 RGG 118 中发现了一个 50000 倍太阳质量的黑洞。

关于中等黑洞的最重大发现在 2015 年姗姗来迟。当时日本射电天文学家发现了一块旋涡气体云，它离银河系中心只有 200 光年。他们通过 18 种不同分子的谱线跟踪了其旋转过程，并推断出存在着一个质量是太阳 100000 倍的暗天体。这一发现支持了这样一种观点：黑洞生长的方式与侵略性伴星相同，即通过并合及获取[1]。数百万年后，当位于银河系中心的 400 万倍太阳质量的黑洞吞噬了这个中等大小的同类后，那个中心巨兽将增大 2.5%，我们可以想象它会发出满足的饱嗝。这个饱嗝将被记录为 27000 年后的撞击地球的高能辐射脉冲。

计算机模拟极端引力

爱因斯坦以一种全新的方式思考引力。引力并不像牛顿所设想的那样，在太空中四处拉动或拖拽物体。一个物体在引力作用下沿着最短路径（即测地线）穿过弯曲的时空。一个宇航员慢慢地落向宇宙飞船只不过是由时空的曲率引起的。月球绕着地球转圈，是因为通过时空的最短路径又把它带回到空间中的同一点。每次你乘坐长途飞机时，都会出现这种情况的二维形式。想象你从洛杉矶飞往马德里。尽管这两座城市位

[1]. T. Oka et al., “Signature of an Intermediate-Mass Black Hole in the Central Molecular Zone in our Galaxy,” *Astrophysical Journal Letters* 816 (2015): L7-12.——原注

于同一纬度，但飞机也不会向正东飞行。它会先向北飞，在飞越格陵兰岛南端之后再向南飞。它飞越的是这两点之间的最短距离。如果在一个球的表面拉伸一根绳子，你就能证实这一点。飞行员不需要向左转或向右转，这条航线是一个二维曲面上的一条直线。

广义相对论最简单的形式可写成 $G = 8\pi T$，其中 G 是某一点的时空曲率，而 T 是这一点的质量（严格来说是质量 – 能量，但是由于根据 $E = mc^2$，能量只有极其微小的等效质量，因此对于天文学中的情形而言，只考虑质量是可行的）。这个简洁的方程适用于空间中的所有点，而且它囊括了关于引力我们需要知道的一切 [1]。

不过，这个优雅的等式是以高度紧凑的形式出现的。它对解决任何实际问题都毫无用处。为了将广义相对论应用于黑洞之类的东西，就必须使用完整的表达式。这些表达式可以展开成 10 个不同的方程，每个方程都包含许多项。解这些方程涉及极大量艰难的代数计算和微积分计算。而为了理解两个质量不同的黑洞并合时会发生什么，就要用到爱因斯坦方程组中的每一项。若将其写出来，将是 100 页深奥的数学运算，没有任何简化的可能。

20 世纪 90 年代，随着数学和计算技术的快速发展，数值相对论开始快速发展。爱因斯坦方程的近似计算发展起来了。它们集中于研究将空间和时间分离开的各种方法，对空间进行异常精细的采样，以至于可以使用欧几里得几何。计算使用“自适应网格”，其中引力较弱的、平坦的空间网格较粗，而引力较强的、弯曲的空间网格较细。网格会随着情况的演化而不断得到调整。计算机的速度是以每秒浮点运算次数来度

[1] R. Geroch, *General Relativity from A to B*（Chicago: University of Chicago Press, 1981）.——原注

量的。1962 年最先进的 IBM 7090 计算机的运算速度为 100000 次 / 秒，1993 年最快的计算机的运算速度提高了 100 万倍。现在这个速度又提高了 100 万倍，或者说达到了惊人的 10^{17} 次 / 秒。美国国家科学基金会以“重大挑战”基金资助鼓励这项研究，以模拟双黑洞碰撞[1]。这项数值研究的结果给我们带来了一些惊奇。这样一次并合会产生巨大的引力辐射：黑洞总质量的 8%。此外，当两个黑洞并合时，结果产生的黑洞被“踢”出的速度可达 640 千米 / 小时，足以将其从任何星系中抛出[2]。

让我们用画布来作一种视觉隐喻，描述某种看不见的东西——时空。画布是用引力来画的。到目前为止，我们只是拉伸了空的时空这块画布（见图 41）。广义相对论是关于引力的一种几何理论，因此只要任何地方有质量，时空画布就会弯曲，它可以包含刺穿、撕裂和褶皱。这块画布是三维的，所以不能可视化。但画布并不是故事的全部，真实宇宙中的黑洞周围还环绕着辐射、热气体、高能粒子和磁场。

我们在谈论的是 3 个层次的困难。第一层次是粒子和辐射之间的复杂相互作用，第二层次加入了磁场，第三层次包括引力。在这一点上，研究者正在探索一种叫作广义相对论磁流体动力学的技术，这在鸡尾酒会上是一个真正会导致冷场的话题。用棋类游戏来打比方，这 3 个层次就像从跳棋到国际象棋再到围棋。在这一系列技术的能力范围内，我擅长下跳棋，国际象棋下得还行，但围棋就完全让我摸不着头脑了。完全

[1]　M. W. Choptuik, “The Binary Black Hole Grand Challenge Project,” in *Computational Astrophysics*, edited by D.A. Clarke and M.J. West, ASP Conference Series #123, 1997, 305. This was followed by J. Baker, M. Campanelli, and C. O. Lousto, “The Lazarus Project: A Pragmatic Approach to Binary Black Hole Evolutions,” *Physical Review D* 65（2002）: 044001–16.——原注

[2]　J. Healy et al., “Superkicks in Hyperbolic Encounters of Binary Black Holes,” *Physical Review Letters* 102（2009）: 041101–04. ——原注

的数值处理旨在表示出复杂的天体物理学，不仅是关于黑洞的物理学，而且还包括吸积盘和双向喷流[1]。这是黑洞模拟的最新进展。世界上只有不到 100 人具备从事这项工作的专业技能。

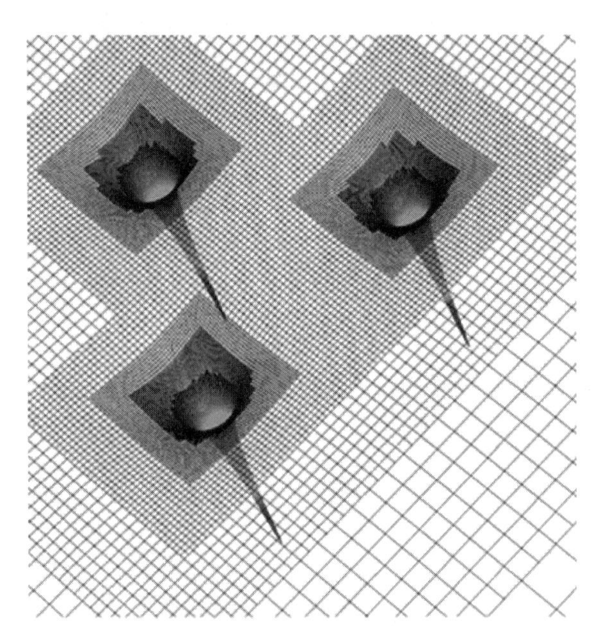

图 41　数值相对论是一个用计算方法求解爱因斯坦引力方程的领域，在这些方程所描述的复杂而现实的天体物理环境下，不可能得到它们的精确解。其中一个要求是对不同大小的尺度都适用。对于一个双黑洞系统而言，这个范围从轨道尺度到视界尺度。上图所示的这种强大的方法被称为自适应网格，此时计算中的时空采样自动调整到本地引力的强度（GRChombo/ 劳伦斯 · 伯克利国家实验室）

计算机可以模拟小黑洞，但是那些存在于星系中心的大黑洞呢？为此，我们来会一下西蒙 · 戴维 · 曼顿 · 怀特。他是英国皇家学会会员，

[1]　以下论文不适合胆小的人：R. Gold et al., “Accretion Disks Around Binary Black Holes of Unequal Mass: General Relativistic Magnetohydrodynamic Simulations of Postdecoupling and Merger,” *Physical Review D* 90（2014）: 104031–45.——原注

也是德国普朗克天体物理研究所所长。他是一位用计算机对付引力的魔术师，因此我们就把他戏称为魔法师。这位魔法师有一双忧郁的眼睛，留着整齐的胡子和一头灰白的蓬松卷发。他看起来很疲惫，但是如果要从零开始创造宇宙，你也会感到疲惫的。

这位魔法师在剑桥大学跟随研究黑洞的先锋人物、具有远见卓识的科学家唐纳德·林登 - 贝尔攻读博士学位。他发表了 400 多篇经评审的论文，并得到了超过 10 万次的引用，这些耀眼的数字使他在他的研究领域中处于人迹罕至的最顶层。他是研究暗物质性质和宇宙结构形成方面的世界级专家[1]。

以下介绍如何在一台计算机里创造出宇宙。建立一个三维空间网格，按正确的比例加入正常物质和暗物质，打开引力，让空间按照大爆炸模型膨胀，并观察大尺度结构的细丝从最初平滑的质量分布中凝聚出来。大量的“粒子”代表天体。例如，可能用 100 万个粒子来代表一个星团，其中的每颗恒星就是一个粒子。但是，没有任何模型具有足够的粒子来以每颗恒星一个粒子的精度表示一个星系，或者以每个星系一个粒子的精度表示宇宙。因此，在实际操作中，一个粒子可以代表各种不同的质量[2]。做一个类比，想象用 100 万个粒子来模拟人口。在一个模

[1]　我看到过西蒙·怀特的另一面，当时他是我在亚利桑那大学天文学院的同事。对于宇宙学中的任何话题，西蒙都是值得信赖的人选，他的专业知识既广泛又深入。他有本事把他的物理直觉传递给你。在与他交谈之后，我经常觉得自己比之前要聪明。他保留着一些怪癖，这标志着他是一个土生土长的英国佬。某一天傍晚，他上演了最惊人的一幕。那天我去他家参加每人自带一个菜的聚餐。食物吃完后，桌子和椅子被推到一边，西蒙领着一群人入场。他们的小腿上挂着铃铛，头上缠着手帕，手里拿着棍子。接下去他们表演了莫里斯舞，在西蒙出生的肯特郡小镇，这是自莎士比亚时代以来从未间断过的传统。我在英国长大，但从未想过我会在索诺兰沙漠地区看到莫里斯舞。——原注

[2]　E. Bertschinger, “Simulations of Structure Formation in the Universe,” *Annual Review of Astronomy and Astrophysics* 36（1998）: 599-54.——原注

拟世界的模型中，每个粒子会代表7500人，或者说就是生活在一个村庄或一小块农村地区的人数。更精细的细节是不可能得到的。但是，如果是模拟美国罗得岛这样的小州或者得克萨斯州奥斯汀这样的中等城市，每个人都用一个粒子来代表，那么同一个模型就可以表示出可怕的细节。

随着粒子数量的增加，计算需求迅速增加，怀特和其他编程大师使用了一些技巧来显著加快模拟速度[1]。毕竟没有人愿意等待138亿年才看到结果。怀特的模拟被称为“千禧运行”，因为这是在2000年之后首次对宇宙中的大块区域进行的强大模拟。

这些模拟中只包括引力，但是星系中既有恒星也有气体，而且气体的行为与恒星不同。当两个旋涡星系相互碰撞时，恒星和暗物质粒子几乎从不碰撞，所以星系的这些成分会互相穿过。但是气体成分相互碰撞、加热，发出明亮的光，并形成恒星。气体的行为更像流体，而不是一组粒子。为了处理气体，模拟器用平滑粒子来模拟气体的行为，这些粒子具有一个概率分布，而不是单一的位置[2]。天文学家还通过方程将超新星爆发和黑洞形成等小尺度的重要细节纳入物理学中。关于西蒙·怀特的里程碑式的宇宙学模拟，来听听他是怎样讲的：

在最初的“千禧运行”中，最首要的新颖之处是总体规模，大约比之前的计算大10倍。此外还有这样一个事实：我们采用了一些技术，使我们能够以一种基于物理学的粗略方式跟踪可见星系的实际形成。我们不仅能够预言宇宙中看不见的暗物质成分的分布，而且能够预言我们实际上能看到的东西应该在哪里，以及它们应该有哪些性质……

[1] 这些方法将对 N 个粒子的计算量从 N^2 减少到 $N \log N$。因此，对于100万个粒子，就要进行600万次计算，而对于100亿个粒子，则要进行1000万次计算。——原注

[2] J. J. Monaghan, “Smoothed Particle Hydrodynamics,” *Annual Reviews of Astronomy and Astrophysics* 30（2002）: 543-4.——原注

已经出现了一些令人惊奇的结果。其中之一是我们认识到，要理解可见星系的各种特性，就必须理解其中心黑洞的影响。实际的星系群体是由其中心黑洞的发展所决定的。认为位于星系中心的这个小天体与星系的其他部分相互脱离的看法是不正确的，尽管黑洞只包含着星系中恒星质量的1/10，是非常小的一部分[1]。

“千禧运行”于2005年完成[2]。它使用了100亿个粒子来模拟一个边长为20亿光年的宇宙立方体。（运行结果需要25太字节的存储空间。）这还不是整个宇宙，但它已经大到足以成为一个“合理的样本”，其中包含了引力在140亿年间能够形成的最大结构。基于该模拟的科学论文已经发表了数百篇。代表目前最先进技术的是Illustris模拟[3]。根据摩尔定律，晶体管变小会带来计算能力的提高，最佳模拟的尺寸每20个月翻一番。到2017年底，模拟器已经突破了上万亿个粒子的壁垒。使用Illustris模拟，第一次我们有可能对宇宙的相当一部分建立真实的模型，其细节水平可以达到分辨单个星系结构的程度。计算机现在可以追踪在长达130亿年的时间跨度中数百万个超大质量黑洞如何获得燃料以及如何生长。

西蒙·怀特像天文学界的许多理论物理学家一样，最初接受的是数学方面的培养。一次，他回忆了自己选择读哪个专业的研究生时的情景：“当时我在剑桥大学有两个选择，其中一个是理论流体力学、空气动力学以及此类专业。这些专业的学生待在剑桥大学中心的一栋大楼里。他

[1] 对西蒙·怀特的访谈。——原注

[2] V. Springel et al., “Simulations of the Formation, Evolution, and Clustering of Galaxies and Quasars,” *Nature* 435（2005）: 629-6.——原注

[3] M. Vogelsberger et al., “Properties of Galaxies Reproduced by a Hydrodynamical Simulation,” *Nature* 509（2014）: 177-2. ——原注

们位于地下室的办公室没有窗户。另一个选择是天体物理学。天体物理中心在城外，那是一栋有很多窗户的建筑，马路对面还有树和奶牛。我觉得天体物理学看起来要稍好一点。”[1]

黑洞和星系是如何生长的

黑洞和星系的生命是相互交织的。超大质量黑洞的体积只占星系的极小部分，而且其质量也只占星系质量的极小部分。然而我们已经看到每个星系都有一个黑洞，并且黑洞质量与整个星系中恒星的质量紧密相关。这对于黑洞与星系在经历宇宙时间的过程中如何共同生长意味着什么？

类星体的光辉岁月早已过去。我们可以探测到潜伏在近邻星系中的超大质量黑洞，但它们大多很安静，就像银河系中的那个黑洞一样。这些黑洞中有百分之一是轻度活跃的，百万分之一是类星体。光学和 X 射线波段的巡天项目可以在时间上倒过去追踪类星体的亮度。类星体的峰值亮度出现在红移 z 为 2 ～ 3 处，大约对应于 110 亿年前，或者说大爆炸之后的 20 亿年到 30 亿年。它们当时比现在活跃几千倍。古代的夜空和我们现在的夜空大不相同。当时的宇宙只有现在的 1/4 大，星系正在迅速并合及形成恒星。那时有数以百计的星系是肉眼可见的，而不像现在只能看到 3 个[2]。最近的类星体距离我们只有现在的 1/100 远，也是肉眼可见的。观测结果表明，类星体的活动在经历了一个快速的上升阶段

[1] 对西蒙・怀特的访谈。——原注

[2] 肉眼可见的星系只有北天的旋涡星系仙女星系以及南天的两个矮星系——大小麦哲伦星云。由于大多数人居住在城市和近郊，对夜空不熟悉，因此大多数人从未见过另一个星系（三角座星系）。——原注

之后，又出现了一个缓慢的下降阶段。

所有大型星系都具有超大质量黑洞，但这并不意味着它们都显示出类星体活动。我们如何知道类星体的活动是不定期发生的，而不是具有一组特定星系的一个特征？要回答这个问题很难，因为天文学家无法通过注视特定的星系来了解它们是如何演化的。他们通过巡天拍摄到所有时期的大量星系，并使用这些数据来对某一特定时期的星系活动拍摄快照。

在过去 10 年中，我研究的就是这一领域。我们的目标是了解黑洞和星系是如何生长和相互联系的。我喜欢天文学研究，因为它没有按照物理学的模式行事：后者需要多达 1000 多人的协作，还要使用花 10 年时间才能建成的仪器。现在你带着一个研究生和一个好主意去用望远镜观测几个晚上，仍然可能有所发现。

这就是乔纳森·特朗普和我来到安第斯山麓的原因。我们一边看着山脉上方的天空变暗，一边准备我们的观测清单。我们的目标是黑洞生长的最佳点，时间是宇宙大爆炸后 30 亿年到 100 亿年间。在这段时间里，星系完成了它们的大部分并合，黑洞也获得了它们的大部分供给。我们试图确定核区活动性的下限。黑洞在吸积速率为多少时还能以类星体的形式发光？我们设法找到了距离我们 100 亿光年的一些黑洞，它们和银河系中心的黑洞一样处于休眠状态。当时可供我们使用的就是 30 年前我在澳大利亚毁坏了照相底片的那种技术。我们不仅得以在一个晴朗的夜晚发现 300 个类星体，而且能够测量出它们的黑洞质量。

乔纳森是个精力充沛的学徒，而我是个头发花白的老手，但实际上我们经常互换角色。时间并没有减弱我对研究的热情，而且我在匆忙收集数据时偶尔会犯错误。而乔纳森控制住了我的过度行为，稳稳地握着望远镜的操纵杆。一天半夜，我们看到一片云，我尽量保持耐心。光子经过数十亿年的旅程才被我们的大玻璃捕捉到，再多等几小时又有什么关系呢？我走到外面，守候着天空变晴。头顶的云层一直向西延伸到太平洋。向东看到的星空中安第斯山脉参差不齐的轮廓被鲜明地描绘出来。一只秃鹫无声地在头顶盘旋。

最后一个望远镜观测之夜略带疲惫和悲伤。当太阳落山时，我们欣赏到一道绿色的闪光。天文学家如果在一年内能用大型望远镜观测 6 个晚上的话就算很幸运了。如果碰到阴天，他们就必须明年再来。在这一轮望远镜观测之后，我们就要与它天各一方了。

我们对收集到的数据散点图感到困惑。一些类星体有巨大的黑洞，但它们的喷射很微弱。另一些虽然只有微小的黑洞，却在发出明亮的光芒。燃料供给机制神秘莫测。我们在一周内捕获了 500 个黑洞，但对于一个拥有 1000 亿个星系、每个星系中都藏着一个黑洞的宇宙来说，这感觉就像一个针尖。黑洞似乎在无声地嘲笑我们，它们严守着自己的秘密。

我们之前已经看到，维持类星体水平的亮度需要每年几个太阳质量的吸积率。如此温和的燃料供应速度有两层含义。首先，大多数星系的中心区域并没有太多的气体，而且黑洞很少吞噬整颗恒星，所以燃料不到 1 亿年就会耗尽。气体从星系际空间洒落到星系中，而星系并合时也会增加气体。但是由于宇宙很大，星系彼此离得很远，因此这两种过程的效率都很低。由于黑洞耗尽“燃料”的时间比观测到的类星体总数增加和减少所需的时间要短得多，因此单个类星体必定在小部分时间里处于“开启”状态，而在大部分时间里处于“关闭”状态。

其次，黑洞的温和增长速度还意味着它们不应该很快变得非常大，但它们确实如此。斯隆数字化巡天项目一直在寻找宇宙大爆炸后最初几十亿年内的类星体。迄今为止发现的最古老的类星体是一个红移 z 为 7.5 的明亮类星体。这表明质量是太阳数十亿倍的超大质量黑洞是在大爆炸后最初 10 亿年间形成并生长的[1]。这似乎与小星系并合成大星系的那种缓慢而有条不紊的过程是矛盾的。这与一个世纪之前亚瑟·爱丁顿所定义的黑洞能达到的最大生长速度也不一致。从 10 倍太阳质量的“种子”质量（这是大质量恒星死亡后留下的黑洞的典型质量）开始，在 10 亿年之内是不可能达到 10 亿倍太阳质量的。要形成这些古老而明亮的类星体，种子质量必须已达到 10000 倍太阳质量。

最近的模拟给出了一个解释。在大爆炸几亿年后第一批星系的形成过程中，背景辐射最初阻止了恒星的形成。当它们确实开始形成时，发生的是一个快速、剧烈的过程，留下了许多小黑洞。而在高密度环境中，这些小黑洞并合成了 10^4 ～ 10^6 倍太阳质量的黑洞种子[2]。以这种方式启动的黑洞生长，可以使其再用 5 亿年就达到超大质量黑洞水平（10 亿倍太阳质量或更大）。

反馈的概念有助于将这些观测结果联系在一起。黑洞与其宿主星系存在着一种共生关系。如果没有来自星系中心区域的气体供给，黑洞就不能像类星体一样生长或发光。但是，它在活动时就会释放出大量的能量。这些能量足以将中心区域的气体赶出去，从而抑制恒星的形成。一个类星体在 1000 万年的活动阶段中会释放出 10^{53} 焦能量。这

---

[1]　E. Bañados et al., “An 800- Million-Solar-Mass Black Hole in a Significantly Neutral Universe at a Redshift of 7.5,” *Nature*, December 6, 2017, doi:10.1038/nature25180. 之前的纪录保持者是 D. J. Mortlock et al., “A Lumi- nous Quasar at a Redshift of z = 7.085,” *Nature* 474（2011）: 616-9。——原注

[2]　J. L. Johnson et al., “Supermassive Seeds for Supermassive Black Holes,” *Astrophysical Journal* 771（2013）: 116-5.——原注

大致等于一个大星系中将恒星束缚在其轨道上的引力能。所以，类星体显然具有干扰星系的能力。反馈意味着类星体会将气体赶出去，并抑制自身的活动。气体必须重新积聚起来，才能开始新的活动阶段。反馈将星系内部区域的演化与它的中心黑洞联系在一起，从而解释了天文学家所看到的黑洞质量与分布在大得多的尺度上的恒星质量之间的相关性[1]。

将这些全都汇总起来，星系和黑洞在大爆炸后的最初几十亿年进入了一个剧烈的构造阶段。星系在暗物质的支配下层级式增长，小的东西先形成，然后随着时间的推移并合成大的。恒星的形成与并合率在达到峰值后，由于气体供给的减少和宇宙的变大而缓慢降低。而黑洞的构造工程则不同于此道。最深的引力势很快形成了最大的星系和质量最大的黑洞。它们现在以椭圆星系的形式存在于我们的周围，很久以前就缺失气体了，而且在它们的中心潜伏着死去的类星体。与此同时，较浅的引力势形成了中等大小的星系（比如银河系），在它们中间生长着较小的黑洞。这些黑洞持续生长，并且较长时间保持着活动状态[2]。形成星系和黑洞的昌盛时代早已过去（见图 42）。在宇宙未来的暮光之中，当最后一批恒星奄奄一息且几乎没有新的恒星来替代它们时，唯一能激动人心

[1] A. C. Fabian, "Observational Evidence of AGN Feedback," *Annual Review of Astronomy and Astrophysics* 50（2012）: 455-9.——原注

[2] 大黑洞比小黑洞先形成的现象称为宇宙降序。原因是人们普遍接受的星系演化观点是小星系先形成，然后并合形成大星系，而黑洞走的是一条不同的道路，最大的黑洞迅速生长，而数量较多的小黑洞则缓慢生长，并且生长时间较晚。降序是指大多数黑洞生长缓慢并保持相对较小的倾向。关于从模拟角度阐述的观点，请参见 P. F. Hopkins et al., "A Unified, Merger-Driven Model of the Origin of Starbursts, Quasars, the Cosmic X-ray Background, Supermassive Black Holes, and Galaxy Spheroids," *Astrophysical Journal Supplement* 163（2006）: 1-49。关于从观测角度阐述的观点，请参见 M. Volonteri, "The Formation and Evolution of Massive Black Holes," *Science* 337（2012）: 544-47。——原注

的事情将来自两个成熟星系相互碰撞以及它们的大质量黑洞发生并合所引发的那些罕见场景。

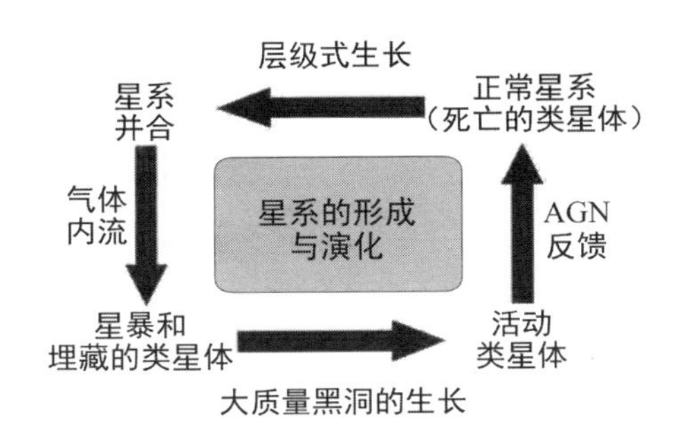

图42 黑洞和它们周围的星系之间存在着一种复杂的相互影响。星系是层级式生长的，通过并合从小变大。中心黑洞也通过并合及气体内落的共同作用而生长。类星体的活动能驱动气体外流，从而抑制这种活动。这种现象称为反馈。最后，当气体耗尽或反馈非常强时，黑洞就会处于饥饿状态，星系中就会寄居着一个死去的类星体（P. F. 霍普金斯/加州理工学院）

作为一个黑洞的宇宙

宇宙是一个黑洞吗？它们有一些表面上的相似之处。可观测宇宙的质量和半径符合由黑洞的质量和史瓦西半径所确定的同一关系。宇宙也有一个视界，它是我们看得到的星系与我们看不到的星系（因为它们的光到达地球所需的时间大于宇宙的年龄）之间的边界。

二者还有一些真实存在的差异。在一个浅显的层面上，一个黑洞有一个内部（封闭在视界内的空间和时间）和一个外部。宇宙被定义为所有的空间和时间，所以它没有“外部”。此外，黑洞的视界是一道单向屏障：虽然没有任何信息能够逃脱出去，但我们可以选择穿过视界，去了解里面是什么。在我们的加速宇宙中，距离我们 160 亿光年的视界标志着我们无论等待多久都永远看不到的事件。我们可能会看到星系中发生在它们穿过视界之前的事件，此后发生的事件就永远在我们的视野之外了[1]。加州大学洛杉矶分校的天文学教授奈德·莱特在他的“宇宙学常见问题解答”中简明扼要地说：“大爆炸其实一点也不像黑洞。大爆炸是一个在一瞬间扩展到所有空间的奇点，而黑洞是一个在一点上扩展到所有时间的奇点。”换一种说法，我们的宇宙在过去有一个奇点，一切事物都是从这个奇点产生的，而黑洞现在有一个奇点，未来可能会有事物消失在这个奇点中。

黑洞还被用来解释宇宙的存在。这是推测性宇宙学，所以请系好安全带。大爆炸理论依赖暴胀事件，即大爆炸后 10^{-35} 秒的指数式膨胀时期，宇宙的尺度在此期间从小于质子激增到大约 1 米。暴胀事件有一些观测上的支持，但仍然没有很好的理论来解释它的成因。

2010 年发表的一篇有趣的论文试图通过将引力理论扩展到一类新的基本粒子来消除暴胀的必要性。这一理论采用了一种被称为扭转的斥力。扭转在正常密度和温度下并不明显，但在大爆炸时的条件下，它允许从一个黑洞内部形成一个宇宙。那么，我们的宇宙就会是从黑洞中孵化出来的时空[2]。这个想法的另一个附带的好处是解释了时间箭头。时间对于我们而言是向前流动的，因为物质关于时间的不对称流动从一个上代宇宙进入了视界。也就是说，在视界的另一边，在上代宇宙中，时间是朝着相反的方向流动的。之所以会出现这种狂野的情况，是因为自大

---

[1] C. H. Lineweaver and T. M. Davis, “Misconceptions About the Big Bang,” *Scientific American*, March 2005, 36-5.——原注

[2] N. J. Poplawski, “Cosmology with Torsion: An Alternative to Cosmic Inflation,” *Physics Letters B* 694 (2010) : 181-5.——原注

爆炸以来发生的事件在上代宇宙中都是以相反的顺序上演的。

2014 年发表的一种更为狂野的理论用到了弦理论工具。为了避免大爆炸奇点，加拿大滑铁卢圆周理论物理研究所的研究者提出了一种理论，认为我们的宇宙起源于一个更高维宇宙中的一个黑洞的形成。在我们的三维宇宙中，黑洞具有二维的视界。在一个四维的宇宙中，黑洞会有一个三维的视界。尼亚耶什·阿夫肖尔迪和他的同事提出：我们的宇宙是在四维宇宙中的一颗恒星坍缩成黑洞时形成的。大爆炸是一场海市蜃楼，是一个高维事件的示踪器。他们引用柏拉图的洞穴比喻来描述这种情况："二维的阴影是囚犯们曾见过的唯一东西——他们仅有的现实。他们的枷锁使他们无法看到真实的世界——一个对他们所知的世界多一维的领域……柏拉图的囚徒们不理解太阳背后的力量，正如我们不理解四维的大宇宙。"[1]

在实验室里制造黑洞

让我们通过下面这个问题把黑洞带回到现实中来：我们有能力制造黑洞吗？在回答这个问题之前，让我们先回忆一下黑洞是多么不同寻常。史瓦西半径与质量成正比。要把太阳变成一个黑洞，就必须把它的半径压缩到 3 千米，相当于密度是 20 万亿千克 / 米 ^{3}。把地球变成一个黑洞意味着要把它的半径压缩到 9 毫米——比乒乓球还要小一点——对

[1] R. Pourhasan, N. Afshordi, and R. B. Mann, "Out of the White Hole: A Holographic Origin for the Big Bang," *Journal of Cosmology and Astropar- ticle Physics*, issue 4 (2014): 5-2. 一个流行的版本以及此引用的来源是 N. Afshordi, R. B. Mann, and R. Pourhasan, "The Black Hole at the Beginning of Time," *Scientific American*, August 2014, 37-3。——原注

应的是一个惊人的密度：10^{24} 千克 / 米 ^{3}。典型的岩石密度是 2000 千克 / 米 ^{3}。超人凭借着他的惊人力量，可以把一块煤挤压成一粒钻石，但这只不过是把密度从 900 千克 / 米 ^{3} 提高到 3500 千克 / 米 ^{3}。要达到黑洞的密度，你必须把物质压缩到原来的十万亿亿分之一！试试这个吧，超人！

创造黑洞远远超出了我们目前的能力。大型强子对撞机制造出了空前的能量。但即使在理论上，它也只是制造了黑洞所需能量的一千万分之一（见图 43）[1]。但这并没有阻止新闻媒体将其称为“世界末日机器”，并推测它可能会制造出微型黑洞。这些黑洞会沉入地球中心而吞噬掉这颗行星。人类搜索微型黑洞的尝试遭遇了失败[2]，各种各样的末日场景都令人信服地被揭穿了[3]。

如果存在着额外的维度，那么我们宇宙中的引力就可能会流入其他维度。这就可以解释为什么引力是一种如此微弱的力。此外，由于制造微型黑洞所需的能量依赖空间所具有的维数，因此制造微型黑洞会比较容易。从这个角度来看，粒子加速器不能制造出微型黑洞这一事实是对额外维度的反驳。此外，每隔几个月我们就能从太空的宇宙射线中观测到足以制造出微型黑洞的能量——远远超出大型强子对撞机的能力。然而，没有任何证据表明宇宙射线制造了黑洞。最后，即使对撞机能制造出黑洞，它们也会非常微小，只有 10^{-23} 千克，以至于需要 3 万亿年的时间才能消耗足够的物质而长到 1 千克。但是，如果黑洞理论是正确的，

[1] J. Tanaka, T. Yamamura, and J. Kanzaki, “Study of Black Holes with the Atlas Detector at the LHC,” *European Physical Journal C* 41（2005）: 19-3.——原注

[2] CMS Collaboration, “Search for Microscopic Black Hole Signatures at the Large Hadron Collider,” *Physics Letters B* 697（2011）: 434-3.——原注

[3] B. Koch, M. Bleicher, and H. Stocker, “Exclusion of Black Hole Disaster Scenarios at the LHC,” *Physics Letters B* 672（2009）: 71-6. ——原注

它们就永远不会有机会生长，因为它们会通过霍金辐射在远小于 1 秒的时间内化为乌有。

图 43　位于瑞士的大型强子对撞机的阿特拉斯探测器。8 个环形磁铁环绕着探测器，质子以不可思议的能量和接近光速的速度在其中发生碰撞。虽然物质在大型强子对撞机中被瞬间压缩，但其密度远低于创造出一个黑洞所需的水平。即使以某种方式达到了足够的能量水平，由此产生的黑洞也会太小，从而会通过霍金辐射在远小于 1 秒的时间里蒸发（M. 布赖斯 / 阿特拉斯实验，版权归欧洲核子研究组织所有）

如果微型黑洞有朝一日能够被制造出来，它们就会为人类的前往恒星之旅提供一种令人信服的方法。目前，星际旅行被困在起跑线上，因为我们的火箭使用化学能源。这种低效率的燃料足以让人们进入地球轨道，并绕着太阳系载荷运行，但无法让人们行驶数万亿千米到达最近的恒星。然而，来自微型黑洞的霍金辐射所释放的能量可以将一艘星际飞船推进到相当接近光速。用于太空旅行的黑洞要发挥作用，就必须足够小，从而可以被制造出来。它们的质量大约相当于一艘星际飞船的质量，而且寿命要足够长。一个质量为 50 万吨的黑洞会符合这个标准。它的直径为 10^{-18} 米，输出功率为 10^{17} 瓦，寿命为 3 ～ 4 年。如果其能量的 10% 转化为动能，那么它将在 200 天内使一艘星际飞船加速到光速的 10%[1]。这个黑洞会被放置在一个抛物面反射器的焦点处，从而产生向前的推力。这就是想法，剩下的只是工程问题。

[1] L. Crane and S. Westmoreland, "Are Black Hole Starships Possible?," 2009.——原注

第 6 章　用黑洞检验引力

爱因斯坦的广义相对论所描述的是现实的更深层次，而牛顿的引力定律只是对这一现实的近似。当引力很强时，弯曲时空的奇异行为就会表现出来。光线会弯曲，时钟会变慢，我们的直觉会失灵。爱因斯坦的理论在发表一个世纪以后，以优异的成绩通过了所有的检验。不过，几乎所有的检验都是在弱引力的情况下进行的。

黑洞是广义相对论的终极检验场。在黑洞中，空间和时间是极端扭曲的。广义相对论预言，时间会在视界处冻结。而在距离奇点比视界远50% 的光子球上，光子会做轨道运动，就像卫星绕着地球转那样。地球上的任何实验室都无法制造如此强大的引力。理想的情况是，我们可以对相当靠近地球的黑洞进行检验。然而，最近的恒星质量黑洞距离我们有数百光年，而最近的超大质量黑洞距离我们有数百万光年。因此，天文学家必须利用遥远的黑洞来设计实验，以新的方式来检验引力。

从牛顿到爱因斯坦的引力及其他

尽管只有利用爱因斯坦的引力理论才能理解黑洞，但黑洞并不是需要一种新的引力理论的充分理由。这个故事起始于1665年的英格兰。此时的艾萨克·牛顿22岁，早已经历了务农失败，所以他的母亲把他送到剑桥大学去学习。后来这所大学因瘟疫而停课，牛顿被迫待在家里思考引力。他快速转动系在绳子一端的石头时，可以看出石头想要飞出去，但绳子提供了一个与之抗衡的力。那么，这个使月球绕着地球运行、行星绕着太阳运行的抵抗力是什么呢？到1687年，他已经推断出了答案：这是一个随距离按平方反比关系减小的力。牛顿在他的巨著《自然哲学的数学原理》中详细阐述了引力理论。

天文学家很快就利用这一定律做出了越来越准确的预言。他们预言以埃德蒙·哈雷的名字命名的那颗彗星将于1759年4月返回。它确实准时返回了，这使牛顿声名鹊起。一个世纪后，法国天文学家乌尔班·让·约瑟夫·勒维耶正在研究天王星（这是自古以来发现的第一颗新行星）轨道上的一个异常现象。他推断出它受到轨道之外的某种东西的扰动，而且预言了这个闯入者的质量和位置。海王星几乎立即在柏林天文台被发现。这似乎表明了牛顿理论的解释能力是无限的[1]。

[1] J. 勒克著，《勒维耶：伟大而可憎的天文学家》（*Le Verrier: The Magnificent and the Detestable*, New York: Springer, 2013）。勒维耶的发现仅比英国天文学家詹姆斯·库奇·亚当斯早几天，虽然亚当斯完成其工作的时间更早。勒维耶在担任巴黎天文台台长时如此不受欢迎，以至于被从台长的位置上赶了下来。但在他的继任者意外溺水身亡后，他又重新获得了这一职位。有一个与他同时代的人这样评价他："我不知道勒维耶先生是不是全法国最可憎的人，但我敢肯定他是遭到最多人憎恶的人。"由于一个有趣的历史迂回，伽利略在200多年前错过了海王星的发现。1613年，伽利略注意到木星附近有一个明亮的物体，但他认为那是一颗恒星。他甚至注意到那个天体在微微移动。然而，由于接下来的几个晚上都是多云天气，因此伽利略没能通过观测来弄清楚他看到的正是一颗行星。——原注

然而，蓝色天空中飘浮着一小片乌云：水星轨道的问题。水星具有一根拉得很长的轨道，并且从地球上看起来，它离太阳最近的地方（近日点）在以每世纪5600角秒（大约相当于月球直径的1.5倍）的速度移动。勒维耶的最佳计算表明，根据已知的那些行星和牛顿定律只能得出该速度为5557角秒。人们对牛顿理论如此有信心，以至于假设存在着一颗未被发现的内行星，以解释这一微小差异。这颗内行星被称为祝融星[1]。勒维耶至死都相信祝融星会被发现，但它从未被发现。事实上，牛顿的理论是有缺陷的。

1907年，爱因斯坦重新定义物理学的"奇迹年"仅过去了两年，但他并没有试图改进牛顿的引力定律。他在伯尔尼的专利局工作，手头有大把的时间。然后，他被自己"最快乐的想法"震惊了：一个自由下落的人不会感觉到自己的体重。这个想法驱使他以一种全新的方式来思考引力。

8年后，爱因斯坦陷入了慌乱之中。他的大部分早期工作都是独自完成的。学术界对他的接纳姗姗来迟，当时他已成为布拉格的一位物理学教授，然而这仍使他感到不安。反犹太主义在欧洲兴起，而爱因斯坦直接体验到了这种状况。我们可能很难相信爱因斯坦当时正在努力掌握构建广义相对论所需的数学知识。他最舒服的状态是依靠他那非凡的物理直觉。多年来，他勾勒出了这一理论的几种不同形式，但总是存在着一些缺陷和遗漏。1915年夏天，他在哥廷根大学举办了一系列关于相对论的讲座，并在1915年11月取得了一个突破。他在普鲁士科学院的第四次题为"引力场方程"的讲座上宣告了这一突破。他对这些方程的

[1] R. Baum and W. Sheehan, *In Search of Planet Vulcan: The Ghost in Newton's Clockwork Machine*（New York: Plenum Press, 1997）. ——原注

关键检验是，它们能否解释水星轨道的异常位移。该理论预言的效应为每世纪 43 角秒——恰好等于观测结果与牛顿理论的预言之间的差值。爱因斯坦对他的一位同事说："我好几天都欣喜若狂。水星近日点移动的结果令我非常满意。天文学迂腐的精确性是多么有帮助啊，我过去还经常偷偷地嘲笑它！"[1]

在牛顿的理论中，引力的来源是质量。在爱因斯坦的理论中，质量是一个更一般的量——能量－动量张量的一部分。我们可以把张量想象成矢量的一种新奇的形式，它包含着一个物理量在空间中的每个位置上的信息[2]。广义相对论中的质量是在弯曲时空中定义的，它在3个方向的每一个上都有能量和动量，因此在爱因斯坦的理论中需要用 10 个方程来描述质量与时空之间的关系。如果我们不想与"疯帽子"[3]为伍，跳进耦合二阶偏微分方程组的兔子洞，那么这就是我们能尽量给你讲的了。

广义相对论只是 20 世纪早期的基础物理学理论之一。另一种理论是量子力学，它论述了原子和亚原子粒子的行为。这两种关于大尺度和小尺度的理论是不相容的。相对论是"平滑的"，因为事件和空间是连续的、确定的，发生的每件事都有一个可识别的、局部的原因。量子力学是"颗粒状"的，因为我们讨论的变化是通过量子跃迁离散地发生的，而产生的结果是概率性的而非确定的。这两种理论不协调的最奇怪的例

[1] W. Isaacson, *Einstein: His Life and Universe* (New York: Simon & Schuster, 2007). ——原注

[2] 确切地说，三维空间中的矢量有 x、y、z 3 个分量，而能量－动量张量是四维空间中的一个二阶张量，共有 16 个分量。——译注

[3] "疯帽子"是英国作家、数学家、逻辑学家、摄影家和儿童文学家刘易斯·卡罗尔的著名童话《爱丽丝漫游奇境》(*Alice's Adventures in Wonderland*) 及其续集《爱丽丝镜中奇遇记》(*Through the Looking-Glass, and What Alice Found There*) 中的主要人物之一。——译注

子是量子纠缠。在量子纠缠中，粒子的特性可以跨越很大的距离瞬间耦合[1]。爱因斯坦嘲笑这是“幽灵般的超距作用”，并深信有一种更深层次的自然理论可以消除量子力学的这一怪异之处。

他的探索失败了。尽管做了许多尝试，爱因斯坦还是没能在量子理论中找到致命的缺陷，甚至没能捅出几个值得注意的洞来。他试图把他的引力几何理论推广到包含电磁学，这使他对这项研究越来越灰心丧气、越来越孤立。1955 年，他在普林斯顿去世时在黑板上留下了一组未解的方程。

调和这两种伟大理论的职责或者说是重任，由接下来的几代物理学家承担了。最终的目标是获得一种可以解释所有物理现象的“万有理论”。自然界有 4 种基本相互作用力，其中两种适用于亚原子尺度，即强核力和弱核力；另外两种适用于非常大的距离，即电磁力和引力。在 20 世纪下半叶，物理学家在统一这些力方面取得了一些进展。20 世纪 70 年代的加速器实验表明，电磁力和导致放射性的弱核力是同一种电弱力的不同表现形式。此外还有实验几乎成功地把强核力融入其中。这个宏大的体系被称为粒子物理的标准模型[2]，但是引力顽固地拒绝成为这个模型的组成部分。没有人见过引力子，即传递引力的假想粒子。只有当温度达到不可思议的 10^{32} 开时，才会发生将引力也包括在内的统一（见图 44）。我们所知道的唯一能达到这一温度的情况是

[1] G. Musser, *Spooky Action at a Distance: The Phenomenon That Reimagines Space and Time— And What It Means for Black Holes, the Big Bang, and Theories of Everything*（New York: Farrar, Straus and Giroux, 2015）. 另请参见 T. Maudlin, *Quantum Non-Locality and Relativity: Metaphysical Intimations of Modern Physics*（Oxford: Wiley–Blackwell, 2011）。——原注

[2] R. Oerter, *The Theory of Almost Everything: The Standard Model, the Unsung Triumph of Modern Physics*（New York: Penguin, 2006）.——原注

大爆炸后 10^{-43} 秒，那时宇宙只有一个基本粒子那么大，广义相对论在这个最初的奇点崩溃毁灭。

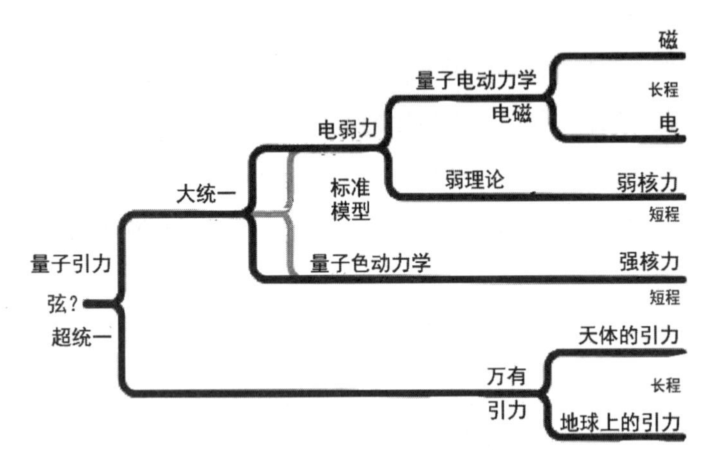

图 44 自然界的 4 种基本相互作用力包括两种作用范围无限的力（引力和电磁力）以及两种在亚原子尺度上起作用的力（强核力和弱核力）。它们都具有非常不同的强度，但有证据表明，在极高的能量下，它们会统一成一种“超级作用力”。20 世纪 70 年代，人们在加速器中看到了弱核力和电磁力的统一，而现在有迹象表明终有一天我们会实现弱核力、电磁力与强核力的“大统一”（欧洲核子研究组织 /CMS 合作项目）

处理量子引力的方法有好几种[1]。圈量子引力遵循毕达哥拉斯的思维过程。他设想把一块石头一劈为二，再一劈为二，直至达到极限。在这种情况下，一英寸被一分为二，再一分为二，直至达到“原子”或空间的不可分割单位。圈量子引力是一种将量子力学形式体系直接推广到引力的尝试。更加根本的方法包括弦理论和超越我们熟悉的三维的额外空间维度。从牛顿到爱因斯坦再到其他人的工作（从刚性的、线性的到柔软的、弯曲的，再到瞬息的和颗粒状的），这是物理学中最重要的未完

[1] L. Smolin, *Three Roads to Quantum Gravity: A New Understanding of Space, Time, and the Universe*（New York: Basic Books, 2001）. ——原注

成项目。研究工作异常困难，进展一直很缓慢。

我们在第 1 章中看到，黑洞不仅具有极端的引力，而且有量子效应。任何将弯曲时空的“平滑”世界与亚原子粒子的“颗粒状”世界调和起来的新理论，都会在黑洞中面临其最重要的挑战。

爱因斯坦曾经说过，只有两件事可能是无限的：宇宙和人类的愚蠢。而他对于宇宙并不确定[1]。地球上的一些最聪明的人正在试图提出一种量子引力理论。他们可能成功，也可能失败。与此同时，通过检验和设法摧毁广义相对论，他们也可以取得进展。正如另一位伟大的物理学家理查德 · 费曼所说：“我们正试图尽可能快地证明自己是错的，因为只有这样，我们才能取得进步。”[2]

黑洞对时空做了什么

黑洞可以被定义为一个区域，其中的时空弯曲程度之甚使其从宇宙的其余部分中被“掐掉”。但即使在离黑洞有些距离的地方，时空曲率也会导致粒子和光线发生偏折。当爱因斯坦建立广义相对论时，黑洞还不为人们所知。因此，用于检验他的理论的是一种微妙得多的效应：当一颗遥远的恒星发出的光在前往地球的途中掠过太阳时，会发生轻微的偏折。这种现象在日食期间最容易被观察到，因为此时太阳被月球遮

[1]　转引自 F. S. Perls, *Gestalt Therapy Verbatim*（Gouldsboro, ME: Gestalt Journal Press, 1992）。——原注

[2]　转引自 R. P. Feynman, *The Character of Physical Law*（New York: Penguin, 1992）。——原注

蔽了，从而使背景星变得可见[1]。1919 年，就在广义相对论发表 3 年后，亚瑟・爱丁顿和他的同事同时在巴西和南非测量了这一偏折，结果与爱因斯坦的预言相符[2]。

这一结果登上了大多数报纸的头版。在一场漫长而血腥的战争终结时，一位英国科学家证实了一位德国科学家的研究成果，这一象征意义无疑使这出戏更加精彩。爱因斯坦一夜成名。他对结果极为有信心。有人问他，如果这次远征没能证实广义相对论，他会有什么反应。他说："那么我会为亲爱的上帝感到遗憾。这一理论无论如何都是正确的。"[3]

质量会使光线发生弯曲。鉴于这一事实对爱因斯坦的理论及声誉的重要性，他迟迟没有认识到其更广泛的含义是令人惊讶的。他知道，如果光线近距离掠过一个质量足够大的物体，那么这些光线的弯曲程度就足以使它们会聚起来，形成背景光源的一个放大的像或多重像。由于这一过程类似于光通过透镜时所发生的弯曲，因此研究者称之为引力透镜效应。在一位身为工程师的同事的敦促下，爱因斯坦终于在 1936 年发表了一篇关于引力透镜效应的论文，论文的前言极其缺乏自信："前些时候，R. W. 曼德尔来访，让我发表他要求我做的一个小计算的结果。

---

[1] 1911 年，当爱因斯坦最初计算这种效应时，他错误地计算出一个与牛顿理论相同的偏转角。对他以及他的声誉而言，幸运的是 1914 年计划在日食期间观察星光掠过太阳时发生偏折的一次远征被第一次世界大战的爆发破坏了，已经就位准备观察日食的观测者被俄国士兵俘获。正确的偏转角是牛顿值的两倍。——原注

[2] F. W. Dyson, A. S. Eddington, and C. Davidson, "A Determination of the Deflection of Light by the Sun's Gravitational Field, from Observations Made at the Total Eclipse of 29 May, 1919," *Philosophical Transactions of the Royal Society* 220A（1920）: 291-333.

[3] A. Calaprice, ed., *The New Quotable Einstein*（Princeton: Princeton University Press, 2005）. ——原注

这篇短文依从了他的愿望。”[1] 他给杂志编辑写了一封自贬的短信：“我也要感谢你为这篇小文章的发表所给予的合作，这是我被曼德尔先生压榨出来的。它几乎没什么价值，但可以让那个可怜的人快乐。” [2]

关于引力透镜的价值（见图45），爱因斯坦的看法可谓大错特错。它已经成为现代天体物理学中的一件必不可少的工具，被用来绘制星系和整个宇宙的暗物质分布图，测量宇宙的几何形状和膨胀速率，限制暗能量，进行褐矮星和白矮星巡天，还用来探测比地球小的系外行星。

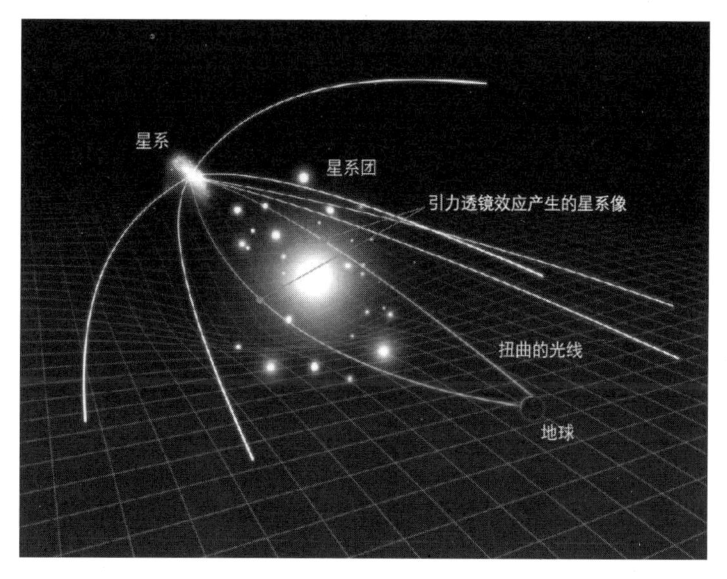

图45　根据广义相对论，质量会使光线发生弯曲。如果一个像星系团一样的大质量天体位于我们与一个更遥远的星系之间，那么时空就会被扭曲，来自遥远星系的光线就会绕着星系团发生偏折，结果会形成被扭曲、放大的像。由于引起透镜效应的是所有质量，而不仅仅是可见物质，因此这是测量宇宙中暗物质的量的一种方法（L. 加尔各答 / 美国国家航空航天局 / 欧洲航天局）

[1]　A. Einstein, “Lens-Like Action of a Star by the Deviation of Light in the Gravitational Field,” *Science* 84 (1936): 506-7. ——原注

[2]　L. M. Krauss, “What Einstein Got Wrong,” *Scientific American*, September 2015, 51-5.——原注

爱因斯坦认为引力透镜效应太小，因此无法测量。但是在他的论文发表后不出数月，加州理工学院的天文学家弗里茨·兹威基就认识到，集合在星系中的数十亿颗恒星可以产生可观测的引力透镜效应。他在一篇有先见之明的论文中，从本质上概述了引力透镜的所有现代用途[1]。然而，直到 1979 年（40 多年以后），引力透镜效应才被观测到。观察的对象是数十亿光年之外的一个超大质量黑洞。

由英国射电天文学家丹尼斯·沃尔什领导的一组研究者用基特峰的 2.1 米口径望远镜发现了两个光谱完全相同的类星体。在天空中发现两个非常靠近的、光谱完全相同的类星体的概率非常低，以至于在去基特峰的路上，沃尔什在同事德里克·威尔斯的黑板上写了一个赌约：“找不到类星体，我付给德里克 25 美分。找到一个类星体，他付给我 25 美分。找到两个类星体，他付给我 1 美元。”沃尔什回忆道：“第二天早上我打电话给德里克，告诉他我们发现了什么，我们都大笑起来。然后我说：‘你欠我 1 美元。假如我刚才对你说两个类星体，相同红移，100 美元，你会接受吗？’他说：‘当然会。’所以，我损失了 99 美元，但是保留了一个朋友……我有 4 个十几岁的儿子，他们没有一个对科学特别感兴趣。所以当他们问我这个引力透镜有什么用时，我可以说：‘嗯，我用它赚到了钱。’”[2]

这两个类星体看起来像一对完全相同的双胞胎。但是，与其说它们是两个碰巧具有相同光谱的类星体，倒不如说它们更像海市蜃楼。从一个类星体发出的光在一个介于中间的星系两侧经过两条不同的路径，形

[1] F. Zwicky, “Nebulae as Gravitational Lenses,” *Physical Review* 51（1937）: 290. ——原注

[2] D. Walsh, R. F. Carswell, and R. J. Weymann, “0957+561 A, B: Twin Quasi-stellar Objects or Gravitational Lens?” Nature 279（1979）: 381-4. ——原注

成了两个像。一个大质量星系造成的光线弯曲是非常微小的，只有千分之一度。在首例引力透镜中，光经过87亿年才到达我们这里，但它经过星系一侧的路径要比另一侧远1光年。由于类星体发出的光的亮度在发生变化，因此在一个像中看到的光变与另一个像相比有一年多的时间延迟。这种效应已被巧妙地用来测量宇宙的膨胀速率[1]。

引力透镜效应很罕见，因为它依赖背景类星体和前景星系近乎完美地沿视线排列。在得到研究的成千上万个类星体中，我们只发现了不到100例引力透镜效应。其中有几十例具有完美的排列，因此中间的星系不是将类星体点源变成多重像，而是将其变成了一个爱因斯坦环[2]——广义相对论在发挥作用的一个精美展示。取决于几何结构的不同，来自超大质量黑洞附近的吸积能量的光呈现为一段弧、多重像或一个完美的环。

20世纪90年代，当哈勃空间望远镜开始运作时，另一类引力透镜效应被发现了。这不是单个类星体发出的光由于透镜效应而形成多重像，而是多个遥远星系发出的光由于介于中间的一个星系团而产生透镜效应。有时会形成多重像，但更常见的情况是背景星系的光被剪切形成弧。这类透镜的特征是有一些小弧围绕着一个星系团的中心排列成同心圆（见图46）。每一个被扭曲的像都是引力光学的一次实验。

[1] 宇宙的距离尺度或膨胀速率是由退行速度与距离之间的关系的斜率决定的，$v = H_0 d$，其中v是退行速度，d是距离，而它们之间的关系的斜率为哈勃常数H_0。在通常情况下，哈勃常数是由一连串部分重叠的距离指示物来测量的，从附近恒星的视差几何开始，一直延伸到经过仔细校准的超新星峰值亮度。利用引力透镜来测量哈勃常数是一种直接测量，绕过了整个推理过程。测量一个透镜系统中的时间延迟就意味着测量两条光路之间的距离差。由于此外还要测量出透镜构形中的所有角度，因此整个几何形状就确定了，于是得出了距离与速度或红移之间的因子。——原注

[2] J. N. Hewitt et al., “Unusual Radio Source MG 1131+0456: A Possible Einstein Ring?” *Nature* 333（1988）: 537-40.

已有数百个星系团都呈现出这些弧，因此天文学家已经积累了数万个质量使光线弯曲的例子[1]。

图 46 弗里茨·兹威基在 1937 年预言了星系团的引力透镜效应，但是直到 20 世纪 80 年代，在哈勃空间望远镜具备了敏锐成像能力后天文学家才观测到这种效应。在这张图片中，星系团 Abell 2218 导致了更多遥远星系的扭曲和放大。由于引力透镜效应而形成的弧围绕着该星系团的质心形成一个个同心圆。在某些情形下，一个遥远的星系可以有 5 ～ 7 个独立的像（W. 库奇、R. 埃利斯 / 美国国家航空航天局 / 欧洲航天局）

无论是可见的质量，还是不可见的质量，所有的质量都会使光线弯曲，因此引力透镜效应为天文学家提供了一种最佳工具，去绘制暗物质在星系、星系团和星系际空间中的分布。引力透镜效应提供了最好的证据，证明暗物质确实存在，并且是宇宙的一种主导的、无处不在的成分。

[1] 还有第三种形式的引力透镜效应，即来自遥远星系的光线被沿着视线分布的所有暗物质轻微扭曲。把宇宙想象成一面哈哈镜，光在其中不是以直线进行传播的，而是由于广泛分布的暗物质而轻微起伏着。对于一个单独的星系来说，这种扭曲只有 0.1%，小到无法被探测到。于是，当我们在成千上万个暗淡星系的形状中寻找模式时，这种扭曲就会显现出来。由于这个原因，它被称为统计透镜现象。统计透镜现象表明星系际空间中充满了暗物质。——原注

黑洞如何影响辐射

黑洞的视界是一个时间静止、辐射静止的地方。光具有普遍的、恒定的速度——300000 千米 / 秒，这是爱因斯坦提出狭义相对论的一个前提。正在离开黑洞的光与引力的对抗是如此激烈，以至于它的速度被压低，能量被削弱。这种效应被称为引力红移。黑洞的视界对应着一个红移无限、光线被俘获的地方。

没有黑洞来检验这一理论，那么我们怎样理解引力会对辐射产生什么影响？让我们来利用一个置于地球上的思想实验。想象有一座塔，我们从塔底向塔顶发送一个光子，把它的能量转变成质量（根据 $E = mc^2$），再让该质量下落到塔底，然后把它重新转变成光子。这听起来简单直接，但是请等一下。如果我们让该质量下落，它就会加速并获得引力能。引力能的增量是 mgh，其中 m 是质量，g 是由于地球的重力而产生的加速度，h 是塔的高度。当我们把质量转变成光子时，它会具有更多的能量。我们可以反复不断地这样做，从而创造能量，变得富有！既然没有人通过上上下下循环光来赚钱，那么我们的假设中肯定有缺陷。在这一方案中，使能量守恒（换句话说，就是使能量保持不变）的唯一方法，是假定光在以下意义上受到重力的影响：当光远离地球表面时会失去能量。失去能量意味着光的波长将变长。这就是引力红移。

想象一个基于光的频率的时钟。把时钟放在塔底。如果我们从塔顶进行观察，光子到达我们时就会失去能量，所以它们的频率会降低。我们看到时钟变慢了。相反，如果我们在塔底向上看，塔顶的时钟会走得稍快一点。时间在强引力中流逝得较慢是广义相对论的另一个预言。据说物理学家理查德 · 费曼提出过一个有趣的例子，他预测地球中心比地球表面年轻两年半[1]。这叫作引力时间膨胀。红移与时间膨胀效应密切相关。光及其他形式的电磁辐射都具有与频率成反比的波长。当光的能量在与引力对抗的过程中减弱时，它的波长会变长，而它的频率会降低，这就相当于说光的“时钟”变慢了[2]。

1925年，沃尔特·亚当斯首次观测到引力红移。他测量了近邻白矮星天狼星B的谱线移动量。由于天狼星B是一个双星系统的组成部分，因此它的质量是已知的，而测得的谱线移动量相当于波长的万分之几。相比之下，一颗像太阳这样不那么致密的恒星所造成的谱线移动量为波长的百万分之几。不幸的是，由于其明亮得多的伴星天狼星A带来的光污染，这一测量结果存在着缺陷，因此，科学家当时并没有考虑到这种效应已得到了证实。

罗伯特·庞德和他的研究生格伦·雷贝卡在1959年完成了一项实验，这是第一次科学家在实验室中检验广义相对论。他们测量了放射性铁产生的伽马射线沿着哈佛大学校园里的一座塔上行22.6米时的光谱移动量，能量的微小损失（小于$3/10^{15}$）在10%的水平上证实了广义相对论的预言（见图47）[3]。使用原子钟作为引力探测器使研究取得了进展。1971年，经测定装载在一架商用喷气式飞机上在高空中飞行的一个铯原子钟比美国海军天文台的一个完全相同的铯原子钟快了273纳秒[4]。1980

[1] U. I. Uggerhoj, R. E. Mikkelsen, and J. Faye, “The Young Center of the Earth,” *European Journal of Physics* 37（2016）: 35602-10. ——原注

[2] C. M. Will, “The Confrontation Between General Relativity and Experiment,” *Living Reviews in Relativity* 9（2006）: 3-90.——原注

[3] R. V. Pound and G. A. Rebka, Jr., “Apparent Weight of Photons,” *Physical Review Letters* 4（1960）: 337-41.——原注

[4] J. C. Hafele and R. E. Keating, “Around the World Atomic Clocks: Observed Relativistic Time Gains,” *Science* 177（1972）: 168-70.——原注

年进行的一项更好的检验使用了装载在火箭上的一个脉泽钟，将检验结果与相对论的一致性提高到了 0.007%[1]。目前最先进的技术是测量原子的量子干涉。广义相对论以小于百万分之一的惊人精确度得到了证实[2]。我们可以肯定地说，当我们把一个时钟抬高不到 1 米时，它确实走得更快！

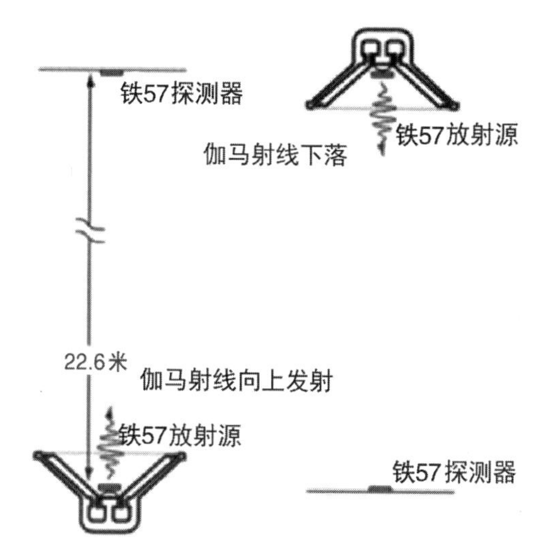

图 47　1959 年对广义相对论的第一次实验检验是当时尝试过的最精确的物理实验。哈佛大学的物理学家罗伯特·庞德和他的研究生格伦·雷贝卡测量了铁 57 放射性衰变产生的伽马射线在向上和向下移动 22.6 米距离时的能量。向下运动的光子发生了蓝移，向上运动的光子发生了红移，其移动的量与广义相对论预言的值完全一致。这一检验所需的实验精度是 10 的 15 次方分之几（R. 内夫）

天文学家也参与到这项行动之中。星系团是宇宙中质量最大的天体。来自星系团中心（那里聚集着许多星系）的光子应该比来自星系团边缘（那里的星系较少）的光子损失更多的能量。尼尔斯·玻尔研究所

[1]　R. F. C. Vessot et al., “Test of Relativistic Gravitation with a Space-Borne Hydrogen Maser,” *Physical Review Letters* 45 (1980) : 2081–84. ——原注

[2]　H. Muller, A. Peters, and S. Chu, “A Precision Measurement of the Gravitational Redshift by Interference of Matter Waves,” *Nature* 463 (2010) : 926-29. ——原注

的拉德克·沃塔克领导的一个团队寻找了这种效应。这种效应非常小，以至于他们不得不将8000个星系团的数据结合起来才能探测到[1]。爱因斯坦的理论又一次得到了证实。

一个好的思想实验会引起这样的反应：当然，这是显而易见的！回想一下英国生物学家托马斯·赫胥黎听到达尔文的自然选择理论时的反应："没想到这一点，真是愚蠢至极！"[2]爱因斯坦的电梯揭示了广义相对论之美。电梯向地面自由下落与在深空中飘荡是一样的，因为重力已经被移除。一部在空间中每秒钟加速9.8米的电梯与地面上的电梯是一样的，因为重力引起的加速度和任何其他力引起的加速度是无法区分的。电梯加速运动时，想象你在电梯中用手电筒进行照射。在光从电梯的这一端到另一端所需要的瞬息时间中，电梯一直在加速，所以光沿着向下弯曲的路径穿过电梯。爱因斯坦的理论认为，固定在地面上的电梯中也必定会发生同样的事情。光因重力而"下落"。或者用相对论的语言来说，地球的质量使空间弯曲，因此光沿着地球附近弯曲的时空行进时发生轻微弯折。

到目前为止，我们已经描述了对广义相对论的一些"经典检验"。在这些检验进行时，重力都是如此微弱，以至于时空的曲率很小，扭曲很轻微，这就需要极为精确的测量。将近50年前，长期担任哈佛－史密斯天体物理中心主任的欧文·夏皮罗独创性地提出了对广义相对论的一种弱引力检验方法。他意识到，如果雷达信号中的光子行进的路径靠近太阳，那么雷达信号在雷达与其他行星之间的往返行程就会

[1] R. Wojtak, S. H. Hansen, and J. Hjorth, "Gravitational Redshift of Galaxies in Clusters as Predicted by General Relativity," *Nature* 477（2011）: 567-69. ——原注

[2] L. Huxley, *The Life and Letters of Thomas Henry Huxley*（London: MacMillan, 1900）, 189. ——原注

有轻微的时间延迟。他通过测量水星和金星被太阳遮挡前后的雷达反射信号，在5%的水平上证实了广义相对论[1]。美国国家航空航天局的“卡西尼”号宇宙飞船在太阳系外重复了这一测试，并在 0.002% 的水平上取得了一致结果[2]。

这些检验工作证实了广义相对论，也检验了它相对于牛顿理论的优越之处。但是，在像爱荷华州（又译为艾奥瓦州）玉米地一样平坦的空间中检验相对论，多少有点令人不满意的地方。这就像在停车场中试驾一辆兰博基尼一样。当然，它的表现比你那辆老福特金牛座要好，但这把门槛设得太低了。比这好得多的做法是，在山区高速驾驶这两辆车。在那里兰博基尼动力十足地冲上山坡，顺利转过弯道，而那辆福特金牛座的发动机会过热，并倾覆出道路。天文学家期待着最终用黑洞来检验广义相对论，因为黑洞对辐射的影响应该是惊人的。我们将在下一节中看到，科学家利用吸积盘的光谱学表现，已经探测到了来自黑洞的巨大引力红移。

铁幕之内

黑洞附近是对广义相对论的终极检验之处。我们的观测能达到多近？视界定义了这一极限，因为没有任何信息能穿过视界到达地球。广义相对论还描述了视界之外的几个重要尺度。第一个尺度被称为光子球，光在那里被俘获，于是沿着围绕黑洞的圆轨道进行传播。由于质量会使光线弯曲，因此我们可以想象质量使光线弯成一个圆。如果你能去

[1] I. I. Shapiro et al., “Fourth Test of General Relativity: New Radar Result,” *Physical Review Letters* 26 (1971): 1132-35. ——原注

[2] B. Bertotti, L. Iess, and P. Tortora, “A Test of General Relativity using Radio Links with the Cassini Spacecraft,” *Nature* 425 (2003): 374-76. ——原注

到黑洞那里，那么光子就可能会从你的后脑勺开始绕着黑洞转一圈，然后进入你的眼睛，让你看到你的后脑勺。对于一个静态的黑洞，光子球的半径是史瓦西半径的 1.5 倍[1]。一个旋转的黑洞有两个光子球，并且它在旋转时会拖曳空间随之旋转。内光子球沿旋转方向运动，外光子球沿旋转方向的反方向运动。想象一个游泳者试图逃离大旋涡。他逆流向上游才能坚守自己的阵地。如果他随波逐流，就会被拉得离厄运更近。由于光子被俘获，因此光子球从未被观测到。

下面，让我们进入吸积盘内缘的观测领域。当粒子被引力拉向黑洞时，它们会互相摩擦，因此吸积盘是温度向外逐渐降低的等离子体。内边缘由一个最内层的稳定轨道来定义，对于一个不转的黑洞，这一轨道半径是史瓦西半径的 3 倍；而对于一个快速自旋的黑洞，这一轨道在视界略外面一点[2]。在这个稳定轨道内，粒子会坠入黑洞并永远消失。一个低质量黑洞的吸积盘内缘的温度为 1000 万开，而一个超大质量黑洞的吸积盘内缘的温度为 10 万开。如此炽热的气体会放出大量的 X 射线。

我们能看到吸积盘的内缘吗？不能。由于其角尺度太小，因此任何望远镜都无法分辨。一个距离我们 100 光年的近邻黑洞，其内缘的张角为 10^{-9} 角秒。这就好比试图看到火星表面的一根大头针的针尖。对于超大质量黑洞（比如在近邻星系中心发现的那些不活跃黑洞）来说，情况略有改善。它们与地球的距离比近邻黑洞要远几百万倍，但视界要大 10 亿倍，因此它们的内吸积盘张角是 10^{-7} ～ 10^{-6} 角秒。这是前文描述的射电干涉仪的分辨率的几百分之一，所以仍然超出了观测天文学的能力。

[1] E. Teo, "Spherical Photon Orbits around a Kerr Black Hole," *General Relativity and Gravitation* 35 (2003): 1909-26. ——原注

[2] 对于一个快速自旋的黑洞，最内层的稳定圆轨道可能在光子球的内部，这意味着那里的物质是无法被观测到的。——原注

天文学家能窥视铁幕之内的唯一方法是利用光谱学。吸积盘中的气体几乎全部由氢离子和氦离子组成，但每100万个粒子中有两个是铁离子。紧靠吸积盘之外的区域是一个非常炽热的冕。这个冕发出的X射线照射稍冷一些的吸积盘，其能量正好激发铁的光谱发生跃迁。虽然铁是一种稀有元素，但这些光谱的特征锐利而强烈。X射线光谱显示了气体在如何运动，因为吸积盘正在靠近我们的那部分发生了蓝移，而正在后退的那部分则发生红移。来自吸积盘内部的X射线还受到强烈的引力红移作用，因此铁的谱线变宽，并且向较低能量一侧倾斜（见图48）。X射线提供了一种令人激动的可能性，用来测量视界喷溅距离内的引力[1]。

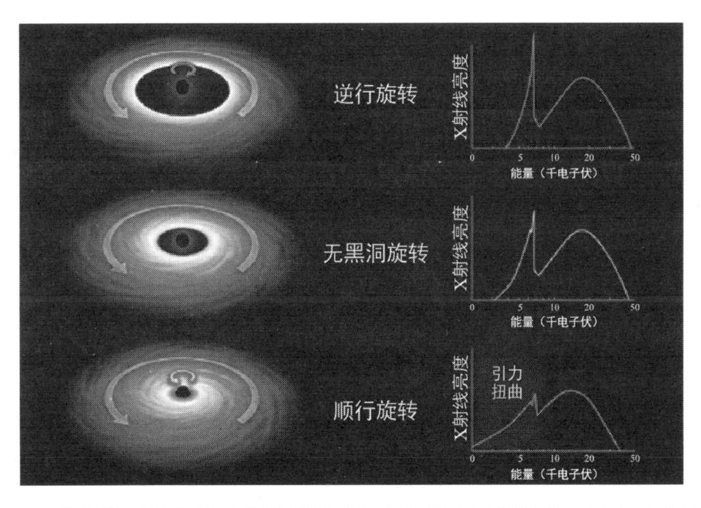

图48　铁的谱线可用作探测黑洞周围吸积盘高温内区的探针。黑洞造成的引力红移使这条谱线向低能端倾斜。当黑洞与吸积盘沿相反方向旋转（逆行）时，吸积盘内缘远离黑洞；当它们沿相同方向旋转（顺行）时，吸积盘内缘离黑洞较近。这些差异可以在X射线光谱中看到（美国国家航空航天局/喷气推进实验室/加州理工学院）

[1]　C. S. Reynolds and M. A. Nowak, "Fluorescent Iron Lines as a Probe of Astrophysical Black Hole Systems," *Physics Reports* 377（2003）: 389-466. ——原注

1993 年发射的 X 射线卫星 ASCA 使得这些观测变得可能了。一年后，它首次探测到从一个大质量黑洞吸积盘内缘发出的 X 射线[1]。现在我们已经从十几个恒星质量黑洞和差不多数目的超大质量黑洞中观测到了 X 射线谱线的引力红移。此外，几年前科学家又发现了一种令人费解的 X 射线现象，这成为观测黑洞附近区域的第二个窗口。

深渊附近的 X 射线闪烁

20 世纪 80 年代，当 X 射线卫星开始监测致密恒星和恒星遗迹时，发现了一些 X 射线快速变化的源。它们的闪烁没有节奏，所以这种现象被称为准周期振荡。首先观测到存在这种振荡的是白矮星，后来又有中子星和黑洞。

天文学家花了一段时间才弄清这些变化背后的天体物理学原理。对于不同的源，时标范围从 1 毫秒到 1 秒不等，而且周期行为常常在更混乱的噪声变化中丢失。黑洞显示出一种特殊的变亮和变暗模式，最初完成一次振荡需要 10 秒，在几周或几个月后加速到 0.1 秒，然后变化停止，接着再重复这个循环。天文学家对原型黑洞天鹅座 X-1 的观测和模拟揭示了这些变化的来源。它们是气体离开吸积盘内部并冲向视界时留下的脉冲。实时看到物质坠入黑洞时的垂死挣扎场景令人感到惊心动魄[2]。

[1] Y. Tanaka et al., “Gravitationally Redshifted Emission Implying an Accretion Disk and Massive Black Hole in the Active Galaxy MCG-6-30-15,” *Nature* 375 (1995) : 659-61. ——原注

[2] J. F. Dolan, “Dying Pulse Trains in Cygnus XR- 1: Evidence for an Event Horizon,” *Publications of the Astronomical Society of the Pacific* 113 (2001) : 974-82. ——原注

天文学家推测这些变化的频率可能取决于黑洞的质量。气体在吸积盘中螺旋式向内运动，速度越来越快，在黑洞附近堆积起来，于是迸发出大量 X 射线。对于小黑洞，这个拥挤区域向内靠近，所以 X 射线“时钟”滴答得很快。对于较大的黑洞，这个区域向外远离，所以 X 射线“时钟”滴答得较慢。这种行为如此可靠，以至于 X 射线的变化已经被用来测量黑洞的质量[1]，其中包括已知的最小黑洞。它的直径只有 24 千米，质量是太阳的 3.8 倍，勉强超过中子星的质量极限。

最近，由阿姆斯特丹大学的亚当·英格拉姆领导的一个团队将 X 射线变化数据与铁的谱线形状结合了起来。英格拉姆是从 2009 年攻读博士学位时开始研究准周期振荡的。他说：“人们很快就认识到这是一件令人着迷的事情，因为它来自非常靠近黑洞的地方。”他的团队利用来自两颗 X 射线卫星的数据，揭示了这些沿轨道运行的物质被黑洞产生的引力旋涡俘获。他说：“这有点像在蜂蜜里搅动勺子。想象蜂蜜是空间，任何悬浮在蜂蜜中的东西都会被搅动的勺子四处‘拖’动。”他们选择了一个振荡时间为 4 秒的黑洞，仔细观测了近 3 个月。铁的谱线显示的正是广义相对论所预期的行为。英格拉姆说：“我们正在直接测量物质在黑洞附近强引力场中的运动。”[2] 这仍然是对爱因斯坦的理论在这个领域中为数极少的检验之一[3]。

---

[1] N. Shaposhnikov and L. Titarchuk, “Determination of Black Hole Masses in Galactic Black Hole Binaries Using Scaling of Spectral and Variability Characteristics,” *Astrophysical Journal* 699 (2009): 453-68. ——原注

[2] “Gravitational Vortex Provides New Way to Study Matter Close to a Black Hole,” press release, European Space Agency, July 12, 2016.——原注

[3] A. Ingram et al., “A Quasi-Periodic Modulation of the Iron Line Centroid Energy in the Black Hole Binary H1743- 22,” *Monthly Notices of the Royal Astronomical Society* 461 (2016): 1967-80. ——原注

我们在活动星系中也看到了准周期振荡，其变化时标从几小时到几个月都有，而不是几秒[1]。其中令人激动的发现是，从恒星级黑洞到遥远星系中的超大质量黑洞，吸积盘在一个巨大的物理尺度范围内表现出类似的行为。

当黑洞吞噬一颗恒星时

超大质量黑洞吞噬恒星时会发生什么？1998 年，马丁·里斯大胆地给出了一个答案。多年来，他一直在思考如何才能探测到应该潜伏在每个星系中心的黑洞。他考虑过一颗不幸的恒星冒险进入一个极端引力区域时会发生什么。当这颗恒星接近黑洞时，它首先会被拉长，然后被潮汐力撕裂。一些碎片被高速喷射出去，其余的则被黑洞吞噬，由此导致的明亮闪耀现象可能会持续数年[2]。

如果恒星不是非常接近黑洞，它就会避免这种命运。每个黑洞都有一个潮汐瓦解半径。在这个界限之外，恒星就能保持它们的形状。一旦有一颗恒星进入这个空间，毁灭就开始了。这颗恒星的大约一半的质量被抛出，剩下的一半进入椭圆轨道，并逐渐将气体转移到吸积盘上。黑洞以紧靠视界之外的这些物质为食，并将引力能转化为辐射，从而产生

[1] M. Middleton, C. Done, and M. Gierlinski, “The X-ray Binary Analogy to the First AGN QPO,” *Proceedings of the AIP Conference on X-ray Astronomy: Present Status, Multi-Wavelength Approaches, and Future Perspectives* 1248 (2010): 325-28. ——原注

[2] M. J. Rees, “Tidal Disruption of Stars by Black Holes of 10^6–10^8 Solar Masses in Nearby Galaxies,” *Nature* 333 (1988): 523-28. 这是对 10 年前的一个原创想法的详细研究；参见 J. G. Hills, “Possible Power Source of Seyfert Galaxies and QSOs,” *Nature* 254 (1975): 295-98. ——原注

明亮的闪耀[1]。有时这一事件会触发相对论性喷流（见图 49）。想象太阳正在靠近我们银河系中心的黑洞。如果太阳在离视界 1.6 亿千米之外，那么什么都不会发生。随后太阳会被撕裂，包括地球在内的所有行星都会像保龄球瓶子一样散开，它们被喷射到安全地带或者被黑洞吞噬的概率相同。要达到这么近的距离是不大可能的，所以潮汐瓦解事件很罕见，每个星系大约每 10 万年发生一次。

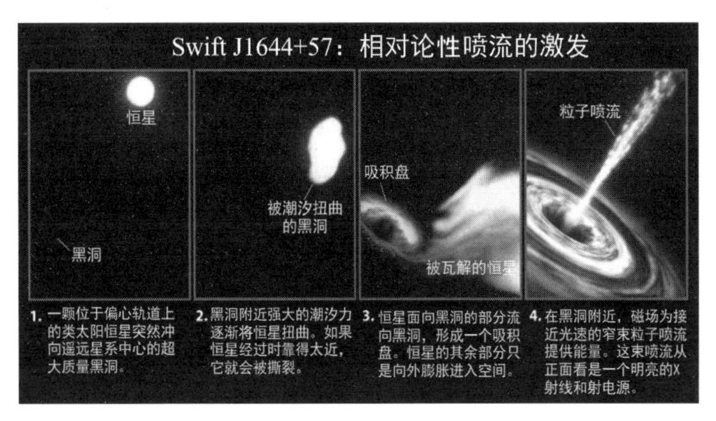

图 49　美国国家航空航天局的一颗卫星观测到了一次闪耀，其缘于遥远星系中的一个大质量黑洞对一颗恒星的潮汐瓦解。这颗恒星处于偏心轨道上，因此它会从黑洞附近经过，并被强大的潮汐力撕裂。有些气体供给吸积盘，有些则脱离了黑洞引力的影响。吸积盘形成喷流，喷流加速高能粒子，然后向地球发射大量辐射（美国国家航空航天局 / 戈达德航天飞行中心）

当一颗类太阳恒星靠近一个几百万太阳质量的中心黑洞时，潮汐瓦解半径会远远超出史瓦西半径。但是史瓦西半径随质量线性增大，而瓦解半径增大得较慢，所以恒星在被撕裂之前已被超过 1 亿倍太阳质量的黑洞吞噬。想想大黑洞生吞整具躯体，而较小的黑洞则把肉撕碎吃掉的

[1] S. Gezari, “The Tidal Disruption of Stars by Supermassive Black Holes,” *Physics Today* 67（2014）: 37-42. ——原注

画面。此外，恒星的命运取决于它的大小和演化阶段。大恒星受到的潮汐力较强。因此一颗向银河系中心前进的红巨星被瓦解的距离会比太阳远得多，而一颗白矮星则会在不被瓦解的情况下消失在视界之内。数值模拟表明，瓦解事件后的吸积速率对黑洞质量很敏感。如果这些模拟是可信的，那么从瓦解到达到闪耀亮度峰值的间隔时间就可以用来“称重”黑洞。对于一颗像太阳这样的恒星，由一个质量为太阳 10^6 倍的黑洞造成的时延是一个月，而由一个质量为太阳 10^9 倍的黑洞造成的时延则达 3 年。

观测结果说明了什么？天文学家用 X 射线望远镜已经观测到大约 20 个潮汐瓦解事件，其中有几个事件的吸积如此高效，以至于其亮度远远超过爱丁顿在一个世纪前所界定的极限[1]。有一小组事件表明，吸积量的激增可以为在射电类星体中看到的相对论性喷流提供能量[2]。所有这些例子都发生在遥远的星系中，因此当天文学家意识到一片叫作 G2 的气体云正在向银河系中心的黑洞移动时，他们感到非常激动。2013 年末，气体云非常近距离地经过大质量黑洞，结果……什么也没有发生。但在那次近距离经过后一年左右，X 射线闪耀的频率增加了 10 倍，达到每天一次。这导致人们猜测 G2 不是气体云，而是一颗有一个大包层的恒星，因此它的物质被撕裂并落入黑洞就需要较长的时间[3]。表演还没有结束。经过 15 年的数据收集，X 射线天文学家正在等待 G2 再次经过。考虑到我们所看到的银河系中心的一切都形成于 2.7 万年前，这一事实就

[1] E. Kara, J. M. Miller, C. Reynolds, and L. Dai, “Relativistic Reverberation in the Accretion Flow of a Tidal Disruption Event,” *Nature* 535 (2016): 388-90. ——原注

[2] G. C. Bower, “The Screams of the Star Being Ripped Apart,” *Nature* 351 (2016): 30-31. ——原注

[3] G. Ponti et al., “Fifteen Years of XMM-Newton and Chandra Monitoring of Sgr A*: Evidence for a Recent Increase in the Bright Flaring Rate,” *Monthly Notices of the Royal Astronomical Society* 454 (2015): 1525-44. ——原注

使人们的预期略微失色了一点。

与此同时，光学天文学家的注意力则紧盯着 S2，这是一颗每 16 年环绕银河系中心黑洞运转一周的恒星。他们有一种叫作 GRAVITY 的新工具，它将欧洲南方天文台的 4 架 8.2 米口径望远镜的光线结合在一起，得到了相当于单架 130 米口径望远镜的角分辨率。2018 年，S2 将非常近距离地经过黑洞，从而获得一个前所未有的检验广义相对论的机会。预计它经过时距离视界只有 17 光时，运动速度是光速的 3%。它可能被撕裂或被完全吞噬[1]。

一颗恒星被黑洞毁灭，这当然会引发人们的想象。这就导致 2015 年出现了一篇采用饮食类比的新闻报道："黑洞大口小口地吞噬着恒星。"[2] 这又触发了英国《每日邮报》（*Daily Mail*）的这个过度夸张的标题："一场恒星大屠杀的回响：探测到垂死恒星被超大质量黑洞撕裂时发出的喘息声。"[3] 恒星没有感情，它们不会发声，声音也不会在真空中传播，但是除了这些不是实情以外，这个标题还是相当准确的。

让黑洞自旋

黑洞是非常简单的，"无毛"定理说明描述它们只需要两个参数：质量和自旋。我们在本书中讨论了测量黑洞质量的方法。如果黑洞是一

[1]　2018 年 5 月的观测结果显示，S2 在近距离经过黑洞时发生的引力红移与相对论计算结果相符。——译注

[2]　Jacob Aron, "Black holes devour stars in gulps and nibbles," *New Scientist*, March 25, 2015.——原注

[3]　Richard Gray, "Echoes of a stellar massacre," *Daily Mail*, September 16, 2016.——原注

颗坍缩的恒星，那么这些方法通常需要用到一颗可见伴星的轨道。如果黑洞的质量很大且位于一个星系的中心，那么就需要用到它对邻近恒星运动的影响。但是如何测量自旋呢？

在牛顿理论中，引力并不依赖自旋。但是在爱因斯坦的理论中，质量与时空几何是相互耦合的。1918 年，有人预言大质量天体的旋转会扭曲时空，从而使附近的一个较小天体的轨道产生岁差，就像一个旋转的陀螺的枢轴转动。这种空间轮廓的扭曲称为“惯性系拖曳”。回忆一下爱伦·坡对大旋涡的生动描述。就像广义相对论的其他微妙影响一样，首先要去看的地方近在咫尺。

地球在自转的同时也在扭曲时空，但这种影响是如此之小，以至于几十年来人们都认为这是不可能探测到的。2004 年，美国国家航空航天局发射了一颗名为引力探测器 B 的卫星，用来测量由地球引起的时空曲率以及由地球自转引起的更细微的惯性系拖曳。在这项工作中所使用的工具是 4 个乒乓球大小的陀螺仪。陀螺仪常用于引导航天器，它们的旋转轴指向一个固定的方向。引力探测器 B 上的陀螺仪包含几个表面包覆着铌的石英球。它们是有史以来加工最精细的物体之一，偏离球形的误差在 40 个原子以内。如果放大到地球那样大小来说，那么这一精度就相当于最高的高峰与最低的低谷之差不足一人高。它们由一层薄薄的液氦与容器隔离。在这种情况下，这些球就变成了超导体，它们产生的电场和磁场用来保持它们排成一条直线[1]。

引力探测器 B 在最初获得资金 50 年后才开始执行为期 16 个月的任

---

[1] C. W. F. Everitt, “The Stanford Relativity Gyroscope Experiment: History and Overview,” in *Near Zero: Frontiers in Physics*, edited by J. D. Fairbank et al.（New York: W.H. Freeman, 1989）. ——原注

务[1]。陀螺仪锁定了飞马座的一颗明亮的恒星。卫星通过陀螺仪"斜向"地球引力的微小角度来测量时空曲率，通过陀螺仪"滞后"于自转地球的更小角度来测量惯性系拖曳。意料之外的噪声降低了实验的灵敏度，减慢了分析的速度。这些令人头痛的问题导致最终结果直到2011年才公布[2]。爱因斯坦对时空曲率的预言在0.5%的精度内得到证实，他对惯性系拖曳的预言在15%的精度内得到证实（见图50）。尘埃落定后，事实证明引力探测器B是一个成功的（尽管令人筋疲力尽）技术杰作。

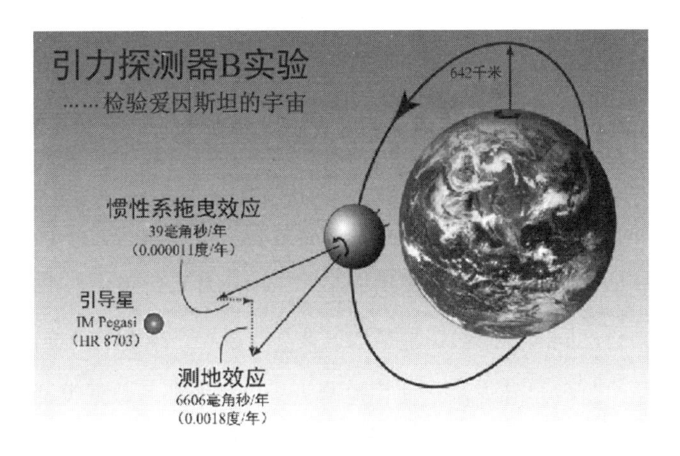

图50 引力探测器B在地球轨道弱场情况下检验了广义相对论的两个特定预言。陀螺仪被用来将卫星非常精确地锁定到一个天体参考系上。这颗卫星测量了测地岁差，即陀螺仪"斜向"地球引力的量，并测量了陀螺仪"滞后"于自转地球的惯性系拖曳效应。这两个测量的结果都与广义相对论的预言相符（C. W. F. 埃弗里特 / 美国物理学会）

[1] 引力探测器B为许多太空任务所需要的毅力和技术发展树立了一个极好的例子。这个概念源于斯坦福大学教授莱昂纳德·希夫在1957年发表的一篇理论论文。1961年，他和麻省理工学院教授乔治·皮尤向美国国家航空航天局提出了这项任务，并于1964年获得了第一笔资金。接下去是40年的技术发展以及美国国家航空航天局的航天飞机计划所导致的延迟。希夫和皮尤早在2004年探测器发射前就去世了。——原注

[2] C. W. F. Everitt et al., "Gravity Probe B: Final Results of a Space Experiment to Test General Relativity," *Physical Review Letters* 106（2011）: 22101-06. ——原注

自旋对于低质量和高质量黑洞有着不同的含义。双星系统中黑洞的质量比它们的伴星的更大，所以它们的自旋不会因为彼此之间的相互作用而发生太大的变化。它们的自旋速率是从它们在超新星爆发中形成时直接遗留下来的。相比之下，大质量黑洞通过消耗星系内部的气体和恒星，并且与其他星系中的黑洞并合，随着宇宙时间而不断生长。于是，一个大质量黑洞的自旋中编码了它通过吸积和并合而成长的历史。进行这种艰难测量的动机就在于此。

天文学家已经测量了几十个超大质量黑洞的自旋。在大多数情况下，测量使用的是被从吸积盘内缘反射出来的铁的谱线形状。从 100 万到 10 亿倍太阳质量的大多数黑洞的自旋速率都在光速的 50% 到 95% 之间[1]。如此快速的自旋速率表明，这些黑洞是在与另一个星系发生了仅仅一次大并合之后生长的。而在这一并合过程中，进入的大部分物质从一个方向到达。与此相反，如果黑洞是在多次小并合过程中产生的，那么物质就来自不同的方向，于是平均下来会获得一个较慢的自旋速率。

测量自旋的最佳方法是使用探测吸积内区的那些数据类型：铁线光谱、准周期振荡和罕见的潮汐瓦解事件[2]。致密恒星的自旋速率的极限是多少？对于中子星，只有当一个热斑发出像探照灯一样扫过天空的射电波时，才能测量出这一小部分中子星的自旋速率。最快的脉冲星每秒自旋 716 次[3]；理论极限是每秒 1500 次，超过这个极限，脉冲星就会碎裂。

---

[1] E. S. Reich, "Spin Rate of Black Holes Pinned Down," *Nature* 500 (2013): 135. ——原注

[2] K. Middleton, "Black Hole Spin: Theory and Observations," in *Astrophysics of Black Hole, Astrophysics and Space Science Library*, volume 440 (Berlin, Springer, 2016), 99-137. ——原注

[3] J. W. T. Hessels et al., "A Radio Pulsar Spinning at 716 Hz," *Science* 311 (2006): 1901-04. ——原注

黑洞的最大自旋速率不是由物质的结构决定的，因为所有的信息都被视界所隐藏。它是由视界圆周以光速运动处的自旋速率决定的。位于天鹰座中的 GRS 1915+105 距离我们 3.5 万光年，它在以令人眩目的 1000 转 / 秒的速率自旋。这比最高速率的 85% 还要快。原型黑洞天鹅座 X-1 的自旋速率没有那么快，但它 790 转 / 秒的速率已达理论极限的 95%[1]。

让我们试着想象一下这些高速旋转的“苦行僧”。GRS 1915+105 的质量是太阳的 14 倍，所以它的史瓦西半径是 42 千米。想象这个黑洞在伦敦上方的高空大气中盘旋。它看上去会是一个黑斑，覆盖 1/10 的天空。它投下的阴影不仅会覆盖伦敦，而且会覆盖英格兰南部的大部分地区。虽然它的大小只有地球的 1/300，但是质量比太阳还要大得多。军用喷气式飞机的发动机涡轮旋转得如此之快，以至于它发出的声音比中央 C 还要高两个八度，属于女高音歌手的音域。如果这个黑洞能发出声音，那么音高也与此相似，尽管它有一个大城市那么大！

在另一个极端，让我们考虑活动星系 OJ 287 的双黑洞中的那个大成员，它距离我们 35 亿光年。这个黑洞的质量是太阳的 180 亿倍，史瓦西半径是 500 亿千米，其赤道处的自旋速率是 10 万千米 / 秒，或者说是光速的 1/3[2]。虽然这种情况更难想象，但让我们设想一下这个超大质量黑洞潜伏在太阳系上方空间中的某处。它的大小是太阳系的 10 倍，但质量相当于一个小星系。这样大小的一个黑洞具有比较悠闲的自旋速率，但它仍然达到每 5 周旋转一圈。下面通过对比来显示这种行为有多么奇怪。如果太阳系中的一个遵循牛顿定律的天体到太阳的距离与这个

[1] L. Gou et al., “The Extreme Spin of the Black Hole in Cygnus X-1,” *Astrophysical Journal* 742 (2011) : 85-103. ——原注

[2] M. J. Valtonen, “Primary Black Hole Spin in OJ 287 as Determined by the General Relativity Centenary Flare,” *Astrophysical Journal Letters* 819 (2016) : L37-43. ——原注

黑洞的视界相同，那么它每 5000 年才会绕太阳公转一圈。在近邻宇宙中没有任何东西能为我们呈现出这种极端运动。

视界望远镜

“我们正在全力以赴，以期最好的结果。”谢普·杜勒曼在墨西哥南部的一座 4600 米高的火山顶上啜饮着古柯叶茶，以对抗高原反应。尽管他说了这些乐观的话，但这个夜晚并不顺利，因为他要与仪器出现的问题进行斗争。他的射电望远镜不断被新落下的雪填满。“如果有什么东西在绕着黑洞边缘跳舞，那么没有什么比这更基本的了。希望我们能找到一些令人惊奇的东西。”[1]

杜勒曼曾是俄勒冈州波特兰市里德学院物理专业的一名学生，那里的理科生运行自己的核反应堆。由于渴望去漫游，因此他在读研前休息了两年，其间大部分时间在南极洲做科学实验。在麻省理工学院读研究生时，他尝试过学习等离子体物理学和地质学，后来他看到了用甚长基线干涉测量技术绘制的美丽的类星体喷流分布图，便决定研究射电天文学。杜勒曼意识到这项技术为拍摄黑洞提供了最好的机会，他非常清楚该往哪里看：人马座方向上被称为人马座 A* 的超致密射电源。

银河系中心是这项研究的一个引人注目的目标。除了它在所有黑洞候选者中拥有最令人信服的证据之外，它也是最容易研究的。银河系中心的黑洞的视界张角为 50 微角秒。这是一个极小的角度，但它比分辨河外星系中超大质量黑洞的视界要容易得多，比分辨最近的恒星质量黑洞的视界更加容易。因此它成为想要探测黑洞并以一种新的方式检验广

[1] Quoted in Dennis Overbye, “Black Hole Hunters,” *New York Times*, June 8, 2015.——原注

义相对论的天文学家的聚集地。

杜勒曼是“视界望远镜”项目的年轻领导者[1]。视界望远镜并不是一个单独的设备，它是由分布在世界各地的11架射电望远镜组成的一个阵列。从智利到南极洲，到夏威夷，到美国亚利桑那州，再到西班牙，所有的射电望远镜协同合作，以期达到像地球那么大的单架望远镜的成像清晰度。操作一架像地球那么大的望远镜需要一个精确到每个世纪仅相差1秒的原子钟。来自20个机构的天文学家正在进行这项研究。收集数据的射电波长是1毫米或更短。毫米级的射电波会受到大气中水蒸气的影响，所以大多数望远镜都位于寒冷干燥的地方。因此杜勒曼不仅要看着望远镜被雪填满，而且还必须戴上氧气面罩在安第斯山脉测试设备，此外还要冒着四肢被冻伤的危险在南极用望远镜进行观测。

一个由30位科学家和工程师组成的团队在美国亚利桑那州南部的基特峰运行一架射电碟形天线，该望远镜是该阵列的重要组成部分。我在亚利桑那大学的同事菲瑞亚·奥泽尔和迪米特里奥斯·帕萨尔迪斯正在一台强大的超级计算机上使用数值相对论和光线追迹手段来计算黑洞的外观。另一位同事丹·马隆每年都要在南极过冬，照料阵列中的另一架碟形天线——南极望远镜。这些科学家都已40多岁，这代人中有这么一些人决心要探一探黑洞的底——至少是比喻的说法。

就更高、更干燥的观测点而言，南极是无可匹敌的。冰穹高出海平面2500米，湿度不到10%。所有的水都被冻成了冰，在脚下像花岗岩一样坚硬。我希望有一天能去那里，但我想我会放弃那狂风呼啸、气温

[1] A. Ricarte and J. Dexter, “The Event Horizon Telescope: Exploring Strong Gravity and Accretion Physics,” *Monthly Notices of the Royal Astronomical Society* 446 (2014): 1973-87. ——原注

徘徊在零下 60 摄氏度左右的无尽冬夜。如果你要在南极过冬的话，就必须对自己及同事的心智非常有信心。作为一位射电天文学家，丹 · 马隆并不需要黑暗的天空才能探测毫米波，所以他在南极的夏季去那里，放弃图森温暖的冬季，换来略低于冰点的温度。这是世界尽端能达到的最高温度了。去一个充满无尽光明的地方拍一张无尽黑暗的照片，这是一件富有诗意的事情。

该项目已经取得了一些令人印象深刻的成果，而阵列甚至还没有完全投入使用。物质正在落入星系中心，鉴于视界望远镜所测量的大小，这个区域应该是非常明亮的。然而它很昏暗，所以能量一定正在进入视界而消失，这是黑洞存在的有力证据[1]。早期数据显示，吸积盘在接近侧向时可以被观测到。这意味着我们的视角使我们可以测量吸积盘的旋转速度，从而对黑洞的自旋给出约束。致密射电源的变化与非常接近黑洞的吸积流的变化相关。模拟结果表明，该阵列的灵敏度将很快提高到足以满足其设计目标：获得有史以来第一张黑洞图像（见图 51）。

如果能得到这一图像的话，我们看到的将是一个没有任何东西的黑色小圆圈。广义相对论认为这个阴影的直径有 8000 万千米，从地球上看，就相当于从洛杉矶看纽约的一粒罂粟籽。由于光线的引力弯曲，这一黑色轮廓的大小将增加 1 倍，并且被周围恒星的光线环绕着。如果这张图像不是正圆形，它将成为否定黑洞“无毛”定理的证据[2]。但是，如果这张图像的形状和大小符合相对论的预言，那么它将成为迄今为止最

---

[1] S. Doeleman et al., “Event-Horizon-Scale Structure in the Supermassive Black Hole Candidate at the Galactic Center,” *Nature* 455（2008）: 78-80. ——原注

[2] T. Johannsen et al., “Testing General Relativity with the Shadow Size of SGR A*,” *Physical Review Letters* 116（2016）: 031101. ——原注

好的视觉证据，证明时空确实可以卷曲成一个球，400 万个太阳可以几乎消失得无影无踪。

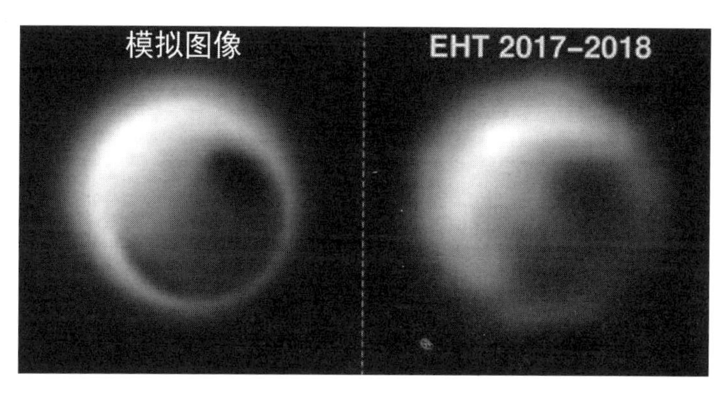

图 51　左图是银河系中心黑洞的模拟图像。该模拟使用了一种吸积流方法，并显示了光线由于透镜效应而在黑洞周围形成一个独特的环，环绕着黑洞的阴影。这个环的直径是史瓦西半径的 5 倍。在吸积盘正在接近我们的一侧，图像比较明亮；而在吸积盘正在后退的一侧，图像比较昏暗。右图是以视界望远镜在 2018 年能达到的预期性能所拍摄的图像（A. 布罗德里克、V. 费什 / 滑铁卢圆周理论物理研究所和滑铁卢大学 / 经许可复制）

第 7 章　用引力之眼观察

一场革命正在酝酿之中。我们即将能够“看到”正在活动的黑洞。400 年来，天文学家仅仅利用光和其他形式的电磁辐射去了解宇宙。他们通过宇宙“填充物”的发射方式以及与辐射相互作用的方式来测量这些“填充物”的性质，于是在 2015 年第一次探测到了引力波。

引力波是时空中以光速传播的涟漪，它们为研究黑洞、中子星和超新星的强引力提供了一个独特的窗口，并将允许天文学家以新的方式检验广义相对论。它们从茫茫远处来到我们这里，因此可以用来探测大爆炸刚发生后的宇宙。通过引力之眼来观察有望改变我们对黑洞的理解。

一种观察宇宙的新方式

我们观察宇宙的方式曾经历过两次重大变革。第一次起始于 1610 年，当时伽利略将一种新发明的叫作望远镜的设备对准了夜空。他最好的望远镜镜片的直径为 1.3 厘米，收集的光比眼睛多 100 倍。自从伽利略时代以来，天文学家一直在致力于改进他的简易望远镜。100 年前，他们开始使用反射镜代替透镜来收集光线，因为透镜太大时会下垂，而且不能把所有颜色的光都聚焦在同一个位置。如今这个时代，天文学家已经建造出口径为10米的光学望远镜，他们要么使用整体的单镜面，要么使用较小的六边形镜子来拼合镜面[1]。自伽利略时代以来的4个世纪里，望远镜的光线收集能力增长了100万倍。

与此同时，在深度方面的一个额外增益来自光探测方式的改进。眼睛是一种低效的化学探测器。为了给我们一种连续运动的错觉，它必须把落在视网膜上的信息以每秒10次的频率传输到大脑。这意味着它只在1/10秒内收集或“整合”光。摄影术发明于19世纪中叶，不久之后天文学家就用它来拍摄夜空了。光在一个效率并不比眼睛高的过程中以化学方式被捕获，但是长曝光时间会大大增加深度。真正的飞跃发生在20世纪80年代，当时数字成像技术已经非常完善。现在电荷耦合器件（CCD）将入射光子转换成电子的效率已经达到80%～90%，然后这些电子再转换成很容易实现数字化的电子信号。CCD是近乎完美的探测器，其探测效率超过眼睛的10万倍。

将这两个因素结合起来，意味着最好的望远镜能看到的深度比眼睛提高了1000亿倍。这个差异相当于一位北半球居民只能看到一个河外星系M31，而一架大型望远镜能看到1000亿个星系。这是看到几百光年距离处的恒星和看到穿行了130亿年的光之间的差别。CCD的技术发展如此之快，以至于在过去一年中用大型望远镜记录的光子数超过了历史上所有人眼记录下的光子总数。

观察宇宙的第二次革命发生在20世纪上半叶。自我们的早期祖先

[1] F. G. Watson, *Stargazer: The Life and Times of the Telescope*（Cambridge, MA: De Capo Press, 2005）. ——原注

在非洲大草原凝视天空至今，天文学只使用了电磁波谱的一小段。从最蓝的蓝色到最红的红色，其波长或频率只相差 2 倍。最大的望远镜只是在光谱的这一同样狭窄的波段中钻得更深而已。

为天文学“撬开”电磁波谱的一些技术被开发出来了。在可见光波段观察宇宙，就像在鲜艳的色彩中以黑白方式进行观察一样受限。音乐中也许有一个更好的类比：把可见光比作一架钢琴上相邻的两个键，而从射电波到伽马射线的电磁波谱就是整套 88 个琴键。最早用于天文学的不可见波是射电波。19 世纪末，古列尔莫・马可尼证明了射电波可以远距离发送和探测。正如我们所看到的，不出 30 年，卡尔・扬斯基就用一架简单的天线探测到了来自银河系中心的射电波。20 世纪 20 年代，威尔逊山天文台的两位天文学家使用了一种将温差转换成电信号的装置来探测许多明亮恒星发出的红外辐射，但是直到 20 世纪 70 年代更灵敏的探测器得到了完善，红外天文学才开始快速发展。直到天文学家能够避免辐射被地球大气层吸收，他们才有可能用不可见的短波波段进行观测。1949 年，一枚探空火箭探测到了 X 射线太阳。15 年后，原型黑洞天鹅座 X-1 首次被发现。20 世纪 70 年代，随着一系列卫星的出现，X 射线天文学得到了迅速发展。宇宙伽马射线在 20 世纪 90 年代被卫星探测到，而在此前多年，它的存在就已被预言[1]。

这些技术进步为天文学家提供了一些工具，可以探测到的辐射波长最长可达 10 米，最短可达质子直径的千分之一（频率从 10^8 赫到 10^{27} 赫）。我们可以掌控的波长范围从原来的相差 2 倍扩大到相差 100 亿倍，这证明科技改变了我们对宇宙的看法。只有少数几个源可以在整个电磁波谱的所有波段都被探测到，它们都是由超大质量黑洞提供

[1] P. Morrison, “On Gamma-Ray Astronomy,” *Il Nuovo Cimento* 7（1958）: 858-65.——原注

能量的活动星系[1]。

我们对宇宙的了解都需要由望远镜收集辐射来获知。我们很容易忘记，我们依赖的是间接信息。宇宙中充满了物质，如尘埃颗粒、气体云、卫星、行星、恒星和星系。我们没有直接看到这些物质，而是通过它们与电磁辐射相互作用的方式来推断它们的性质。化学元素是由它们发射或吸收的特定谱线来断定的。尘埃颗粒则是通过吸收光线和发出红外辐射而显现出来的。卫星和行星是通过反射附近恒星的光而被看到的。恒星是由它们的核聚变副产品所泄漏出来的辐射而被看到的。星系是利用它们的气体和恒星产生的谱线的多普勒频移而展示其分布的。

所有这些都是间接的，并且只与占宇宙 5% 的正常物质有关。95% 的暗物质和暗能量对我们来说仍然是不可见的，因为它们不与辐射发生相互作用。天体都是演员，但这出宇宙大剧的“舞台”也是看不见的。天文学家利用星系作为不可见时空的标记来追踪宇宙的膨胀。

对黑洞的探测也是间接的。我们得到的最接近黑洞的信息是从其周围的冕发出的、从吸积盘内区反射出来的高能辐射，从而可以通过 X 射线谱线来断定黑洞的质量和自旋。

如果可以在没有电磁辐射作为中介的情况下看到宇宙的“填充物”，那不是很好吗？如果可以直接感知时空的扭曲，那不是很棒吗？要是我们有“引力之眼”就可以办到了（见图 52）。对人类来说，这种感觉最

[1] 4个突出的例子是：A. A. Abdo et al., “Fermi- AT Observations of Markarian 421: the Missing Piece of its Spectral Energy Distribution,” *Astrophysical Journal* 736（2011）: 131-53; V. A. Acciari et al., “The Spectral Energy Distribution of Markarian 501: Quiescent State Versus Extreme Outburst,” *Astrophysical Journal* 729（2011）: 2-11; V. S. Paliya, “A Hard Gamma-ray Flare from 3C 279 in December 2013,” *Astrophysical Journal* 817（2016）: 61-75; and S. Soldi et al., “The Multiwavelength Variability of 3C 273,” *Astronomy and Astrophysics* 486（2008）: 411-27。——原注

好的类比就是心灵感应。大脑是一块重约 1.36 千克的活体组织。更详细地说，这是一个由数十亿个神经元和它们之间的数万亿个连接所构成的电化学网络。但是这些知识并没有告诉我们，记忆、情感、瞬间的想法以及我们的自我意识储存在哪里。从万有引力的角度看宇宙，其意义之深远就像看到别人的想法及他们体验的感觉一样[1]。

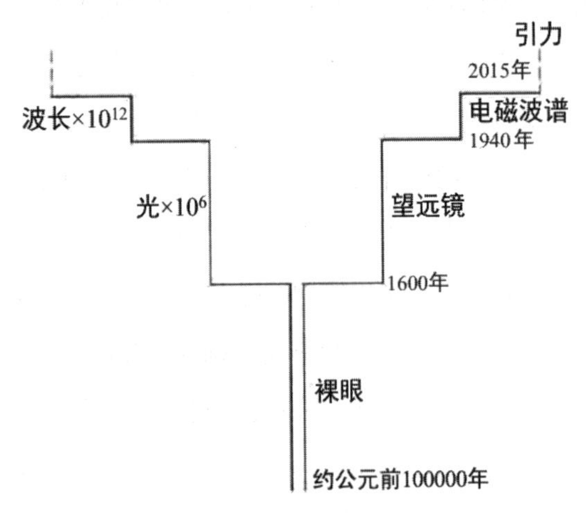

图 52　我们观察宇宙的方式只发生过 3 次革命。在人类历史的大部分时间里，我们受限于裸眼天文学。1610 年，伽利略用望远镜来作为一种收集更多光的方式，并且在那之后的 4 个世纪，望远镜的口径超过了 10 米。20 世纪早期，一系列技术进步（包括新的空间探测器和望远镜）为天文学开启了电磁频谱之窗：从射电波到伽马射线。2015 年探测到的引力波使我们第一次用“引力之眼”看到了宇宙（克里斯·伊姆佩）

时空中的涟漪

时空中的这些涟漪是什么？回忆一下，在广义相对论中，物质支配

[1]　为了给出这一类比，让我们暂时放下我们的怀疑，用唯物主义的观点来看待心灵和大脑，想象有一天我们可以用遥感来解析思想。——原注

着时空的曲率。任何时候，只要质量改变其运动或构形，就会产生引力波[1]。扭曲空间的波从源向外辐射，就像水波从一块扔进池塘的石头开始向外传播一样。在这种理论中，波以光速进行传播，并且随着与源的距离的增大而减弱。大多数运动的物质引起的空间扭曲是极其轻微的。最强的引力波来自最引人注目的宇宙事件：黑洞相互绕转并发生碰撞、中子星相互绕转并发生碰撞、超新星爆发，以及宇宙本身的狂暴诞生。

想象在完全平坦的时空里，有一个圆形粒子环放置在一个平面上。我把它看作我的计算机屏幕。这些粒子的作用只是使不可见的时空变得可见。如果引力波向内或向外直接穿过屏幕，粒子环就会跟随着时空的扭曲，在垂直方向和水平方向交替轻微地挤压，周期性地重复这种扭曲（见图 53）[2]。与其他各种波一样，引力波是用振幅、频率、波长和波速来描述的。振幅是波经过时粒子环发生的一点点扭曲。频率是粒子环每秒被拉伸或压缩的次数。波长是波的最大拉伸点之间或最大压缩点之间的距离。这些波以光速穿过宇宙，使物理实体发生弯曲，但也会穿过它们，就好像它们不存在一样[3]。

---

[1] 然而，当运动是完全对称（比如一个膨胀或收缩的球）或者旋转对称（比如一个自旋的圆盘或球）的时候，就不会产生引力波。一颗完全对称的超新星发生坍缩时不会发射引力波，一个正球形的自旋中子星也不会发射引力波。从技术层面上讲，应力－能量张量中四极矩的三次导数必须是非零的，系统才能发出引力辐射。用数学术语来说，这类似于导致电磁辐射的电荷或电流的变化偶极矩。明白了吗？——原注

[2] P. G. Bergmann, *The Riddle of Gravitation*（New York: Charles Scribner's Sons, 1968）. ——原注

[3] 引力和引力波以光速传播是一种假设和推测。迄今为止，没有任何检验这一假设的实验获得明确的成功。要设计一个实验来“关掉”引力，或者在一个遥远的地方对引力进行足够大的改变来观察它运动得有多快，这是非常困难的。在粒子物理学的标准模型中，引力是由一种以光速运动的、名为引力子的粒子所传递的。引力子从未被探测到。——原注

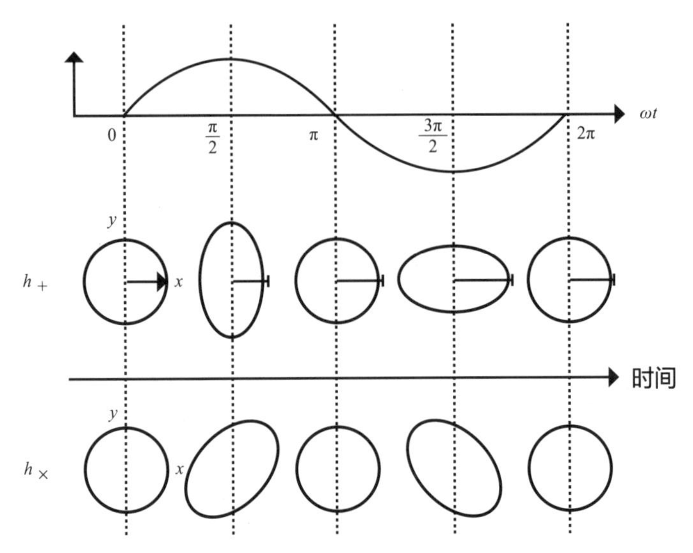

图 53　引力波是时空的正弦振荡波。最上方的图显示的是振幅变化的一个完整周期。下面两排图显示的是引力波的两种独立偏振波，它们之间的偏移量为 45 度，而不是像电磁波那样的 90 度。在这个例子中，波传播的方向垂直于纸。中间一排图显示的是干涉仪的两臂，放在这里是为了说明如何检测到这样的波。这些图中的扭曲被高度夸大了，实际上偏离圆的程度细微到难以察觉（S. 米尔谢卡里 / 华盛顿大学，经许可使用）

在这个类比中，我们想象一个圆被压扁并拉伸成一个椭圆的情况。不过这过分夸大了典型引力波引起的实际扭曲。这个假想的粒子环偏离圆的程度为 10^{-21}，即十万亿亿分之一！要探测这么微小的时空闪烁，听起来像一个不可能的实验。

事实上，爱因斯坦首先提出了广义相对论，而广义相对论又预言了引力波，但他本人并不相信引力波是真实存在的。我们已经看到爱因斯坦不相信黑洞的存在，他还对引力透镜的重要性轻描淡写。1916 年，他听从同事昂利 · 庞加莱的建议，对引力波与电磁学进行了类比。电荷来回移动时的振荡扰动会产生一种电磁波，比如说光。爱因斯坦知道物质会使空间弯曲，因此运动的物质会造成空间的振荡扰动似乎是合乎逻辑的。

爱因斯坦在使这个想法行得通的过程中遇到了一些难以解决的问题。这个类比是有缺陷的，因为电荷可正可负，而在引力中不存在负质量这样的东西。爱因斯坦努力应对坐标系及近似估算问题，以进行必要的计算。他推导出 3 种类型的波，而随后当亚瑟 · 爱丁顿证明其中两种是能以任何速度传播的数学假象时，他感到很难堪。爱丁顿面无表情地开玩笑说，它们甚至可能“以思维的速度传播”[1]。

1936 年，爱因斯坦已经下了决心。每次试图写出一个公式来表示平面波（像我们上面用计算机屏幕进行类比的做法那样）时，他都会遇到一个奇点，方程在该点崩溃，各物理量变得无穷大。他和他在普林斯顿大学的学生内森 · 罗森合写了一篇论文，题为“引力波是否存在”。这篇论文对这个问题的回答是一个语气坚定的“不”字。他把这篇文章提交给了著名的《物理评论》（*Physical Review*）杂志。当一名匿名的审稿人否定了这篇论文并指出了其中的好几个错误时，他惊呆了。爱因斯坦以前从未接受过同行评审，他的论文在德国一直是不经审稿就发表的。他给编辑写了一封急躁的信：“我们（罗森先生和我）把我们的稿子寄给你准备发表，并没有授权你在发表之前把它交给专家看。我看不出有什么理由回复那位匿名专家的评论——这些评论无论如何都是错误的。”[2]

但爱因斯坦错了，另一位年轻的同事指出了他的错误。具有讽刺意

[1]　A. S. Eddington, “The Propagation of Gravitational Waves,” *Proceedings of the Royal Society of London* 102（1922）: 268- 82. ——原注

[2]　K. Daniel, “Einstein versus the *Physical Review*,” *Physics Today* 58（2005）: 43- 48. ——原注

味的是，这件事就发生在他即将在普林斯顿大学发表题为“引力波不存在”的演讲的前一天。爱因斯坦和罗森在另一本杂志上发表了他们的那篇经过修正的论文后，物理学家之间仍然存在分歧[1]。许多人认为引力波是一种没有物理意义的数学构造。但爱因斯坦在经过早期的所有疑虑之后，开始相信它是真实存在的。他的理论所取得的成功逐渐使他相信了它给出的各种预言。

一位古怪的百万富翁和一位孤独的工程师

时空波动看起来如此难以探测，以至于物理学家都忽略了它们。爱因斯坦和罗森的论文发表后，被埋在物理学秘籍的抽屉里长达20年之久，直到其引起了一位古怪的美国百万富翁罗杰·W. 巴布森的注意。如果你从未想到过物理学能让你变得富有，那么请密切关注这个故事。

巴布森对引力的兴趣始于一场家庭悲剧。他还在襁褓中时，他的姐姐淹死了。他后来说这是因为她没能抵抗引力。在他的职业生涯中，他将牛顿定律的一种形式应用于股市。他说过“上升的东西必然会下降”，还说过“每一个作用都有一个反作用”。他预见到了1929年的华尔街崩盘，而且他通常总能做到在股价上涨时买进便宜的股票，并在股价下跌前把它们抛出[2]。巴布森说，他得益于引力，因为引力帮助他成为百万富翁。

[1] A. Einstein and N. Rosen, “On Gravitational Waves,” *Journal of the Franklin Institute* 223（1937）: 43-54.——原注

[2] 我不会在一本天文学书里介绍经济学的参考资料来大谈特谈这个问题，但是大量的文献表明，虽然选择市场的时机在某些领域和短期内可以发挥作用，但它作为一项长期战略是毁灭性的。巴布森只不过是运气好而已，而这种事也时有发生。——原注

1949 年，巴布森创立了引力研究基金会，并发起了一场关于抵消或消除引力的高调的征文比赛。不用说，一些不那么严谨的论文赢得了这场比赛。该基金会的宣传资料在耶稣在水上行走的背景下谈论对引力的控制[1]。著名的物理学家都对这个基金会敬而远之，科普作家马丁·加德纳称该基金会“可能是 20 世纪最没用的项目”。[2]

为了重新赢得物理学界的信任，巴布森又分派出一个研究所，其唯一目的就是资助人们对引力的纯研究。他请普林斯顿大学的物理学家、发明了“黑洞”一词的约翰·惠勒说服他的同事布莱斯·德威特来主持这个新研究所的工作。德威特于 1957 年初在北卡罗来纳大学组织了一次具有里程碑意义的引力与广义相对论的会议。

这次会议激励了年轻一代的引力理论家[3]。关于引力波的讨论主要集中在它们是否携带能量上。理查德·费曼的“粘珠”论点令大多数听众感到信服。他让大家想象两个分开的珠环，它们紧紧套在一根金属棒上。当引力波穿过这根金属棒时，它的力会导致这两个珠环轻微地前后滑动。环和棒之间的摩擦意味着棒会变热，于是能量从波传递到棒。当时有一位名叫约瑟夫·韦伯的年轻工程师坐在听众席上，他聆听了这场报告。

韦伯出生在一个贫穷的立陶宛移民家庭。为了给父母省钱，他从大

[1] J. L. Cervantes-Cota, S. Galindo- Uribarri, and G. F. Smoot, “A Brief History of Gravitational Waves,” *Universe* 2 (2016) : 22-51.——原注

[2] M. Gardner, *Fads and Fallacies in the Name of Science* (New York: Dover, 1957) , 93. ——原注

[3] 巴布森的愿景尽管起源于伪科学和奇幻思维，但最终结果还是非常积极的。随着时间的推移，引力研究基金会在物理学界重获威望。1957 年在教堂山召开的那次会议如今被称为 GR1 会议。此后每隔几年召开一次国际会议，讨论引力和广义相对论的最新进展。最近的 7 次会议分别在印度、南非、爱尔兰、澳大利亚、墨西哥、波兰和纽约举行，其中最后一次是在纽约举行的 GR21，这表明了该领域的国际性。——原注

学辍学，加入了海军，后来晋升为海军少校。第二次世界大战期间，他领导海军的电子对抗工作。战后，他进入马里兰大学的工程学院任教。韦伯的科学生涯与一系列机会擦肩而过。乔治·伽莫夫本可以给他一个博士课题，去探测来自大爆炸的微波，但结果并没有。阿诺·彭齐亚斯和罗伯特·威尔逊后来由于意外发现而获得了诺贝尔奖。1951 年，韦伯发表了第一篇关于微波激射和激光的论文，但结果是查尔斯·汤斯在阅读了他的论文后率先提出了这些技术创新。然而，韦伯最痛苦的是与引力波擦肩而过。

韦伯受到教堂山会议的启发，想知道如何探测引力波。他想出了一个主意，把一根金属圆柱悬吊起来并放入真空室内，使之与环境隔离。他的圆柱长 1.5 米，直径为 0.67 米，重 3 吨（见图 54）。包围着它的压电传感器将机械振动转换成电信号[1]。韦伯希望，如果引力波穿过这根圆柱，它就会像锤子敲钟一样发出响声。

韦伯将他的圆柱安置在马里兰大学的一个房间里，并在 1000 千米之外的芝加哥郊外的阿贡国家实验室中也安置了一根完全相同的圆柱。它们之间的数据链路是一条高速电话线。使用两台完全相同的探测器是为了消除雷暴、轻微地震、宇宙线簇射、电力故障以及可能推挤圆柱的任何其他因素引起的局部噪声。如果一个信号没有同时在两个位置被记录下来，就会被当作伪信号丢弃。除了局部事件外，韦伯实验中的持续噪声缘自铝质圆柱中原子的热运动。这种不可避免的扰动使圆柱的长度发生了无规律的变化，变化幅度为 10^{-16} 米，或者说小于质子的直径。

[1] 韦伯将他探测引力波的思路发表在 J. Weber, “Detection and Generation of Gravitational Waves,” *Physical Review* 117（1960）: 306-13。他第一次操作探测器的情况 6 年后发表在 J. Weber, “Observations of the Thermal Fluctuations of a Gravitational-Wave Detector,” *Physical Review Letters* 17（1966）: 1228-30 上。——原注

图54 约瑟夫·韦伯和他开创性的引力波探测器，后者被安置在马里兰大学的物理实验室里。1000千米之外还安装了一台完全相同的探测器。一个真实的信号会同时记录在两台探测器中。韦伯和他之前的格罗特·雷伯一样，一度是唯一在天体物理学的这个新领域中做实验的人。1969年，他宣布探测到引力波，但没有人能重复出他的结果，因此他的声誉受损（V.特林布，经许可使用）

当韦伯看到远高于热噪声水平的信号时，他觉得自己找到了宝藏的母脉。1969年，他发表了探测到引力波的结果，并在一次重要的引力与相对论会议上宣布了这一发现。一年后，他声称许多引力波源自银河系的中心[1]。物理学家很惊讶，很多人为之震惊。但大多数人都很高兴看到广义相对论的核心预言得到了证实。大家祝贺韦伯。他的照片出现在杂志的封面上。他出名了。

随后，一切开始分崩离析。韦伯的来自银河系中心的信号意味着每年有1000太阳质量被转换成引力波的能量。年轻的理论家马丁·里斯计算出，这样的质量损失会导致星系“散开”并飞离。其他实验者试图也得出韦伯的结果。韦伯棒（即棒状引力波探测器）在美国各地以及

[1] J. Weber, “Evidence for Discovery of Gravitational Radiation” *Physical Review Letters* 22（1969）: 1320-24; J. Weber, “Anisotropy and Polarization in the Gravitational-Radiation Experiments,” *Physical Review Letters* 25（1970）: 180-84. ——原注

德国、意大利、苏联、日本如雨后春笋般出现。稍后我们将会谈到的罗恩·德雷弗在格拉斯哥（一个并不怎么缺少酒吧的地方）安置了好几根韦伯棒[1]；甚至月球上也有一根韦伯棒，这是1972年阿波罗登月计划的宇航员留在那里的。到20世纪70年代中期，有几个研究团队改进了韦伯棒的原始设计，从而提高了它的灵敏度。他们经常通过冷却探测器来降低热噪声。

没有人探测到任何东西，其他物理学家纷纷质疑韦伯的实验技术。他似乎错误地计算了他那两台相隔甚远的探测器中发生的巧合事件的统计数字。最致命的是，他声称他的数据每24小时会达到一个峰值，这是银河系中心从头顶经过的时候。很快有人指出，引力波应该像一把刀切过黄油那样穿过地球，因此他应该每12小时就看到一个峰值。1974年，在第七届引力与相对论会议上，IBM公司的资深物理学家理查德·加文公开抨击了韦伯和他的数据。

很快，物理学界的其他成员也对此表示了认同。韦伯的实验技术糟糕的“罪名”成立，更糟的是他在报告数据时存在偏差。尽管如此，他的信念从未动摇过，他认为自己看到了时空的涟漪。到他的职业生涯结束时，他在很大程度上已成为一个充满怨恨的、孤独的人物[2]。

不过，韦伯的工作激发了其他物理学家的创新意识，因为他们都

[1] “酒吧”和“棒”对应同一个英文单词“bar”。——译注

[2] 我从未见过韦伯，但与他的妻子维吉尼亚·特林布尔熟识。她是英国人，也是天文学史方面的专家，所以我们偶尔会交流天文学的奥秘。在他们漫长的婚姻中，维吉尼亚在加州大学欧文分校有一份教职，所以她每年在那里待半年，然后回到韦伯任职的东部待半年。在韦伯于2000年去世后，我和维吉尼亚在一次会议上相遇并讨论了韦伯的工作。我可以看出这是一个痛苦的话题。她不得不眼睁睁地看着他遭到那些根本不知道他是如何努力琢磨他的技术的人的诋毁和贬低。在联邦政府撤销了对他的支持后，他还继续研究了20多年。维吉尼亚说，这对他的心理和生理都造成了严重的伤害。——原注

产生了去探测广义相对论的这一标志性预言——引力波——的动力。约翰·惠勒写道：

继我们在莱顿一起工作之后，他怀着宗教般的热情信奉引力波，并一直在他的职业生涯剩余的时间里追逐它们。我有时会自问，对于如此艰巨的一项任务，我是否给韦伯灌输了太多的热情。无论他最终是不是第一个探测到引力波的人，或者无论是否有其他人或其他团体探测到引力波，这些都无关紧要。事实上，他的带头作用是值得肯定的。直到韦伯表明引力波探测是在人类可能实现的能力范围之内，其他人才有勇气去寻找引力波[1]。

尽管韦伯的实验结果令人沮丧，但仍有一线希望。1974 年，乔·泰勒和拉塞尔·赫尔斯使用 305 米口径阿雷西博射电望远镜观测脉冲星。他们发现了一颗每秒自旋 17 圈的脉冲星，并注意到脉冲到达时间存在着系统性变化。这些变化的周期为 8 小时，表明这是一个双星系统。进一步的观测表明，PSR 1913+16 是一对中子星，在一个比太阳大不了多少的紧密轨道上运行。泰勒和赫尔斯意识到，广义相对论预言了双星系统的轨道衰减：随着引力波带走能量，轨道周期应该每年缩短 77 微秒。脉冲星是精密的时钟，所以微小的周期变化是可以被观察到的（见图 55）。他们探测到的轨道衰减与广义相对论的预言精确吻合[2]。这是引力波存在的有力证据，尽管是间接证据[3]。泰勒和赫尔斯因这一卓越发现而

[1] J. A. Wheeler, *Geons, Black Holes, and Quantum Foam: A Life in Physics*（New York: Norton, 1998）, 257-58. ——原注

[2] J. M. Weisberg, D. J. Nice, and J. H. Taylor, “Timing Measurements of the Relativistic Binary Pulsar PSR B1913+16,” *Astrophysical Journal* 722（2010）: 1030-34. ——原注

[3] 这个双星系统发出 7×10^{24} 瓦的引力辐射，两颗中子星之间的距离每年缩小 3.5 米。这两颗中子星的碰撞及并合需要 3 亿年时间。即使太阳系也会发出引力辐射，但功率要小得多，只有 5000 瓦。——原注

获得 1993 年的诺贝尔物理学奖。

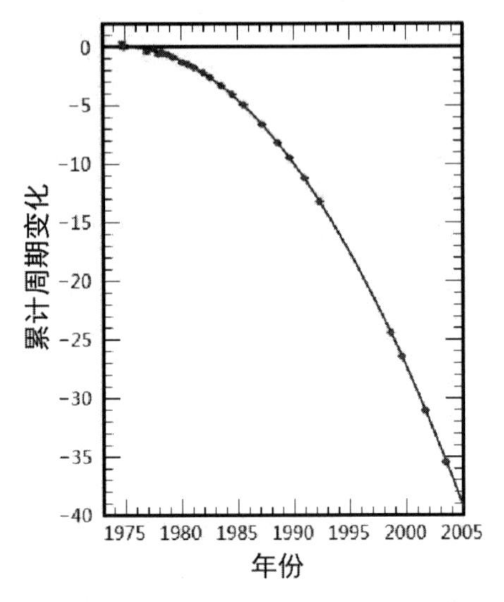

图 55 拉塞尔·赫尔斯和乔·泰勒用 305 米口径阿雷西博射电望远镜观测到的双脉冲星系统 PSR 1913+16 的轨道衰减。这个系统发出引力波辐射而损失能量，数据点与广义相对论的理论预言完全吻合。这些观测有力地证实了广义相对论的正确性，也间接证实了引力波的存在

双脉冲星指明了研究的方向，接着又有 12 个系统被发现。天文学家意识到，双黑洞也应该存在，它们的引力更强，因此引力波也更强。如果有足够灵敏的探测器，也许就可以直接探测到这些波。

当黑洞碰撞时

这个故事是关于两个黑洞如何形成以及它们的碰撞如何在一眨眼间迸发出大量引力波的，其中包含的功率比宇宙中所有恒星的光的功率还高 10 倍。这也是一个关于天文学新领域诞生的故事。

那是在110亿年前，宇宙是一个舒适的地方，其大小只有现在的1/3，密度是现在的30倍。这是宇宙的“构造阶段”，当时的星系小而致密，它们互相并合并活跃地形成恒星。在一个不起眼的小星系中，两颗彼此靠近的大质量恒星在一个由气体和尘埃组成的混沌区域中形成。它们的质量分别是太阳的60倍和100倍——这是恒星所能达到的最大质量。在几百万年内（对于宇宙而言只是弹指一挥间），两颗恒星都耗尽了它们的核燃料。质量较大的恒星寿命较短，因此先死亡。但是在它变老和膨胀的过程中，它的小伴星从它那里窃取气体，质量超过了它的质量，先成为一个黑洞。黑洞从它的同伴那里吸收气体，将这对天体包裹在由于轨道运动搅动而产生的气体中。这些气体还从轨道中吸收能量，使这两个天体之间的距离接近水星与太阳之间的距离。然后第二颗恒星死亡，变成一个黑洞。

这个吸血鬼阶段结束后，留下的是两个黑洞。每个黑洞在其直径为240千米的视界这一不可穿透的面纱后面，都隐藏着30倍太阳质量。它们小心翼翼地绕着对方沿轨道运行，被锁在引力的怀抱之中[1]。

100亿年过去了，什么也没发生。这对“情侣”在黑暗中无声无息地沿轨道绕行，勉力散发出一丁点儿引力波，从而在不知不觉中靠得更

[1]　这是一种推测，依据的信息是黑洞并合时探测到的引力波的性质，以及能够形成如此大质量的黑洞（大于近域宇宙中的任何黑洞）的可能场景。110亿年前形成的大质量恒星中重元素的比例要远远低于太阳，而且模型显示它们的初始质量可能大于现在形成的恒星。因此这些古老的恒星摆脱的质量会比较小，从而留下质量较大的黑洞。描述这种场景的论文是K. Belczynski, D.E. Holz, T. Bulik, and R. O’Shaughnessy, “The First Gravitational-ave Source from the Isolated Evolution of Two Stars in the 40-100 Solar Mass Range,” *Nature* 534（2016）: 512-15。一种更为根本的可能性是，黑洞是原初的，在早期宇宙中由暗物质形成。数据并未排除这种可能性，参见S. Bird et al., “Did LIGO Detect Dark Matter,” *Physical Review Letters* 116（2016）: 201301-07。——原注

近。除此之外，宇宙变得越来越大、越来越老、越来越冷。当接力棒从暗物质传递到暗能量时，宇宙膨胀速率从减速过渡到加速。恒星形成达到峰值后开始下降，在许多类地行星的表面上，外星文明无疑也在兴衰更替。与此同时，在我们称之为家园的这颗行星上，在生命诞生 30 亿年之后，仍然完全是微生物的世界。

接下去活动渐入高潮。随着这两个黑洞相互靠近，引力变得越来越强，放出的引力波越来越多，于是轨道缩小并加速了这一过程。最后阶段只需要 0.2 秒。黑洞轨道运动加快，进入了一个死亡螺旋。时空就像一锅被煮沸的水一样翻腾着。产生的引力波的频率与轨道周期相匹配，从 35 赫迅速上升到 350 赫。若用声音来近似表现这个过程，你就必须在不到 1 秒的时间里，用手从钢琴键盘的最低音 A 迅速滑到中央 C。想象一个熟悉的轨道，比如月球绕地球的轨道，两者相距 40 万千米，完成一圈需要一个月的时间。在死亡螺旋的尽头，这两个质量都比地球大 1000 万倍的黑洞相距约 160 千米，在 1 秒内相互环绕 300 次，即速度达到光速的一半。这不是轨道，而是在发疯。

然后，两个视界相互“亲吻”，两个黑洞并合。关于这一过程的方程无法解出，即使超级计算机也很难计算出究竟发生了什么。最后一个阶段被称为“铃宕”（ring-down）：并合产生的天体在这个阶段中像一大团黑色果冻那样振荡，然后平息下来成为单个黑洞，它的质量和大小都是碰撞前各个黑洞的两倍（见图 56）。在引力数学中，质量的 5% 转化为引力波。这相当于 100 万个地球的质量转化为时空涟漪的能量，并逃离了被这个黑洞埋葬的命运。（与之相比，太阳每秒钟转化为辐射能的质量相当于地球质量的一千万亿分之一。）引力波脉冲以光速逃离现场，像三维池塘中的波一样向四面八方传播。在寂静和漆黑之中发生了宇宙中有史以来最大的爆炸。

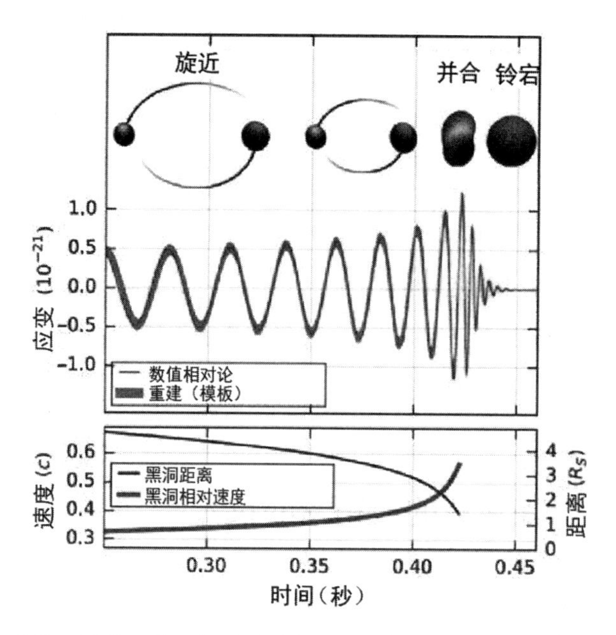

图 56　大质量恒星演化并以超新星形式死亡后留下的两个黑洞并合的最后几个阶段。经过数百万年的缓慢靠近过程之后，两个黑洞相互旋近、并合，并发出回响，最后平息下来。整个过程所需时间不到 0.2 秒。中间的图显示了由数值相对论预测的引力波信号，下面的图显示了两个黑洞以超过光速一半的速度并合（激光干涉引力波天文台科学合作项目 / 物理研究所）

这些涟漪扫过星系际空间的巨洞，在远离源的过程中变弱。它们穿过数百万个星系，也许没有被注意到。与此同时，在地球上，生命从海洋转移到陆地上，恐龙出现，又由于一场全球性灾难而灭绝。灵长目动物的一个分支演化出了巨大的大脑。当引力波扫过我们邻近的星系麦哲伦云时，我们的祖先学会了如何驾驭火。当它们进入银河系时，人类第一次离开非洲。当阿尔伯特 · 爱因斯坦发表他的新引力理论时，这些波从明亮的恒星飞鱼座 β 附近经过。当一台巨大的科学仪器在美国各地开始建造时，它们从一颗近邻矮星波江座82附近经过。该仪器将离线5年进行升级，它会准备好在这些波席卷太阳系并冲向地球时首次获取科学数据。

马可·德拉戈坐得笔直。这位来自意大利的32岁博士后在德国爱因斯坦研究所的计算机显示器前慢慢品尝着卡布奇诺咖啡，这时他看到显示器上有个弯弯曲曲的小东西。一开始，软件将该事件标记为一个短时脉冲干扰，在自动交叉检查之后，该标记将被删除。马可意识到宇宙在说话，所以他写了一封标题为“非常有趣的事件”的电子邮件。他掌握着人类有史以来建造的最精密的机器。

有史以来建造的最精密的仪器

要测量万分之一质子宽度的位移，需要多少位物理学家？答案：超过1000位。马可·德拉戈是世界各地数十所大学和研究机构中的一小群科学家中的一位，他们正在研究人类有史以来构想过的最精密的科学仪器。激光干涉引力波天文台（Laser Interferometer Gravitational-wave Observatory，LIGO）建成的可能性之低几乎相当于探测时空涟漪。

在我们讲完引力波探测的故事时，这个领域仍一片混乱。没有人能同样得出韦伯的结果，他的科学声誉也毁于一旦。尽管这看起来也许并不公平，但其污名广泛传播开来，人们认为搜寻引力波的人要么是骗子，要么是傻瓜，也许两者兼具。

但是，有一组研究者因为无法重现韦伯的结果而受到启发。对于实验者来说，要做得更好是对他们的一个挑战。激励他们的是泰勒和赫尔斯对脉冲星自旋的观测结果，这是引力波存在的证据。这些男人

（因为这在过去和现在都是一个由男性主导的领域）中的一位是麻省理工学院的物理学家雷纳·韦斯。韦斯在孩提时代随家人逃离了德国纳粹的统治。他在纽约长大，对古典音乐和电子学都十分热爱。他放弃了麻省理工学院的课业，不得不从底层的物理实验室技术员做起。后来他回到了麻省理工学院，奋力学习和工作，最终获得终身职位。他在试图向他的学生们解释韦伯的结果时变得很沮丧。他说："我无论如何也无法理解韦伯想做什么，我认为这是不对的。所以我决定自己动手去做。"[1]

整整一个夏天，韦斯按照他与麻省理工学院的学生们讨论出来的想法[2]，在地下室中独自工作，并提出探测器应该是一台干涉仪，而不是单单一根棒。想象将两根金属棒按直角连接，构成L形。如果引力波从上方到达，那么它挤压和拉伸空间的方式就意味着它会使一根棒极其轻微地变短一些，而另一根棒极其轻微地变长一些。片刻之后，相反的情况就会发生，并且只要有引力波活动，这种模式就会不断重复。韦斯必须探测两根棒的交替伸缩，而不是试图去探测单单一根棒是否像铃铛一样发出响声。

[1] J. Chu, "Rainer Weiss on LIGO's Origins," oral history, Massachusetts Institute of Technology Q & A News series.——原注

[2] 韦斯将此归功于他的一些学生以及麻省理工学院的研究人员菲利普·查普曼。查普曼曾在美国国家航空航天局工作，随后就停止了引力和物理学方面的研究。既有趣又具有讽刺意味的是，研究干涉仪的先驱是约瑟夫·韦伯，他在1964年向他以前的学生罗伯特·福沃德提到过这个想法。福沃德利用他的雇主休斯研究实验室的资金，建造了一台臂长为8.5米的原型干涉仪。经过150小时的观察，他什么都没探测到。福沃德在他的论文的脚注中因与雷纳·韦斯的对话而鸣谢了韦斯，这证实了引力物理学界的"小世界"性质。这篇论文是R. L. Forward, "Wide- Band Laser-Interferometer Gravitational-Radiation Experiment," *Physical Review D* 17（1978）: 379-90。——原注

韦伯实验的灵敏度还差得远，因此无法探测到它的目标。韦斯知道他必须做出巨大的改进。他的巧妙想法是用光作为尺子。由于光在真空中以恒定的速率传播，因此他的“棒”将是抽掉空气的长金属管。位于L形转弯处的激光器发出一种波长的光并通过一个分束器，从而使一半的光沿一条臂传播，另一半的光与之呈直角沿另一条臂传播（见图57）。两束光分别被两臂末端的镜子反射回来，回到L形的转弯处，并在一个探测器处重新组合。在正常情况下，光波完全同步地沿两臂返回，波峰和波谷的步调一致。但是，当有引力波通过这台仪器时，其中一束光传播的距离就会比另一束光略短，因此它们的波峰和波谷就没有对准，于是光的强度被减弱了。

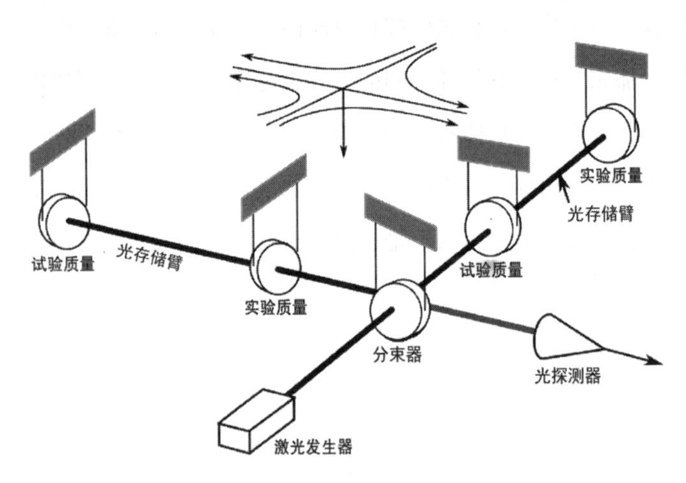

图57　激光干涉引力波天文台的设计方案，其中描述的引力波从正上方到达。光通过一个分束器后沿着4千米长的两臂传播，随后返回到光探测器处重新组合。引力波的到达由沿着两臂的试验质量记录为两臂长度的极微小变化，这被光探测器记录为干涉图样（加州理工学院/麻省理工学院/LIGO实验室）

这听起来足够简单，挑战在于测量精度极高。时空涟漪的振幅很小，波长很长。黑洞碰撞产生的引力波的典型频率是100赫，这意味着每秒有 100 个涟漪经过。但是典型波长是 3000 千米。这样一个装置的最佳臂长是波长的 1/4，因为向两个方向中的任何一个方向移动 1/4 个波都是信号增强和抵消之间的差别。韦斯知道他不可能制造出一根 750 千米长的真空管，所以他设想在一根较短的真空管内来回多次反射光线。韦斯于 1972 年在麻省理工学院的一份技术报告中写下了他的想法。这可能是从未在科学杂志上发表过的最有影响力的论文[1]。

早期的道路很艰难。韦斯开始研制一种臂长约为 1.5 米的原型干涉仪。尽管它比任何一种探测引力波的可行工具都要小得多，也要便宜得多，但他仍然难以筹集到足够的资金。管理者们犹豫不决，一位特别有影响力的同事菲利普 · 莫里森对此深表怀疑。在 20 世纪 70 年代初，甚至没有强有力的证据表明天鹅座 X-1 是一个黑洞。莫里森认为黑洞并不存在，他认为韦斯是在浪费时间。韦斯从军方获得了一些资金，但由于《军事授权法案》的一个修正案禁止军方支持民用项目，因此后来这笔资金也没指望了。

1975 年夏季的一天，雷纳 · 韦斯去华盛顿特区的杜勒斯机场接加州理工学院的著名理论物理学家基普 · 索恩。索恩曾与斯蒂芬 · 霍金打赌说黑洞存在且赢了。当理论和观测协调工作时，科学进展得最好。理论预言推动更好的观测，而观测又推动更深层次的物理理解。LIGO 项目源自在华盛顿的一个闷热的下午，实验家韦斯遇到了索恩——我们这个时代最伟大的理论物理学家之一。

韦斯曾邀请索恩参加在美国国家航空航天局总部举行的一次关于在太空中进行宇宙学和相对论研究的会议。韦斯回忆道："一个炎热的夏

[1] R. Weiss, "Quarterly Progress Report, Number 102, 54-76," Research Laboratory of Electronics, MIT, 1972.——原注

夜，华盛顿到处都是游客，我在机场接到了基普。他没有预订酒店，所以那晚我们合住一个房间。我们在一张纸上画了一幅巨大的地图，上面标出了关于引力的所有不同领域。未来在哪里？或者未来是什么，或者该做什么？”[1] 他俩谈得十分投机，以至于谁也没睡着。

索恩当时还没有看过韦斯关于干涉仪的技术论文。他后来说：“即使我看过，我肯定也不明白。”事实上，他的权威著作《引力论》（*Gravitation*）中包括一个给学生的练习，旨在说明用激光探测引力波是不切实际的。索恩承认：“我很快就改变了主意。”[2] 回到加州理工学院后，索恩开始热火朝天地制造干涉仪。但是，首先他需要招募一位实验物理学家。韦斯建议他聘请格拉斯哥大学的罗恩·德雷弗。德雷弗做过关于空间平滑度和中微子质量的一些基础实验，还建造并操作过一根韦伯棒。他也建造过一台臂长为 10 米的干涉仪，比韦斯在麻省理工学院建造的那台不大的仪器大 6 倍。索恩为德雷弗在加州理工学院弄到了一个半工半薪的教职。1983 年，他已经在那里建造出一台臂长为 40 米的干涉仪，其中使用了一些巧妙的方法来增大激光的功率，并改进了地震噪声的屏蔽措施。

资金开始流入，竞争开始升温。1975 年，韦斯获得了美国国家科学基金会的一小笔资助，开始了他的干涉仪研制工作。1979 年，由索恩和德雷弗领导的加州理工学院团队获得了一笔可观的资助，而由韦斯领导的麻省理工学院团队则获得了一笔较少的资助。加州理工学院和麻

[1] 转引自 J. Levin, *Black Hole Blues and Other Songs from Outer Space*（New York: Knopf, 2016）。——原注

[2] 转引自 N. Twilley, “Gravitational Waves Exist: The Inside Story of How Scientists Finally Found Them,” *New Yorker*, February 11, 2016。——原注

省理工学院是有力的科学竞争对手[1]，拥有 40 米干涉仪的加州理工学院团队显然处于领先地位。韦斯一定后悔把德雷弗推荐给索恩了。这两个团队都梦想拥有一台全尺寸的千米级干涉仪，但韦斯乘势而上，走访了美国国家科学基金会。他竭力推销的概念是建造一台位于两个地点的干涉仪，估计投入为 1 亿美元。由此展开的设计研究被称为“蓝皮书”，这实际上是探测时空涟漪的基础[2]。

韦斯和德雷弗都非常具有竞争力。索恩发现自己扮演着中间人和调停者的角色。由于美国国家科学基金会明确表示不会分别资助这两个团队，因此他们发现自己已处于奉子成婚的状态，进展断断续续。技术问题引起的不断拖延，使得美国国家科学基金会取消了资助[3]。到 20 世纪 90 年代中期，LIGO 又重回正轨，现在的领导者是加州理工学院的高能

[1]　更具体地说，他们是美国最好的两个团队。在这段以 LIGO 为中心的叙述中，为了简单起见，我省略了其他团队和其他国家早期所做的大量努力。在德雷弗离开格拉斯哥大学前往加州理工学院后，他在格拉斯哥大学的研究小组继续致力于干涉仪的研究。与此同时，彼得·卡夫卡领导的一个德国团队在 1974 年获悉了韦斯的工作，并聘请他的一名学生来建造干涉仪。他们与一个意大利团队合作，在接下来的 10 年里建造了 3 米原型和 30 米原型。有趣的是，德雷弗于 1975 年从彼得·卡夫卡的一次演讲中首次得知了干涉仪，这正是引力波研究“小世界”现象的一个实例。德国团队和苏格兰团队在 20 世纪 80 年代中期联合提议建造一台千米尺度的干涉仪，但是没有获得资助。最终，他们建造了一台 600 米的干涉仪，该仪器于 2001 年开始运行，是 LIGO 探测器和技术的关键测试平台。法国人的想法是建造一台更有野心的干涉仪，他们的领导者是阿兰·布里耶。他在 20 世纪 80 年代初曾与韦斯在麻省理工学院合作过。这个 Virgo 项目从 2004 年开始收集数据，已经与 LIGO 全面合作了 10 年。关于全世界为探测引力波所做的努力，可参见 J. L. Cervantes-Cota, S. Galindo-Uribarri, and G. F. Smoot, “A Brief History of Gravitational Waves,” *Universe* 2（2016）: 22-51。——原注

[2]　P. Linsay, P. Saulson, and R. Weiss, “A Study of a Long Baseline Gravitational Wave Antenna System,” 1983.——原注

[3]　LIGO 的报告和时事通讯并没有传达这些紧张状态。考虑到该项目的最终成功，这些书面陈述表露出一种告别的语气。业内人士向局外人的最佳描述收录在 Janna Levin, *Black Hole Blues and Other Songs from Outer Space*（New York: Knopf, 2016）。——原注

物理学家巴里·巴里什。在科学领域，有很多成功科学家因为缺乏人际交往和管理能力而致使项目失败的例子，但事实证明巴里什是一位管理高手。

从一开始，他们就计划建造两台完全相同的、臂长为 4 千米的干涉仪，它们分别位于美国相对两侧地质宁静的地点。其中一台位于华盛顿州汉福德郊外的灌木丛沙漠里，靠近一个封存的核反应堆。另一台位于路易斯安那州巴吞鲁日郊外的沼泽地里。第一阶段称为初始 LIGO（initial LIGO，iLIGO），目标是技术发展。这一阶段进行实际检测的可能性非常小。第二阶段称为先进 LIGO（advanced LIGO，aLIGO），目标是达到足够的灵敏度，以探测到理论预言的引力波（见图 58）。巴里什想要一套设备和一组基础设施，以便可以不断改进所有的主要部件——真空系统、光学系统、探测器和悬挂系统。

先进 LIGO 的灵敏度要高得多，这就需要对实验的几乎每个方面都进行升级。激光的功率变得更高，以减少高频噪声。每条臂两端的试验质量都变得更大。每个试验质量都是一个重达 40 千克的硅胶圆柱体，上面装有一面镜子，用来探测臂长的微小变化。悬架采用了一个四级摆，隔震降噪效果提高了一个数量级。LIGO 拥有有史以来最大、最好的真空系统，需要 48 千米长、没有任何泄漏的管道；需要前所未有的最精确的混凝土浇筑和校平技术来保持管道平整；真空度达到海平面空气密度的万亿分之一。这些探测器非常灵敏，能够感觉到一辆卡车在 5 千米外刹车，听到 80 千米以外的雷暴声。更令人印象深刻的是，它们能在其反射镜中看到单个原子的运动。

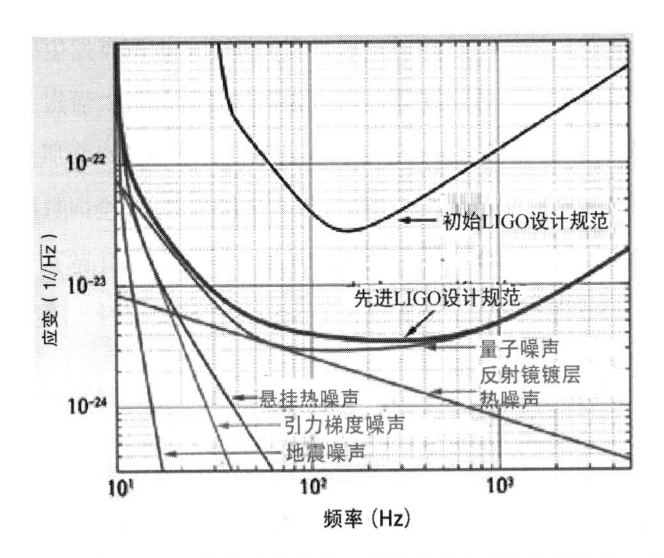

图58 激光干涉引力波天文台的灵敏度，这是用“应变”来描述的。应变近似于当引力波直接穿过试验质量时，试验质量的长度变化比例。在低频段，灵敏度强烈地受限于地质噪声和重力对反射镜的影响。在高频段，灵敏度受限于探测器中的量子噪声。从初始LIGO到先进LIGO，灵敏度增益至少有10倍（LIGO科学合作项目）

这个实验是一项技术上的杰作。初始LIGO从2002年运行到2010年，正如预期的那样，它没有探测到引力波。升级到先进LIGO花了5年时间，动用了500人参与工作。先进LIGO在工程模式下运行了6个月，并在应该开始获取科学数据的4天前突然大获成功。

让我们回到马可·德拉戈和2015年9月14日上午。这位说话轻声细语的博士后喜欢在他不做物理研究的时间里弹奏古典钢琴，并且已经写出了两部幻想小说。他在看到屏幕上出现弯弯曲曲的东西时，立刻起了疑心。它具有黑洞并合的经典模式，有一段短暂的渐强过程，研究人员称之为“啁啾”，就像宇宙中的鸟鸣。这列波在穿越太空10亿年之后，以光速通过地球，与位于华盛顿州汉福德的探测器发生碰撞，7 毫秒后又与位于路易斯安那州利文斯顿的探测器发生碰撞（见图 59）。德拉戈对此感到疑惑，因为这个信号看起来太强烈、太完美了。他说："没有人料到会有这么巨大的东西，所以我以为那是一次注入。"[1]LIGO 的监督者为了让团队工作人员保持警觉，会向数据流中注入虚假信号，这被称为"盲注"。2010 年，一次盲注引起了团队的极大兴奋，为此还撰写了一篇论文。直到论文即将提交时，团队工作人员才知道这些信号是假的。

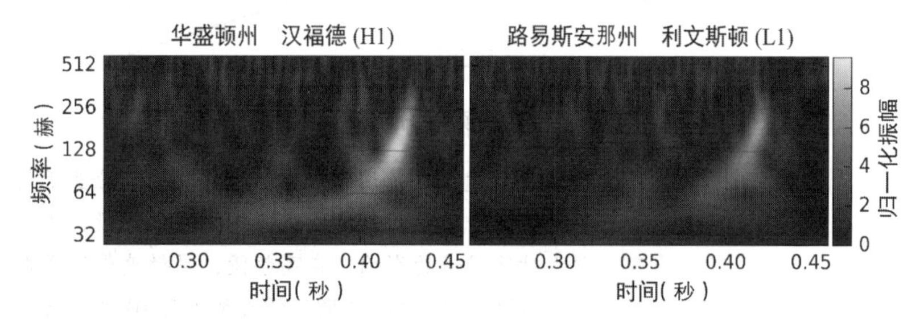

图 59 GW150914 是迄今发现的第一个引力事件。并合黑洞的经典"啁啾"模式可以在引力波振幅与频率的关系图中看到。信号到达汉福德探测器的时间比到达利文斯顿探测器早 7 毫秒，这与引力波在两个地点之间传播所需的时间一致（LIGO 科学合作项目 / 物理研究所）

德拉戈费尽心思去确认。他打电话给其他所有站点，并与一位团队负责人谈话，以确保没有人向系统中注入信号。他甚至担心有人搞恶作剧，有意侵入系统。经过十几次自动和手动检查后，他确认了这个信号是来自宇宙的。它在噪声中显得格外突出，就像在一个满是喋喋不休的人的房间里爆发出的一阵笑声：引力发言了。

[1] A. Cho, "Here is the First Person to Spot Those Gravitational Waves," Science, February 11, 2016.——原注

遇见引力大师

世界上最杰出的引力理论家最初却想成为一名铲雪车司机。基普·索恩孩提时在家乡与暴风雪和高山为伴。“在落基山脉长大，那是你能想象到的最辉煌的工作。但是后来我妈妈带我去听了一次关于太阳系的讲座，于是我被吸引住了。”[1] 他在犹他州长大，他的父母都是学者，因此他们鼓励他保持好奇心。

索恩的事业发展得很快。他从加州理工学院和普林斯顿大学获得学位后，又回到了加州理工学院，成为有史以来最年轻的正教授之一。他离开犹他州时是一个骨瘦如柴、令人生厌的年轻人，他的腼腆隐藏在救世主般的胡子后面。到30岁时，他已成为引力天体物理学的世界级专家，喜欢穿牛仔裤、黑色皮夹克，还蓄着时髦的山羊胡。

索恩在约翰·惠勒的指导下在普林斯顿大学完成了博士论文[2]。惠勒提出了一个有趣的问题：一束圆柱形磁场线会在自身的引力作用下发生内爆吗？磁场线是互斥的，索恩经过艰难的计算，证明了圆柱形磁场不可能发生内爆。这又引出了另一个问题：为什么同样有磁场线穿过的球形恒星能发生内爆而变成黑洞呢？索恩发现引力只有在所有方向都起作用时才能克服内部压力。想象一个圆环，可以使其自转而描绘出一个球面。

[1] 转引自 Josh Rottenberg, “Meet the Astrophysicist Whose 1980 Blind Date Led to Interstellar,” *Los Angeles Times*, November 21, 2014。——原注

[2] 学术谱系存在于各个领域，但在理论物理和数学方面尤为强大。如果学生能找到一位合适的论文导师，自己又能很好地反思导师的意见，其职业生涯就会得到启动和塑造。在理论领域，导师的影响可以扩展到在选择要解决的问题时的“品位”，以及解决该问题的“风格”方面。这些美学考虑对于局外人来说通常是不透明的。基普·索恩在加州理工学院担任教授期间指导过50名博士生，其中包括艾伦·莱特曼、比尔·普莱斯、唐·佩奇、索尔·图科尔斯基和克利福德·威尔等许多在理论天体物理学和相对论领域有影响力的人物。——原注

对于任何质量为 M 的天体，如果一个周长为 $4\pi GM/c^2$ 的圆环可以绕其自转，那么它必定是一个黑洞（其中 G 是引力常数，c 是光速）。这被称为“环猜想”，这个猜想使索恩几乎还没从研究生院毕业就已成了超级明星。

索恩在 35 岁左右时与人合著了具有里程碑意义的教科书《引力论》，并与斯蒂芬·霍金打了几个赌。作为 LIGO 的共同创始人之一，索恩在发现引力波方面投入了大量精力。他知道两个黑洞并合时会产生最强的引力波信号，但是存在着一个问题。要计算即将并合的黑洞信号最强的部分，唯一的方法是采用数值计算，不过就像广义相对论中的许多其他情况一样，这些方程不能精确求解。然而，当时的超级计算机数值模拟能力还远远不够。

我们当时心事重重：在我们用 LIGO 可能看到引力波时，需要有这些计算机模拟结果在手。但在 20 世纪 90 年代，这个领域中存在着巨大的问题。那些伟大的计算科学家可以让两个黑洞正面相撞，但是当他们试图让黑洞像自然界中应该发生的那样，在轨道上绕着彼此运行时，他们甚至无法让它们在计算机崩溃之前绕行一圈。到 2001 年，我开始惊慌了，因为我预计先进 LIGO 将在 21 世纪初投入使用，也就是 10 年以后。到那时是否会有模拟结果在手，完全不得而知[1]。

因此，他退出了这个项目的日常运作，在加州理工学院和康奈尔大学成立了一个数值相对论团队。

索恩作为科学普及者能做到深入浅出，他能用日常语言来解释深奥的想法[2]。作为 LIGO 的代言人，他能说服那些毫无科学背景的职业政

[1] “How Are Gravitational Waves Detected?” Q & A with Rainer Weiss and Kip Thorne, *Sky and Telescope*, August 28, 2016. ——原注

[2] K. S. Thorne, *Black Holes and Time Warps: Einstein's Outrageous Legacy* (New York: W. W. Norton, 1994) . ——原注

客花费近 10 亿美元建造两台巨大的仪器，去探测假设的、看不见的波。这些波如此微弱，以至于只能将原子移动其尺度的极小部分。

索恩与好莱坞的关系密切，意思是他已被卷入以引力为主要角色的那些影视作品中。20 世纪 80 年代初，卡尔·萨根安排他与制片人琳达·奥布斯特结识，并利用他的专业知识设计了《超时空接触》（*Contact*）中的虫洞旅行场景。后来，奥布斯特在与导演克里斯托弗·诺兰合作拍摄《星际穿越》（*Interstellar*）时找到了他。电影使用一个名为“卡冈图雅”的巨大自旋黑洞来放慢时间，索恩与动画师合作，确保视觉效果在科学上是准确的。有些帧花了 100 小时来渲染。这部电影的数据量直逼 10^{15} 字节。索恩甚至从这些模拟中得出了一项科学发现，并由此发表了好几篇论文[1]。在他看来，这些图像很美，但他认为它们也是因为真实而显得美（见图 60）。

图 60　艺术家在电影《星际穿越》中对名为“卡冈图雅”的超大质量黑洞的描绘。从近距离看，吸积盘的真实扭曲程度甚至比这张图像中的更大。在电影中，黑洞掌握着一位宇航员穿越时空拯救地球民众的关键要素。米勒的行星在左上角附近，这个海洋世界如此靠近黑洞，以至于时间显著变慢（O. 詹姆斯 / 物理研究所）

[1]　参见 Adam Rogers, “Wrinkles in Spacetime: The Warped Astrophysics of Interstellar,” *Wired*.——原注

用引力之眼观察宇宙

几乎每天都会有由于宇宙中某处发生的双黑洞灾变而产生的一列时空涟漪通过你的身体。它可能从你的上方、侧面或脚下接近你。你在做自己的事情，没有察觉到这一侵扰。当这列波扫过时，你会在一瞬间变得略微高一点、瘦一点，然后又变得略微矮一点、胖一点。这一模式不断重复。零点几秒后，你又恢复正常了。

这令人想起小说家、诗人约翰·厄普代克对宇宙中另一种“幽灵信使”——中微子的描述：

地球对于它们只是一个愚蠢的球
它们一穿而过，
就像清洁女工穿过通风的大厅，
或者光子穿过一面玻璃。
它们不理最精致的气体，
不顾最坚固的墙，
忽视钢铁和铜锣，
侮辱马厩里的骏马，
蔑视阶级壁垒，
渗透你和我！
就像高高的、
无痛的断头台，
它们会从天而降，
穿过我们的头颅进入草地。[1]

[1] J. Updike, “Cosmic Gall,” *New Yorker*, December 17, 1960, 36. ——原注

引力波有3种类型[1]。第一种是随机的，这个词用来描述任何具有随机性质的物理过程。这种类型是最难探测的，因为这种信号会与高频的电子随机噪声匹敌，还会与低频的地质活动不相上下。我们很快就会看到，最令人兴奋的随机信号形式来自大爆炸。第二种是周期性的，指的是在很长的一段时间内频率几乎恒定的引力波。最常见的周期性信号源是相互沿轨道绕行的中子星和黑洞。由于这些双星系统的间距很大，因此这种信号很弱。第三种是脉冲的，意思是短时间内爆发的引力波。它们来自超新星爆发形成黑洞的过程以及中子星或黑洞的并合。它们是预期最强的引力波来源，而且它们具有独特的指纹，因此它们也是最容易从噪声中分辨出来的。

把黑洞碰撞想象成一口引力钟在响。正如大钟发出的声音的频率比小钟低，大质量碰撞发出的引力波的频率比小质量碰撞发出的引力波低。中子星的“啁啾”逐渐增强到1600赫，最小质量黑洞逐渐上升到700赫，而在第一次LIGO事件中探测到的巨大黑洞从100赫开始上升到350赫左右。中子星的数量大约是黑洞的3倍，所以，为了减少事件的数量而增大信号的功率，我们希望看到的是两个中子星的并合、一个中子星和一个黑洞的并合以及两个黑洞的并合。LIGO被设计为在100～200赫频率范围内具有最高的灵敏度，并合黑洞在这个频率范围内发出最强的信号。这是探测的最有效点。在1000赫处，由于电子器件中的噪声增大，因此灵敏度降低了50%；在20赫处，随着地球地质轰鸣声的增大，灵敏度降低了90%。

[1]　K. S. Thorne, “Gravitational Radiation,” in *Three Hundred Years of Gravitation*, edited by S. Hawking and W. W. Israel (Cambridge: Cambridge University Press, 1987), 330-458. ——原注

我们能从时空涟漪中得到什么信息？让我们用水波的涟漪来做个类比。想象在一个微风吹拂的日子里，你是漂浮在一个大池塘上的一枚软木塞。风吹皱了水面，水波的随机模式使你上下摆动，这很好地近似表现了引力波实验中的背景噪声。如果有人开始每秒往池塘里扔一块石头，并持续扔几秒，你就会感觉到额外的周期性上下摆动。这是来自两个相互靠近的黑洞的“啁啾”。摆动的幅度取决于石头的大小，也取决于石头下落的距离，因为涟漪在向外传播的过程中会变得越来越弱。作为一枚软木塞，你没有眼睛也没有耳朵，所以你能感觉到的只有运动，你完全不知道这些波是从哪里来的。但如果你能同附近的另一枚软木塞谈话，你就能得到比较多的信息。这些涟漪以同心圆的形式传播，所以你可以测定接收到两个信号的时间，然后通过三角测量法得到源的方向。你的耳朵就是用这种方式来判断声音来自哪个方向的。

从 LIGO 的一次探测中，物理学家可以得到几条重要信息[1]。通过与计算机模拟过程的比较，变化频率的模式会给出两个黑洞的质量。并合阶段用于测量并合后的黑洞自旋。事件在天空中的位置是利用到达两台探测器的信号之间的时延来测量的（在两个位置上都看到一个相似的信号，这一事实有助于将噪声或伪源从信号中排除出去）。由于只有两个站点，因此天空中的位置没有受到非常严格的约束，它可能在长而宽的一个条形区域上的任何地方。不过，LIGO 的成功为国际共同体注入了活力。欧洲刚刚在意大利启动了一台干涉仪（Virgo），德国的一台也不甘落后（GEO600）。日本的一台干涉仪原计划于 2019 年投入使用，印度则计划在 21 世纪 20 年代初建造一台干涉仪。在 3 个或更多地点进行探测，可以将引力波的来源精确地定位到一个特定的天文源，从而可以

[1] 这些信息清晰地用图表形式展示在 *LIGO Magazine*, no. 8, March 2016。——原注

在整个电磁光谱中进行观测[1]。

源的距离是由信号的强度来估计的。波在三维空间中远离黑洞，并随着它们在空间中的传播而被稀释。引力波与电磁波相比有一个很大的优势：它们的振幅与距离成反比。如果黑洞的距离远 10 倍，信号就会弱 90%。但是天文学家无法测量电磁波的振幅，他们测量的是强度，也就是振幅的平方。如果一个恒星的距离远 10 倍，光的强度就会弱 99%。这就是为什么读取引力波的 LIGO 具有巨大的探测范围，能够探测到数十亿光年之外的灾变。

如果 LIGO 的发现只是侥幸呢？你不能只用一个事件来进行统计。宇宙会在仅仅一首简短的歌曲中揭示它的秘密吗？物理学家兴高采烈，但同时也忧心忡忡。他们用爱因斯坦的话来安慰自己。那是在 1921 年的一段很短暂的时间里，实验似乎证明广义相对论是错误的。当时爱因斯坦说道："上帝是微妙的，但他没有恶意。"

当 LIGO 团队在 2015 年 12 月 26 日宣布探测到第二个事件时，人们在兴奋之余还略带一丝宽慰。这个信号比较弱，因为它的源稍远一些，距离我们 15 亿光年。两个相互碰撞的黑洞也比较小，它们分别是太阳质量的 9 倍和 14 倍，而在与之对照的第一次事件中分别是太阳质量的 29 倍和 36 倍。介于这两次之间的是在 2015 年 10 月 12 日发生的另一

[1] 这将是一个关键的进展，因为直到目前为止我们还不能确定 LIGO 黑洞信号的来源。引力波代表了一种观察宇宙的新方法，因此我们无法识别出与之相关的天体并通过光和整个电磁波谱来观察它们，这是令人沮丧的。探测过程中还有其他影响数据解释的细节。干涉仪对来自上方的波最为敏感，因为这些波在横向平面内被拉伸和压缩。对于任何其他角度，信号都会比较小。由于两台探测器相距数千千米，因此地球的曲率导致它们不是共面的，于是这一点也必须考虑在内。对于面朝地球的双星轨道，这个信号最强；而对于其他倾角的轨道，这个信号较弱。LIGO 的实验人员必须从每一个瞬变事件中提取每一丁点儿可能的信息。——原注

个事件，它被置于候选状态，而不算一次确定的探测。此时的信号很弱，因为所涉及的两个黑洞分别是太阳质量的 13 倍和 23 倍，它们在地球上出现生命后不久发生并合，距离我们达到惊人的 33 亿光年[1]。2017 年，LIGO 又有 3 次发现（见图 61）。5 次确定的探测，再加上另一次不甚确定的探测，令 1000 位科学家欢欣鼓舞。LIGO 是一个巨大的成功。这是引力波天文学时代的开端。

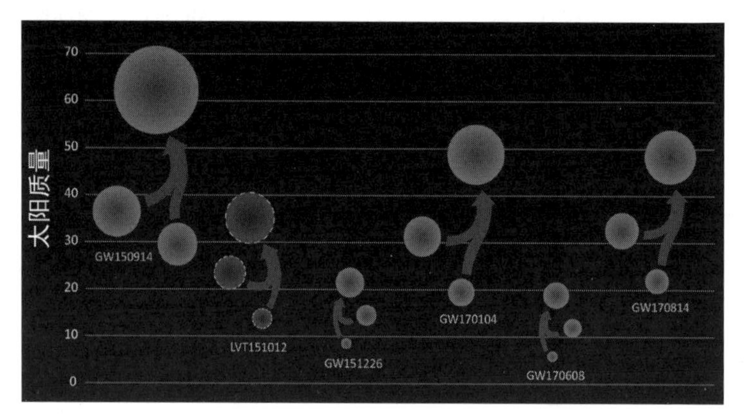

图 61　先进 LIGO 首次科学运行的探测结果。第一次发现发生在 2015 年 9 月 14 日，此时 LIGO 经过长时间关闭后刚刚开始采集科学数据仅几天。2015 年又探测到两次，接下去 2017 年又探测到 3 次。由于第二次发现（虚线圆圈）的信噪比低于确定探测的阈值，因此只将其作为候选（LIGO 科学合作项目）

[1]　按照用于并合黑洞的特殊算法，第一个事件包括的质量之和是 62 倍太阳质量，其中 3 倍太阳质量以引力波的形式放射出来。第二个事件包括的质量之和是 21 倍太阳质量，其中 2 倍太阳质量以引力波的形式放射出来，候选事件包括的质量之和是 34 倍太阳质量，其中 2 倍太阳质量以引力波的形式放射出来。在这 3 个事件中，前两个事件的探测有效性大于 5.3 σ，候选事件的探测有效性处于临界的 1.7 σ。在天空中的定位区域取决于信号强度。第一个事件为 230 平方度，第二个事件为 850 平方度，候选事件为 1600 平方度。一般情况下，“啁啾”频率与黑洞质量之间的比例关系为 $M^{5/8}$，而干涉仪中的位移 h 与黑洞质量之间的比例关系为 $M^{5/3}$。所有这些测量以及更多内容，请参见 *LIGO Magazine*, no. 9, August 2016。——原注

2017 年 8 月，LIGO 探测到另一个引力波脉冲。然而，这个事件与早期探测有两个方面的不同。此时信号比较弱，而且它来自一个距离只有 1.3 亿光年的源。这意味着它是由质量较小的天体并合而产生的，这些天体是中子星而不是黑洞[1]。LIGO 与欧洲的 Virgo 干涉仪一起工作，来自 3 台不同探测器的信号使科学家能够以前所未有的精度对引力波进行定位。这两个中子星在一个名为 NGC 4993 的星系中相撞。世界各地的天文台都积极行动起来了。

结果是得到了大量的数据，还有就是一种新型天文学诞生了。美国国家航空航天局的两颗卫星从正在并合的中子星那里探测到爆发出的伽马射线，全球 70 多架望远镜捕捉到这次碰撞发出的渐弱可见光和红外余辉。与不产生电磁辐射的黑洞并合不同，中子星结合时爆发的威力是超新星的 1000 倍。一个结果是辐射爆发，另一个结果是喷涌而出的中子为一团放射性废料云提供了动力[2]。在一天之内，这团云从城市大小膨胀到太阳系大小。中子灌注进原子核，把它们变成较重的元素。理论物理学家估计这次事件创造出的黄金是地球质量的 200 倍。如果你能把它们带回家的话，大概值 10^{31} 美元！引力波与丰富的电磁信息结合起来，被称为多信使天文学。预计 LIGO 和 Virgo 大约会每周发现一次中子星并合，每两周发现一次黑洞并合[3]。宇宙中充满了时空涟漪，天文学家终

[1] A. Murguia- Merthier et al., "A Neutron Star Binary Merger Model for GW170817/GRB 170817A/SSS17a," *Astrophysical Journal Letters* 848 (2017) : L34-42. ——原注

[2] M. R. Seibert et al., "The Unprecedented Properties of the First Electromagnetic Counterpart to a Gravitational- Wave Source," *Astrophysical Journal Letters* 848 (2017) : L26-32. ——原注

[3] J. Abadie et al., "Predictions for the Rates of Compact Binary Coalescences Observable by Ground- Based Gravitational-Wave Detectors," *Classical Quantum Gravity* 27 (2010) : 173001-26. ——原注

于拥有了可以看见它们的眼睛。

赞誉紧随而来。从取得一项发现到后来获得诺贝尔奖，通常要经过很长的一段时间。事实上，一些杰出的科学家是在等待中死去的，而诺贝尔奖不会颁发给已经去世的人。但引力波探测会很快得到公认，这一点几乎毫无疑问。因此，2017 年 10 月，也就是 LIGO 第一次感知到时空闪烁过去不到两年后，雷纳・韦斯、基普・索恩和巴里・巴里什就获得了诺贝尔物理学奖，这并不令人惊讶。

大质量黑洞的碰撞与并合

既然时空涟漪已经被探测到，那么我们就可以有所期待，因为银河系中有 10 亿颗中子星和 3 亿个黑洞——大量的并合候选者。然而，它们处于密近双星系统中的概率非常低，所以黑洞的并合率大约是每 50 万年一次。听起来好像要等很长时间，但是 LIGO 的灵敏度让它在宇宙中具有巨大的探测范围。当先进 LIGO 在 2020 年重新上线时，它的灵敏度将提高 3 倍，这意味着它可以探测到是原来 3 倍远的相同信号。它测量位移的精度将达到令人难以置信的 $1/10^{22}$。由于体积与距离的 3 次方成正比，因此目标数量将增加 30 倍。事件发生率可能高达每年 1000 次，或者说每天两三次[1]。

下一个研究领域将是星系中心的超大质量黑洞吞噬像中子星和黑洞这样的致密天体时发出的引力波。回到与声音的类比，黑洞的质量

[1] B. P. Abbott et al., "The Rate of Binary Black Hole Mergers Inferred from Advanced LIGO Observations Surrounding GW150914," *Astrophysical Journal Letters* 833 (2016): L1-99. 先进 LIGO 与欧洲的 Virgo 干涉仪协同工作，会将源的位置限定在 5 平方度内，比早期的 LIGO 探测精确 100 倍。——原注

越大，它们并合时的轨道时间就越长，特征“啁啾”的频率也就越低。这个超大质量天体发出的“声音”的频率范围在 10^{-4} 赫到1赫之间，轨道时间从几小时到几秒。超大质量黑洞发出的信号频率会低于人类的听觉范围，甚至低于频率最低的管风琴。这些声音更多地是被感觉到而不是被听到。

由于引力波的频率很低，为了记录来自最大质量黑洞的引力波，探测器必须放置在纯净的太空环境中。建议用于这项工作的工具是激光干涉仪空间天线（Laser Interferometer Space Antenna，LISA）。LISA将由3颗卫星构成，它们排列成一个边长为100万千米的等边三角形[1]。这一布局的大小是月球轨道的10倍，它绕太阳公转的距离将与地球相同，但比地球落后20度。一颗卫星是载有激光器和探测器的“主控”卫星，另两颗卫星是载有反射器的“伺服”卫星。反射器与由黄金和铂合金制成的试验质量相连接。LISA被设计为用于测量100万千米距离以外的小于原子尺度的位移，即精度为 $1/10^{21}$。为了探测微小的时空涟漪，试验质量必须不受引力以外的任何力的影响，就好像它们不是航天器的一部分，只是在它们的地球 - 太阳轨道上“自由下落”。这项工程上的挑战要求精细控制航天器。每个航天器必须飘浮在它的试验质量周围，使用电容传感器来确定它相对于试验质量的位置，并使用精确的推进器来完美地保持以该质量为中心。2016年，欧洲航天局的一项名为“LISA探路者”的试验任务成功地演示了这项技

[1] LISA最初是美国国家航空航天局和欧洲航天局的一个联合项目。最初的设计研究可以追溯到20世纪80年代。但是美国国家航空航天局遇到了预算问题，在2011年退出了这一项目，因此欧洲航天局从合作伙伴变成了赞助这项雄心勃勃的任务的唯一机构。LISA是欧洲航天局“宇宙视野”计划的一个主要的新任务，暂定发射日期为2034年。——原注

术。LIGO 的成功促成了 2017 年的一项资助承诺，LISA 的前景一片光明[1]。

在宇宙学标准模型中，结构是通过较小天体的并合以及吸积周围物质而等级式地建立起来的。所以矮星系结合起来形成大星系，大星系通过与数量更多的矮星系结合以及气体从星系际介质落入来保持生长。中心黑洞也遵循着类似的形成过程，但其中的细节很难预测，因为它们依赖复杂的吸积过程和各星系中心的特定条件[2]。

超大质量黑洞之间的并合发生的时标甚至更长，并相应地放出低频引力波。粗略的计算表明，如果一对百万倍太阳质量的黑洞发生并合，那么它们发出的引力波频率将为 10^{-3} 赫，时标为 1 小时。而一对太阳质量黑洞并合时发出的引力波频率为 10^{-9} 赫，时标为几十年。捕捉一个需要数年时间才能通过探测器的波需要非凡的稳定性。详细的计算机模拟表明，LISA 每年会探测到几次并合。在通常情况下，这两个黑洞的质量都在太阳质量的 10^6 倍到 10^7 倍之间[3]。这个采样范围将使我们洞察到黑洞和星系聚合的早期阶段。

最响亮的事件和最壮观的并合发生在 10 亿倍太阳质量的黑洞之间，

---

[1] M. Armano et al., "Sub-Femto-g Free Fall for Space- Based Gravitational Wave Observatories: LISA Pathfinder Results," *Physical Review Letters* 116 (2016) : 231101-11. ——原注

[2] 与恒星质量黑洞的情况类似，最难理解的问题是最终并合的时标。超大质量黑洞很难失去足够的角动量而发生并合，这被称为“最终秒差距”问题。在一个富气体星系中，最终的并合阶段可能需要 1000 万年，但在一个贫气体星系中，这可能需要数十亿年。在一些模型中所需的时间可能比宇宙的年龄还要长，这意味着大质量星系中可能包含着从未并合过的双超大质量黑洞，这转而又意味着不会探测到任何引力波信号。——原注

[3] J. Salcido et al., "Music from the Heavens: Gravitational Waves from Supermassive Black Hole Mergers in the EAGLE Simulations," *Monthly Notices of the Royal Astronomical Society* 463 (2016) : 870-85. ——原注

然而这种事件发生的频率是如此之低，以至于超出了 LISA 的探测范围。要找到这些引力波，直径为 100 万千米的阵列还不够大，需要一个星系尺度的仪器。脉冲星探测器阵列登场了。脉冲星是死的，它们是由纯中子构成的坍缩恒星。它们自旋时，表面的热点扫过射电望远镜，而射电脉冲的频率保持得十分精准。每秒自旋数百次的脉冲星是宇宙中最精确的时钟。

在数十亿光年之外，两个超大质量黑洞悠然起舞，这场舞蹈持续了数百万年。当它们最终落入彼此的怀抱而发生并合时，宇宙沐浴在它们发出的低频引力波中。这些引力波拉伸并挤压着时空的结构。就像我们在地球上看到的一样，当波以光速通过时，脉冲星上下摆动。这些波轻微地改变了脉冲的时间。例如，频率为 10^{-8} 赫（即周期为 4 个月）的波可能会导致脉冲在 1 月提前 10 纳秒到达，而在 3 月推迟 10 纳秒到达。这是一项极其精细的实验，但目前的射电望远镜已经能够以所需的精度测量出脉冲。脉冲星探测器阵列提高了实验的灵敏度，并提供了一定的方向灵敏度[1]。

脉冲星探测器阵列是科学家构想过的最宏大的实验装置。脉冲星探测器阵列的排布范围超过数万亿千米，而不是 LIGO 的 4 千米或 LISA 的 100 万千米。整个银河系就是这台探测器。这是真正需要大量投资的大科学。目前，有 4 个脉冲星探测器阵列正在积极寻找信号，并且正在把它们的数据组合成一个国际阵列。当这些实验把脉冲星加入其目标清单并提高其灵敏度时，这些实验中的一个或多个有 80% 的概率将在未

[1]　G. Hobbs, “Pulsars as Gravitational Wave Detectors,” in High Energy Emission from Pulsars and Their Systems, *Astrophysics and Space Science Proceedings*（Berlin: Springer, 2011）, 229-40. ——原注

来 10 年内探测到超大质量黑洞的并合（见图 62）[1]。

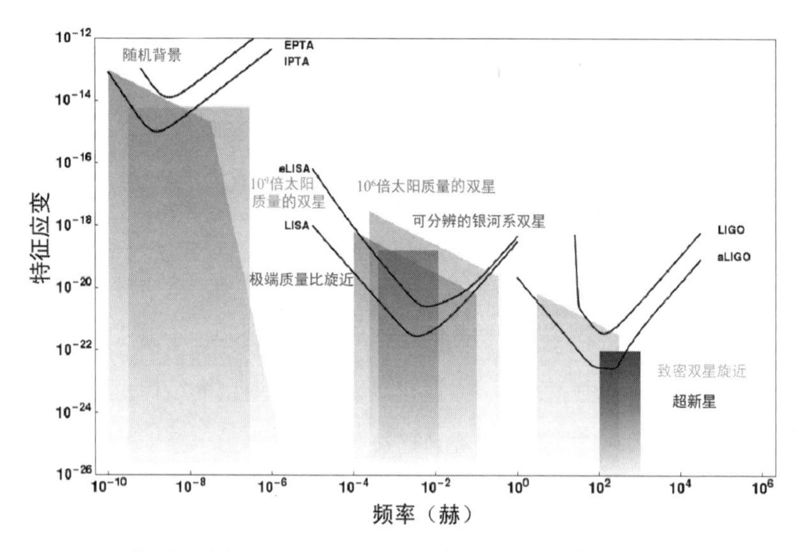

图 62　比较各引力波探测器和引力波探测范围。右边的高频端是像 LIGO 这样的干涉仪的灵敏度曲线，它们对超新星、致密中子星和黑洞双星的并合敏感。中间是像 LISA 这样的天基干涉仪，它们探测的是像大质量黑洞双星并合这样的低频事件。左边是脉冲星探测器阵列，探测最低频率的事件，如超大质量黑洞的并合以及来自大爆炸的随机背景（*C. Moore, R. Cole, and R. Berry,* Classical and Quantum Gravity*, vol. 32/Institute of Physics*）

引力与大爆炸

原初引力波探测是一个尚未被开发的前沿领域。请记住，只要质量有改变其布局的运动，就会产生时空涟漪。到目前为止，最剧烈的质量变化发生在早期宇宙。在那个时候，最终会形成数千亿个星系的物质都

[1]　S. R. Taylor et al., “Are We There Yet? Time to Detection of Nano-Hertz Gravitational Waves Based on Pulsar- Timing Array Limits,” *Astrophysical Journal Letters* 819（2016）: L6-12. ——原注

包含在一个比原子还小的区域中。当前的宇宙学包括一个叫作暴胀的早期阶段：在大爆炸后 10^{-35} 秒，宇宙还处于微观尺度时，其尺度呈指数增长。如果不用暴胀解释的话，宇宙的平坦和平滑就会是不可思议的。暴胀意味着星系的“种子”是量子涨落[1]。

有一些间接的证据支持暴胀理论，但是那个时候的能量比实验室或加速器（如大型强子对撞机）所能达到的还要高几万亿倍，所以我们不可能尝试在地面实验中复现它。检验暴胀是很重要的，因为它将使我们更接近量子引力理论的“圣杯”。来自暴胀的引力波目前应该仍然在宇宙中回荡。它们的能量遍布 $0\sim10^{29}$ 赫的频率范围，涵盖了我们讨论过的所有探测方法所使用的频率[2]。然而，这些波太微弱了，无法用干涉仪或脉冲星探测器阵列来测量，因此天文学家专注于研究它们在辐射上留下的印记。当宇宙冷却到足以形成稳定的原子时，它就沐浴在这种辐射之中。宇宙大爆炸后 40 万年间，这种辐射一直毫无变化地穿行在宇宙中，以微波的形式被我们观察到。根据预测，空间的拉伸和压缩将在微波辐射中留下轻微的旋涡模式[3]。

2014 年，科学界兴奋不已，一个使用南极望远镜工作的团队声称已探测到暴胀产生的引力波——不是直接探测到，而是根据它们在辐射

[1]　A. Guth, *The Inflationary Universe: The Quest for a New Theory of Cosmic Origins*（New York: Perseus, 1997）. ——原注

[2]　P. D. Lasky et al., “Gravitational Wave Cosmology Across 29 Decades in Frequency,” *Physical Review X* 6（2016）: 011035-46. ——原注

[3]　从技术上讲，这种模式称为 B 模式偏振。它的意思是电磁场有一种类似于叠加旋涡的模式。整个天空中的微波温度是均匀的，只有万分之一的差别，而偏振信号还要小得多，所以探测引力波效应的仪器需要特别高的精度。——原注

上留下的特殊印记推断出来的[1]。几个月后，这种兴奋之情就消失了，因为当时有人发现这个团队原来是被来自银河系尘埃的污染信号愚弄了。对研究者而言，这是一次痛苦的经历，因为他们仔细检查过数据，却被一个难以捉摸的前景愚弄了。这就像你的眼镜上有雾，而错把它当成远处的一场风暴。宇宙是一个混乱、复杂的地方，不能像实验室设备那样被控制，所以宇宙学家要做到谨慎才是明智的。然而，当存在来自其他团体的竞争时，迅速发表结果的冲动也是很难抗拒的。

许多团队正在为这一重要测量的新尝试做准备。这些具有挑战性的微波观测工作的最佳地点是在南极附近和智利境内高海拔的、干燥的阿塔卡马沙漠。有 5 个团队参与其中。如果没有探测到引力波信号，那么宇宙学的核心将受到质疑。但是如果确实探测到了这个信号，那么它就会成为量子引力的直接证据。

宇宙的量子起源可能是我们生活在一个多重宇宙中的一个迹象。据此，这个宇宙中可能有无限多个时空泡，而我们居住的是其中之一。多重宇宙中的这些宇宙具有截然不同的时空，很可能无法从我们的时空中观测到，这就使这个想法很难得到验证。它们可能全都有着不同的物理定律，甚至与我们的宇宙有着难以辨别的不同。这些宇宙也有同样的基本相互作用力吗？它们包含黑洞吗？它们包含能够理解其宇宙的生命形式吗？这些是宇宙学前沿的一些难以参透的问题。

[1] D. Hanson et al., "Detection of B- Mode Polarization in the Cosmic Microwave Background with Data from the South Pole Telescope," *Physical Review Letters* 111 (2014): 141301-07. ——原注

第 8 章　黑洞的命运

黑洞的未来是一个短期生长和长期蒸发的故事。我们遥远的后代可能会见证银河系中心在以类星体的形式耀发，还可能见证银河系和仙女星系中的超大质量黑洞发生并合。最终，黑洞将达到最大尺寸，不会再产生新的黑洞。即使在黑暗的未来，生命仍然能在宇宙中存在。但是，耗散和衰减的力量将最终取得胜利，从而对生命构成严重的威胁。

不过在目前，黑洞提供了对任何引力理论的终极检验。为了使量子理论与广义相对论取得一致，科学家已经将引力引入到多维时空之中。我们熟悉的 3 个空间维度只是暗示了存在着额外的、隐藏的维度。黑洞必须被纳入这个新的框架。

引力新时代

引力为什么这么弱？这似乎不是一个合乎情理的问题，尤其是在你觉得很难起床的日子——直到你回想起一根小磁铁棒就可以支持一枚回形针对抗整个地球将它向下拉的引力。引力比其他 3 种基本相互作用力都要弱得多，试图解释这个简单的事实会把我们带入一个隐藏维度和多重宇宙的兔子洞。

正如我们所看到的，物理学家已经有线索表明，在足够高的温度或能量下，这 4 种基本相互作用力可能会表现为单一的超力。在 20 世纪 70 年代的加速器中我们看到了这 4 种力中的两种得到统一，并由此产生了多项诺贝尔奖。沿着这条道路继续下去，就引出了超对称概念。在日常世界中，自旋为半整数的粒子不会与自旋为整数的粒子发生相互作用。属于前者的有电子和夸克，它们作为一类，被称为费米子；属于后者的有光子和胶子，它们携带力，作为另一类，被称为玻色子[1]。对于亚原子粒子，自旋是一种玄奥的数学性质，它与陀螺或行星的自旋没有直接的相似之处。费米子和玻色子就像油和水一样彼此疏离。超对称则对每个费米子和玻色子都预言了一组影子粒子，从而将这两类统一起来。超对称还预言，在 10^{29} 开这一惊人的温度下，除了引力以外的所有力都会合并成一个力。理论物理学家求助于超对称，以追求他们的梦想，即基于过多不同亚原子粒子的一种统一性。但是超对称受到了质疑，因为大型强子对撞机没有发现这些影子粒子的任何迹象。

20 世纪 80 年代，弦理论对统一理论形成了第二次攻击。弦理论假设粒子不是基本的，而是被称为弦的微小一维实体的振动模式，从而巧妙地解决了粒子物理标准模型中的一些问题。弦理论给人们带来的兴奋

[1] 费米子是自旋为半整数的粒子，服从恩利克·费米和保罗·狄拉克在 20 世纪 30 年代定义的统计规律。没有任何两个费米子具有完全相同的一组量子属性。基本费米子包括电子和 6 种类型的夸克。复合费米子包括质子和中子。玻色子是自旋为整数的粒子，符合阿尔伯特·爱因斯坦和萨特延德拉·玻色在 20 世纪 20 年代定义的统计规律。基本玻色子包括光子、希格斯玻色子和（仍然是假设的）引力子。复合玻色子包括氦核和碳核。任何数量的玻色子都可以有相同的量子态。虽然费米子被认为是粒子，玻色子被认为是力的载体，但是这两类之间的区别在量子力学中并不清晰。——原注

像野火一样蔓延至整个理论物理学界。这种理论基于非常优雅的数学，并且它自然地把引力和其他 3 种力结合了起来。然而，经过 10 多年的热切研究，许多物理学家逐渐对弦理论感到灰心丧气。其中用到的数学知识很难，常常难以处理，而且它要求时空有 9 个维度，这似乎多出了 5 个维度！在弦理论中，这些“隐藏的”维度只有在令人难以置信的 10^{32} 开的极高温度或 10^{-35} 米的极小尺度下才能显现出来。看来这种理论是不可检验的 [1]。

接下来登场的是丽莎·兰道尔。从小到大，她一直对数学很感兴趣，因为它能提供明确的答案。她是著名弦理论家布赖恩·格林在纽约史岱文森高中的同学，也是该校数学团队的第一位女队长。18 岁时，她以一个关于高斯整数的项目在西屋人才选拔赛中获胜。从哈佛大学获得博士学位后，她到河对岸的麻省理工学院担任助理教授，成为理论物理学界的一颗冉冉升起的新星。

丽莎·兰道尔的兴趣和才智不仅表现在数学方面，而且也表现在音乐方面，然而没有多少歌剧受到理论物理学的启发。即使是歌剧迷可能也要挠破头才会想起菲利普·格拉斯的《海滩上的爱因斯坦》（*Einstein on the Beach*）。丽莎·兰道尔为这部小型作品增加了《超音乐序曲：一部七个层面中的投射歌剧》（*Hypermusic Prologue: a Projective Opera in*

[1] 请注意，额外维度的概念并不一定是质疑弦理论是一种对自然界的描述方式的理由。多维空间的数学是在 19 世纪中叶由高斯和波约伊提出的。20 世纪 20 年代，卡鲁扎和克莱因对一种纳入了一个额外维度的引力理论进行了早期研究。弦理论目前仍然是理论物理学中一个非常活跃的领域，取得了一些进展，但也遭到了一些强烈反对。要了解弦理论作为万物理论的美和潜力的正面观点，请参阅 B. Greene, *The Elegant Universe: Superstrings, Hidden Dimensions, and the Quest for the Ultimate Theory*（New York: W. W. Norton, 2003）。要了解对抗的观点，请参阅 L. Smolin, *The Trouble with Physics: The Rise of String Theory, the Fall of a Science, and What Comes Next*（New York: Houghton Mifflin, 2006）。——原注

Seven Planes）。西班牙作曲家赫克托尔·帕拉谱曲，兰道尔写了剧本。

为了弄明白丽萨·兰道尔为什么会受到启发去创造性地思考引力，让我们回到奇点这个棘手的问题上来。根据广义相对论，每个黑洞都包含一个奇点，即一个时空曲率为无穷大的地方[1]。在黑洞内部，爱因斯坦方程一败涂地，预言了一些物理上毫无意义的事情。斯蒂芬·霍金证明了奇点在黑洞中是不可避免的，他以引人瞩目的方式表述了这个问题：广义相对论包含着自我毁灭的种子。

打破这种僵局的一条可能的途径要用到弦理论。研究弦理论的动机来自基础物理学中的一些问题，其中之一是要把自然界中的各种力统一在一个框架内。弯曲时空的“光滑”理论与亚原子粒子的“颗粒状”理论不一致。这就要求探索量子引力，爱因斯坦数十年的努力就受挫于此。此外，总体取得成功的粒子物理学标准模型也存在着缺陷。在这个模型中，电子的大小为零，因此必然会出现无穷大的质量密度和无穷大的电荷密度——这是奇点似乎违反物理学原理的另一个例子。目前，我们还无法解释为什么存在这么多有着不同质量的基本粒子，为什么物质的数量远远超过反物质，为什么暗物质和暗能量是宇宙的两个主要组成部分[2]。

兰道尔知道，20 世纪 90 年代的弦理论研究曾探索过膜的丰富性。“膜”是“薄膜”的简称，是指高维空间中的低维物体。想象一张纸，

[1] 在非旋转黑洞中，奇点是一个点；而在旋转黑洞中，奇点是一个环。对于物理学家来说，环形奇点令人讨厌的程度不亚于点形奇点，因为沿着其圆周的每一点仍然具有无穷大的时空曲率。——原注

[2] J. Womersley, “Beyond the Standard Model,” *Symmetry*, February 2005, 22-25. 另一篇技术性稍强、标题相同的文章是 J. D. Lykken, “Beyond the Standard Model,” a lecture given at the 2009 European School of High Energy Physics, *CERN Yellow Report CERN-2010-0002*（Geneva: CERN, 2011）, 101-09。——原注

它是三维空间中的二维物体。在这张纸上爬行的蚂蚁被限制在二维空间中移动，它们对第三个维度一无所知。甚至还可能有蚂蚁在另一张纸上爬行，而这些蚂蚁并不知道在一个第三维中离它们不远的平行“宇宙”。与此类似，我们自己的宇宙也可能是一张膜，一个漂浮在更高维度的海洋中的三维岛屿。粒子被限制在这张膜上，但兰道尔知道引力不会被限制在这张膜上，这是因为广义相对论认为它必须存在于空间的整个几何结构中。她意识到这也许可以解释为什么引力如此之弱。

兰道尔多年来一直对额外维度的想法有抵触，但在麻省理工学院时，她与波士顿大学的拉曼·桑德拉姆合作研讨膜。他们提出的数学方法描述了一对宇宙，它们是被五维空间薄薄分隔的四维膜。他们发现这两张膜之间的空间是扭曲的，并且这种扭曲可以放大和缩小这两张膜之间的物体和力。因此，在一张膜上，引力可以与其他力一样强，但是如果我们碰巧在另一张膜上，那么引力就会非常弱（见图 63）。兰道尔和桑德拉姆随后对另一种认识感到震惊：第五维可能是无限的，而我们不会察觉到它。在那之前，物理学家采用弦理论的传统观点，即额外维度紧紧地卷曲起来，以至于任何实验都无法探测到它们。在兰道尔和桑德拉姆的理论中，它们也许可以用加速器观测到[1]。

这项工作使他们成了超级明星。桑德拉姆得到 7 份工作邀请。考虑到他曾对他们的这些想法有多么忧虑，他对这份好运气陷入了沉思：“解决这个问题令人兴奋不已。我们有理由害怕得要死。在每种情况下，我们都有一种明显的恐惧，害怕自己被彻头彻尾地愚弄。”兰道尔成为哈佛大学悠久历史上的第一位理论物理学终身教授。她鼓起勇气写了一些

[1]　L. Randall and R. Sundrum, “An Alternative to Compactification,” *Physical Review Letters* 83（1999）: 4690-93.——原注

畅销书[1]，并且不那么令她自在的是，她还经常受到邀请代表科学界女性发表讲话。她吐槽道："我喜欢解决简单的问题，比如空间中的额外维度。所有人都认为科学界女性是一个比较简单的问题，但实际上这个问题要复杂得多。"[2]

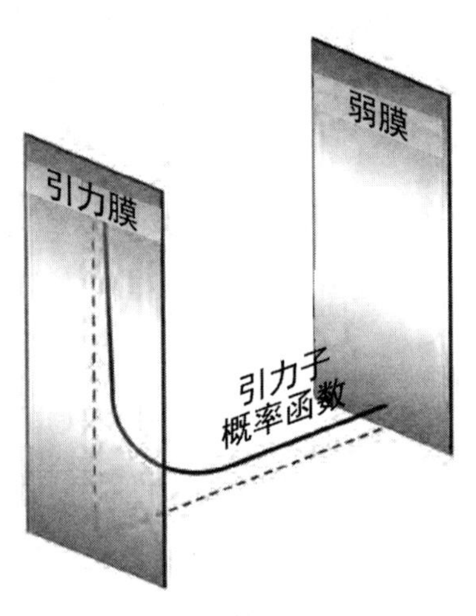

图 63　对于引力很弱的一种可能的解释要用到膜：嵌入高维空间的低维物体。引力可能在一张膜上很强，而在另一张膜上很弱，这两张膜都是嵌入在一个五维空间中的三维空间。目前我们还不清楚是否可以在实验室或加速器中探测到更高的维度或邻近的膜（克里斯·伊姆佩）

膜与黑洞高度相关。正如我们在第 1 章中看到的，斯特罗明格和瓦法用弦理论重复出斯蒂芬·霍金用经典物理学推导出的黑洞的熵和辐射。理论物理学家将膜包裹在紧紧卷曲的时空区域，由此表明他们可以计算出黑洞内部的质量和电荷。由于完全不同的原因而发展起来的纯数

[1]　L. Randall, *Warped Passages: Unraveling the Mysteries of the Universe's Hidden Dimensions*（New York: Ecco, 2005）. ——原注

[2]　M. Holloway, "The Beauty of Branes," *Scientific American* 293, November 2005, 38-40. ——原注

学可以用来计算像黑洞这样的"真实物体"的性质，这一事实被认为是弦理论的一大胜利。

我们可能生活在一个三维的泡中，漂浮在五维、六维、七维或更高维的膜的海洋中[1]。所有这些都混合在一个叫作多重宇宙的结构之中。这与上一章末尾描述的多重宇宙截然不同，后者基于与大爆炸共存的量子真空态中可能出现的其他时空。弦理论多重宇宙是一组阴影般的多维空间，与我们所生活的宇宙共存。

更高维度还没有在实验室或加速器中被探测到，许多物理学家认为膜就像弦一样，只是一种聪明的数学构造，而与现实没多大关系。在某些领域，有益的怀疑主义已经变成了一种强烈的反对。不过，兰道尔仍然充满希望。这位引力大师继续着她在高等数学无人涉足的前沿领域的研究。让我们把最后一句话留给诗人，而不是物理学家。诗人 E.E. 肯明斯写道："听：隔壁有一个极好的宇宙，让我们去吧。"[2]

我们门阶上的类星体

黑洞是演化的死胡同。对于一颗大质量恒星来说，它们体现了下面的结果：没有能量可以产生，而引力是胜利者。星系中心的超大质量黑洞是宇宙中最深的引力势阱。它们会不可阻挡地生长，不可能永远挨饿。我们拥有一个内场座位，可以近距离观看离我们最近的大质量黑洞（就

[1] L. Randall, "Theories of the Brane," in *The Universe: Leading Scientists Explore the Origin, Mysteries, and Future of the Cosmos*, edited by J. Brockman (New York: HarperCollins, 2014), 62-78. ——原注

[2] E. E. Cummings, "Pity this busy monster, manunkind," in *E. E. Cummings: Complete Poems 1904-1962* (New York: W. W. Norton, 1944). ——原注

是我们的银河系中心的黑洞）的演化。我们是否有可能回看银河系耀发生成的那段时间，来预测它可能会在未来的何时明亮燃烧？

最好的探测器是 X 射线辐射，因为它可以通过星系盘上的气体和尘埃到达我们，而光学波段的光则会熄灭。在用 X 射线望远镜监测人马座 A* 的 20 年里，它在大部分时间都非常安静，每隔几个月就会出现耀斑；在不到 1 小时的时间里，它的亮度会增加 5 ～ 10 倍[1]。

但这只是 20 年的观察。我们有可能要在比人类寿命更长的时标上才能看到黑洞的燃料供给变化。天文学家把来自 4 颗不同卫星的数据结合起来，探测到了 300 年前的一次大耀斑的 X 射线“回波”。那个时候，人马座 A* 比现在亮 100 万倍，随后这些辐射在距离黑洞几百光年的一团分子云上被反射后到达地球。这些初始辐射大部分在 18 世纪早期到达地球，当时还没有 X 射线望远镜来观测它们。这一事件本身发生在 27000 年前，当时我们的早期祖先在首次离开非洲后，最先到达了亚洲北部[2]。这一事件很可能与黑洞吞噬一颗恒星有关。

更长的时标又会如何呢？我们能看到目前蛰伏在银河系中心的那个黑洞数百万年前在做什么吗？是的，并且这样做就解决了一个与银河系质量估算有关的难题。银河系的质量是太阳的 1 万亿倍，其中大约 85% 是暗物质——将所有星系维系在一起的一种看不见的神秘物质。这就剩下大约 1500 亿倍太阳质量的正常物质。不幸的是，当天文学家把能看

[1] J. Neilsen et al., “The 3 Million Second Chandra Campaign on Sgr A*: A Census of X-ray Flaring Activity from the Galactic Center,” in *The Galactic Center: Feeding and Feedback in a Normal Galactic Nucleus*, Proceedings of the International Astronomical Union, vol. 303（2013）: 374-78. ——原注

[2] M. Nobukawa et al., “New Evidence for High Activity of the Super-Massive Black Hole in our Galaxy,” *Astrophysical Journal Letters* 739（2011）: L52-56. ——原注

到的所有恒星、气体和尘埃的质量加起来时，结果只有这个量的一半。他们用 X 射线望远镜发现了失踪的物质，它们以炽热浓雾的形式弥漫在星系中。他们看到一个低密度的“泡”从银河系中心向外延伸到银河系中心与地球间的距离的 2/3 处。他们计算了排空如此大的一个“泡”所需的能量，并推断出银河系过去必定经历过一个类星体阶段[1]。激波正以 320 万千米 / 小时的速度移动，它将在大约 300 万年后到达我们这里，所以没有必要恐慌。回溯 2 万光年意味着这个类星体阶段始于 600 万年前，当时早期原始人类已经在地球上行走了。银河系中心附近存在着年龄为 600 万年的一些恒星，这就证实了这根时间轴，这些恒星很可能是在更早的黑洞进食阶段由流向黑洞的物质形成的。600 万年前，银河系的黑洞在疯狂地进食，然后喷出如此大量的能量和气体，以至于耗尽了食物而进入冬眠阶段。

银河系中心的未来会怎样？它现在处于非常安静的状态，但这不会永远持续下去。我们可以预料我们门阶上的这个类星体每隔几亿年会点燃一次。有迹象表明，银河系中心正在聚集起来准备进入另一个活跃阶段。X 射线观测提供了证据，表明离人马座 A*3 光年距离之内有一大群黑洞和中子星，总数为 2 万个[2]。这是银河系中坍缩恒星遗迹聚集度最高的地方。它们在几十亿年的时间里迁移到中心。如果你有一个碗，里面装有同样大小的黑色大理石球和木球。你晃动这个碗，大理石球就会移动到碗的底部，这是因为它们比较重。同样，引力相互作用会导致黑洞比普通恒星更加向中心集中，尽管后者的数量要多得多。

---

[1]　F. Nicastro et al., “A Distant Echo of Milky Way Central Activity Closes the Galaxy’s Baryon Census,” *Astrophysical Journal Letters* 828（2016）: L12-20.——原注

[2]　“Chandra Finds Evidence for Swarm of Black Holes Near the Galactic Center,” NASA press release, January 10, 2005.——原注

不过，我们会见证类星体再次活动的可能性仍然极低。对于像银河系这样的一个星系，在太阳剩余的 50 亿年寿命中，黑洞可能只有在 1% 的时间里会变亮 10 亿倍[1]。银河系最后一次成为类星体时，黑猩猩和人类正处在演化树上的分叉点上。下一次可能是数千万年以后。

假设那时我们仍然作为一个物种存在，那么我们会看到些什么？没有什么是显而易见的。我们与射手座 A* 之间的尘埃之多导致大部分可见光都被遮挡了。人眼不可见的射电喷流垂直于银河系将天空一分为二。高能辐射也会激增，导致基因突变率升高。除非我们找到永久的避难所，否则我们的 DNA 将会被不断地撕碎。但如果我们能从星系盘往上升高 100 光年，从这个角度，我们就能看到闪耀黑洞的壮观景象，它的吸积盘像满月一样明亮。

与仙女星系并合

我们正处在与我们最近的邻居碰撞的过程之中。在太阳死亡之前，银河系和仙女星系将会靠近、相互作用及并合，这会给太阳系及其居民带来不确定的后果。每个星系中心的黑洞并合会是你能想象到的最壮观的景象之一。

一个世纪之前，我们就知道仙女星系 M31 正在以 120 千米 / 秒的速度靠近我们。由于宇宙的膨胀，星系一般都在远离我们。但是银河系和仙女星系非常接近，因此它们之间的引力足以战胜宇宙膨胀。哈勃空间

---

[1] D. Haggard et al., "The Field X-ray AGN Fraction to z = 0.7 from the Chandra Multiwavelength Project and the Sloan Digital Sky Survey," *Astrophysical Journal* 723（2010）: 1447-68. ——原注

望远镜对仙女星系横向运动的测量显示，它几乎在直接向我们飞来[1]。数值模拟表明，在 20 亿年内，这两个星系将会相互扫过。当它们分开时，一座由恒星和气体组成的幽灵般的桥会把它们连接起来。目前，仙女星系是一片暗弱的、模糊的光斑，肉眼几乎看不见。40 亿年后，仙女星系将赫然出现在夜空中，地球上的任何人都会看到它（见图 64）。大约 45 亿年后，这两个星系将再次靠近，密近地绕几圈，然后并合。在接下来的 10 亿年里，它们将形成一个平滑的大星系：银河仙女星系。

图 64　银河系和仙女星系正处于碰撞过程中。这幅图像显示了大约 40 亿年后地球的夜空，此时这两个星系已相互扫过，正在最后一次靠近。银河系由于相互作用而发生了扭曲。星系并合后，这两个星系中心的黑洞也会并合，从而产生一个新的、质量更大的黑洞（美国国家航空航天局 / 空间望远镜科学研究所）

这个假想的新星系是由哈佛大学的阿维 · 洛布命名的，他与哈佛大学博士后 T. J. 考克斯合作完成了这次并合的计算机模拟。他们改变了假设和起始条件，每次模拟都要花费相当于 20 台最先进的台式计算机两

[1]　R. P. van der Marel et al., "The M31 Velocity Vector: III. Future Milky Way-M31-M33 Orbital Evolution, Merging, and Fate of the Sun," *Astrophysical Journal* 753（2012）: 1-21. ——原注

周的时间[1]。两个星系之间的碰撞不像车祸。星系中大多是空的空间，所以极少有恒星实际上发生相互撞击。如果恒星像高尔夫球那么大，那么它们之间的距离就是 1000 千米；即使在星系中心，恒星之间也会相距 3 ～ 4 千米。引力将使恒星剧烈地运动，但它们的太阳系将保持完好无损，因此，未来的地球人将看到一个崭新的夜空，因为我们会脱离银河系的常规轨道，被搬到一个新的位置。

在这场星系火车失事中，地球和太阳系将会发生什么？银河系和仙女星系第一次近距离通过后，太阳会有 10% 的概率被甩入潮汐尾（当两个延展天体的引力相互干扰并扭曲它们时，就会出现潮汐尾）。这将使我们能够鸟瞰随后的活动。仙女星系甚至有 3% 的概率会从银河系中“偷走”太阳。在第二次（即最后一次）靠近的过程中，太阳将有 50% 的概率移向银河仙女星系的密集内部区域，也有 50% 的概率被赶出去。于是，我们的后代就能从远处观看引力将这些碰撞结果协调成一个光滑的星系。

所有这些都是助兴的穿插节目，主要事件是银河系中 400 万倍太阳质量的黑洞与仙女星系中再大 50 倍的黑洞的相遇[2]。这两个黑洞将会聚在银河仙女星系的中心附近，通过将能量转移给它们遇到的恒星而向内移动，其中一些恒星将完全从银河仙女星系中被弹射出去。这将需要大

[1] T. J. Cox and A. Loeb, “The Collision Between the Milky Way and Andromeda,” *Monthly Notices of the Royal Astronomical Society* 386（2007）: 461-74. ——原注

[2] M31 具有位于一个致密星团内的双核，这一事实使它的研究变得复杂。其中较亮的一团偏离星系中心，而 5 光年之外的较暗的一团中包含着这个巨大的黑洞。由于它距离我们 250 万光年，因此即使使用哈勃空间望远镜也很难对核区进行详细的研究。黑洞质量的最佳测量值在 1.1 亿倍到 2.3 亿倍太阳质量之间。参见 R. Bender et al., “HST STIS Spectroscopy of the Triple Nucleus of M31: Two Nested Disks in Keplerian Rotation Around a Supermassive Black Hole,” *Astrophysical Journal* 631（2005）: 280-300。——原注

约 1000 万年。当它们之间的距离达到 1 光年以内时，它们将进入一个死亡螺旋，并且在并合前突然释放出引力波[1]。

银河系与仙女星系的并合不是罕见现象，这样的事件在宇宙中不断发生。尽管并合率已随着宇宙的膨胀而下降，但数值仍然相当大。不过，并不是所有的并合都遵循 LIGO 测到的黑洞模式。当恒星级双黑洞并合，并且它们的自旋恰好反向时，引力波就可以带走足够的动量，使并合后的双黑洞经历一次反冲。反冲的力量足以将并合后的剩余部分弹射出去。像银河系这样的星系偶尔会向星系际空间吐出黑洞。两个星系并合后的超大质量黑洞也可能发生这种现象。想象一下巨大的、裸露的黑洞以每小时数百万千米的速度在星系际空间中航行，这是多么奇妙！

目前已有 6 个双星超大质量黑洞得到了确认。在前一章中，我们讲到了 LISA 用于探测这种双星的并合。模拟这些并合所需的理论工具直到最近才开始研究[2]。我们不需要像等待银河仙女星系那样为一个信号等上数十亿年。类星体 PG 1302-102 距离我们 35 亿光年。它有一对轨道周期为 5 年的双黑洞，这说明两个黑洞之间的距离只有 1 光月。这意味着死亡螺旋即将来临（由于信息到达我们这里需要时间，因此它实际上发生在 35 亿年前）。更令人兴奋的前景是 100 亿光年之外的一对黑洞，

[1] J. Dubinski, “The Great Milky Way- Andromeda Collision,” *Sky and Telescope*, October 2006, 30-36. 更专业的处理方法，请参见 F. M. Khan et al., “Swift Coalescence of Supermassive Black Holes in Cosmological Mergers of Massive Galaxies,” *Astrophysical Journal* 828（2016）: 73-80。关于最终并合如何发生的理论是不确定的，参见 M. Milosavljevic and D. Merritt, “The Final Parsec Problem,” in *The Astrophysics of Gravitational Wave Sources*, AIP Conference Proceedings, vol. 686（2003）: 201-10。——原注

[2] F. Khan et al, “Swift Coalescence of Supermassive Black Holes in Cosmological Mergers of Massive Galaxies,” *Astrophysical Journal* 828（2016）: 73-81. ——原注

这两个黑洞的质量都是太阳的几十亿倍[1]。它们的轨道周期是一年半，这意味着它们的间距是史瓦西半径的 6 倍，所以这个系统足够接近，会发生应该倾吐出引力波的并合。这两个黑洞实际上是在数十亿年前并合的，但我们可能只需要等上几千年就能听到它们的时空之歌。

宇宙中最大的黑洞

超大质量黑洞令人联想到电影《星际穿越》中的黑暗核心——卡冈图雅。卡冈图雅是太空旅行者的目的地，他们希望利用虫洞穿越时空。它的质量是太阳的 1 亿倍，它的视界相当于地球轨道的大小，它在以 99% 光速的速度自旋。正如我们所看到的，卡冈图雅是大众媒体对黑洞的最真实的描述。这要感谢基普·索恩的贡献，他确保了这部电影在科学和艺术上的处理都是恰当的[2]。

卡冈图雅的质量是银河系中心黑洞的 25 倍，但这一质量与最大的黑洞相比仍然微不足道。斯隆数字巡天项目在遥远的宇宙中发现了 10 个超过 100 亿倍太阳质量的黑洞[3]。它们必须非常迅速地吸积物质，才能在短短 15 亿年的时间里，从它们的种子质量增长 100 万倍。这些庞然大物使太阳系的尺度相形见绌（见图 65）。纪录保持者是一个强射电辐

[1] T. Liu et al., "A Periodically Varying Luminous Quasar at z = 2 from the PAN- STARRS1 Medium Deep Survey: A Candidate Supermassive Black Hole in the Gravitational Wave-Driven Regime," *Astrophysical Journal Letters* 803（2015）: L16-21. ——原注

[2] K. Thorne, *The Science of Interstellar*（New York: W. W. Norton, 2014）. —原注

[3] W. Zuo et al., "Black Hole Mass Estimates and Rapid Growth of Supermassive Black Holes in Luminous z = 3.5 Quasars," *Astrophysical Journal* 799（2014）: 189-201. ——原注

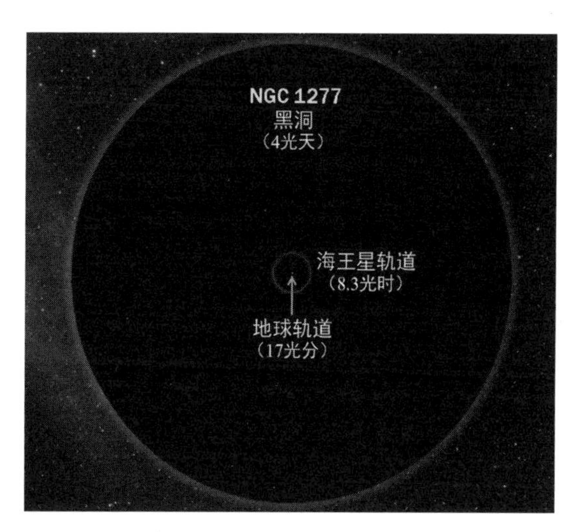

图 65　位于近邻星系 NGC 1277 中心的黑洞可能是迄今发现的最大黑洞，大约是太阳质量的 170 亿倍，但另一项研究测得它的质量只有太阳的 50 亿倍。这张图显示了其视界大小与太阳系的比较。相对于其恒星质量而言，这个星系的黑洞比大多数星系的黑洞要大 10 倍（D. 本宁菲尔德 /K. 格巴德）

射类星体，它的黑洞质量为 400 亿倍太阳质量[1]。

天文学家常常漫不经心地谈论着大数字，下面让我们停下来领悟一下极端黑洞的含义。一个质量比太阳大 400 亿倍的黑洞，其史瓦西半径为 4 光天，所以其视界的大小是包括冥王星和其他矮行星在内的太阳系大小的 20 倍。这个黑洞以相当接近光速的速度自转。对比一下，我们太阳系中的外行星[2]需要 250 年才能完成一次轨道运动，而这个大得多的天体每 3 个月就自转一次。虽然相当于一个小星系的质量被压缩到相当于太阳系的体积中，但它的平均密度只有你呼吸的空气的 1/100。这

[1]　G. Ghisellini et al., "Chasing the Heaviest Black Holes of Jetted Active Galactic Nuclei," *Monthly Notices of the Royal Astronomical Society* 405（2010）: 387-400. ——原注

[2]　外行星是指太阳系内轨道在主小行星带外侧的气态巨行星，包括木星、土星、天王星和海王星。——译注

个黑洞不发光，但它周围的吸积盘发出明亮的光。当这一质量的黑洞处于活跃的类星体阶段时，其光度会是太阳的 100 万亿倍。

这个宇宙中的一些最大的黑洞即将会发生什么？星系通过从太空巨洞中吸积气体和并合而生长。目前，这两种生长模式都在逐渐减少。随着宇宙变得越来越大，气体变得越来越稀薄，星系之间的距离越来越远，因此它们并合的频率也越来越低。星系的恒星质量与其中心黑洞的质量之间存在着相关性，其范围从球状星团中的 10^4 ～ 10^5 倍太阳质量的黑洞，到银河系等星系中的 10^6 ～ 10^7 倍太阳质量的黑洞，再到恒星质量达到太阳的 1 万亿倍的椭圆星系中的 10^{10} 倍太阳质量的黑洞。无论恒星系统的大小如何，中心黑洞的质量总是大约占恒星总质量的 1%。如果将暗物质也包括在内，那么它的质量仅为星系质量的 0.1%。

我花了数年时间试图理解超大质量黑洞的生命和时间。我的学生乔恩·特朗普与我在亚利桑那州和智利用 6.5 米口径望远镜观测了几十个夜晚。现代仪器意味着曾经需要花费一生时间才能收集到的数据，如今在一个研究生完成学位论文的时间内就可以收集到。利用经典光谱学，来自一个活动星系的光穿过狭缝并展开成光谱。我们在智利使用的仪器将狭缝对准满月大小的一片天空区域中的数百个目标，通过单次长时间曝光就可以得到 100 个黑洞的质量。通过这些数据，我们希望能够讲述宇宙中类星体活动起起落落的过程。类星体是如此遥远，以至于你将望远镜指向哪个方向都没有差别，但是我偏爱南天。银河系在头顶上划出一道弧线，就像一块破旧的银幕，非常壮观。我们的近邻星系麦哲伦云也给我们带来了额外的收获，它们像黑布上的棉球那样悬挂在天空中。外面如此黑暗，而我可以阅读一本用星光写成的书。

我们收集了统计数据，追踪了黑洞在宇宙时标上的总体演化轨迹。

要这样做，就意味着要对所有黑洞进行采样，而不是只对极端黑洞进行采样。我已经摆脱了年轻时对耀变体的痴迷，现在想知道是什么控制着活动星系的整个群体结构。打个比方，如果你想知道汽车的群体结构，你的计数结果会告诉你福特和丰田的数量远远超过法拉利和阿斯顿马丁。一个大谜团是黑洞只在一小部分时间里是活动的。另一个谜团是星系中心黑洞的质量与星系中所有年老恒星的质量之间的紧密相关性，而这些恒星分布的尺度要大得多。这就好像黑洞“知道”自己居住的是哪种星系。

在我们的数据中，最大的黑洞在大爆炸后的几十亿年里迅速生长，然后由于缺乏燃料而挨饿。数量更多的较小的黑洞生长缓慢，在过去的 50 亿年里，它们大多变得宁静了。类星体时代的巅峰已经过去很久了，但是黑洞并没有消失，所以可以推测它们正在挨饿，因为随着时间的推移，为它们提供能量的燃料越来越少。这是可以理解的，因为膨胀宇宙的密度越来越小，星系碰撞率也在下降。但是，对于宇宙时间中的任何一个特定时期以及任何特定的星系质量，我们都无法预测哪个黑洞会蓬勃生长，哪个黑洞会沉寂。这些类星体的未来也同样难以预测。

我们把探究当成了一个游戏，像集邮者那样把类星体作为卡片摊在桌子上。它们中的一些很明亮，这是因为它们有一个伴星系在提供能源吗？在少数情况下是这样，但并非总是如此。有一些很昏暗，这是因为它们生活在一个贫气体的星系里？不一定。我们无法确定任何触发核活动的原因。整体的绘画是有意义的，但是单独的颜料点可以是彩虹中的任何颜色。

大自然是有创意的：它制造出的黑洞质量跨度为 10 亿倍（见图

66）。我们在研究过程中从未发现过质量超过太阳 100 亿倍的黑洞。这有点令人失望，我一直想在我的简历上加上这一条。理论物理学家预测的黑洞质量的极限还要大 10 倍，大约是太阳质量的 10^{11} 倍 [1]。在这个水平上，无论宿主星系的质量如何，吸积物理都变得很重要。这似乎是自然界对黑洞的限制。要想变得更大，黑洞每年必须吸积 1000 倍太阳质量的气体，而这么多的气体在数百光年的尺度上就会坍缩成新恒星，远远早于到达黑洞之前。此外，黑洞还会开始自我调节。涌出的辐射会将进入的气体推开，并阻止进一步供给。这头臃肿的怪兽在贪婪地抓取食物，但是在够得着的范围里什么都没有。

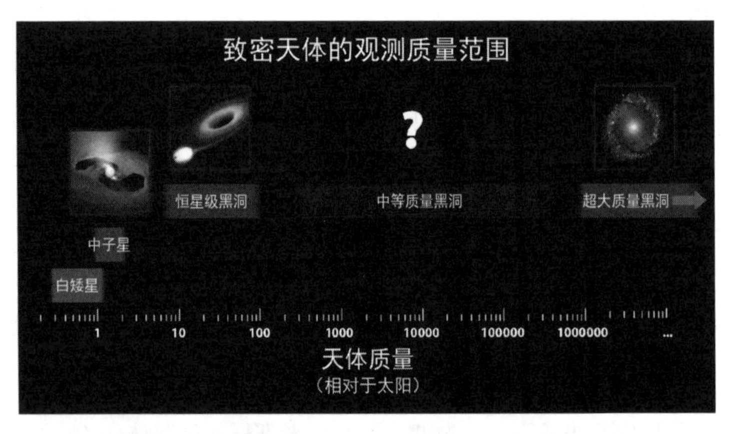

图 66　超大密度宇宙天体的质量：从白矮星到星系核中的超大质量黑洞。低质量端的 3 种天体是在恒星死亡时形成的，质量越大的恒星留下的遗迹质量也越大。目前只有少数中等质量黑洞为我们所知，它们是在球状星团或矮星系的中心被发现的。质量最大的黑洞是在宇宙中最大星系的中心被发现的（美国国家航空航天局 / 喷气推进实验室 / 加州理工学院）

[1]　K. Inayoshi and Z. Haiman, “Is There a Maximum Mass for Black Holes in Galactic Nuclei?,” *Astrophysical Journal* 828（2016）: 110-17. ——原注

恒星尸体的时代

虽然星系中心的大质量黑洞正在接近一个自然极限，但是大质量恒星的死亡会继续导致更多小质量黑洞的产生。恒星的演化是光明与黑暗力量之间的一场战斗，核聚变产生的能量使恒星膨胀，而引力则使其收缩。正如我们所看到的，在太阳中这些力会再平衡 50 亿年，然后引力会胜出，将核心挤压成一颗白矮星。大质量恒星演化得更快，当引力胜出时，它们会留下中子星或黑洞。

在今天，宇宙正在走向黑暗。大爆炸后大约 1 亿年，第一颗恒星形成了，当时的宇宙只有现在的 1/30 那么大，也比现在热 30 倍。星系聚合和恒星形成在大爆炸后 30 亿年达到顶峰，此后便一路下滑。目前的恒星形成率仅为其峰值形成率的 1/30，而随着可供形成新恒星的气体越来越少，这种下降趋势还将持续下去。即使我们等到永远，也只会再形成迄今为止已形成恒星的 5%[1]。这些都是平均值。在任何时期，质量较大、富气体的星系都比质量较小、贫气体的星系具有更高的恒星形成率。由于恒星会在生命晚期喷射出部分质量，或者以超新星的形式死亡，因此不断减少的气体供给会在很长的一段时间里得到补充。

随着新恒星形成率的下降，所有星系中越来越多的恒星质量部分将以坍缩遗迹的形式存在。大约 100 万亿年后，一旦恒星形成过程最终停止，最后一个黑洞形成，引力就会取得最终的胜利[2]。巧合的是，这正是

[1] D. Sobral et al., “Large H- Alpha Survey at z = 2.23, 1.47, 0.84, and 0.40: The 11 Gyr Evolution of Star- forming Galaxies from HiZELS,” *Monthly Notice of the Royal Astronomical Society* 428 (2013) : 1128-46. ——原注

[2] F. C. Adams and G. Laughlin, “A Dying Universe: The Long Term Fate and Evolution of Astrophysical Objects,” *Reviews of Modern Physics* 69 (1997) : 337-72. ——原注

最小质量红矮星的预期寿命。红矮星是质量刚好大于足以维持核聚变的0.08倍太阳质量的冷星。这个时标是巨大的。我们现在仍然处在宇宙被恒星照亮的最开始阶段，相当于只有一周大的婴儿。

在遥远的将来，随着恒星时代的结束，银河仙女星系中的4000亿颗恒星将等分为白矮星和褐矮星，还有剩下的一小部分中子星和黑洞。大于0.08倍太阳质量而小于8倍太阳质量的恒星将坍缩到地球大小，并以白矮星的形式将剩余的能量辐射到太空中。从0.08倍太阳质量往下到0.01倍太阳质量（10～80倍木星质量）的那些“失败的”恒星坍缩成褐矮星，它们可能会微弱地将氢聚变成锂[1]。中子星将占银河仙女星系中恒星遗迹总量的0.3%，而黑洞将只占微不足道的0.03%。

经过极长的时间，白矮星和褐矮星会冷却，于是它们的辐射会转移到不可见的红外波长。在一段时间内，双星系统中的黑洞会因为从伴星吸取气体而变得明亮。但最终这些伴星也会变成恒星的尸体，气体的供给源被耗尽，然后星系会慢慢地消失在黑暗中。

蒸发和衰减的未来

我们刚刚描述的遥远未来不仅适用于银河仙女星系，而且也适用于可观测宇宙中数千亿星系中的每一个。它们的恒星与我们的系统中的恒星遵循相同的天体物理学定律，但是我们的后代永远都看不到所有其他星系变暗，原因是暗能量的存在。

暗能量是宇宙学中最大的谜。1995年，天文学家发现宇宙膨胀的

---

[1] A. Burgasser, “Brown Dwarfs: Failed Stars, Super Jupiters,” *Physics Today*, June 2008, 70-71. ——原注

速度正在加快，这是由于某种与引力相反的东西在起作用，而引力应该会导致减速。宇宙“馅饼”由25%的暗物质、70%的暗能量和5%的正常物质构成。大大小小的黑洞占宇宙的0.005%，所以它们是非常小的组成部分[1]。暗能量意味着我们现在能看到的星系将会稳步从视野中消失，因为它们会以比光速还快的速度退行。1000亿年后，也就是当宇宙的年龄为现在年龄的10倍时，银河仙女星系以外的所有星系都将退出我们的视界[2]。用比喻的方式来说，我们会沦落到只能盯着自己的肚脐看。恒星时期的终结以及随后发生的事件只有在我们现在居住的星系中才是可测的。

在银河仙女星系变暗之后，未来就是蒸发和衰减。随着时间的推移，星系内的恒星交换能量，较轻的恒星倾向于获得能量，而较重的恒星倾向于失去能量。回想一下那个碗的类比，碗里装有同样大小的黑色大理石球和木球，如果它被晃动，那么大理石球就会移动到碗的底部。一些恒星将获得足够的能量而离开银河仙女星系，从而使剩下的星系变得更小、更致密。这就提高了恒星之间的相互作用率，从而加速了这个过程。与此同时，由引力辐射引起的恒星轨道衰减会使恒星向内运动。大约10^{19}年后，90%的恒星遗迹将被弹射出去。银河仙女星系将会蒸发，剩下的10%的遗迹会落入超大质量黑洞。在银河系和仙女星系并合后，

[1]　D. N. Spergel, “The Dark Side of Cosmology: Dark Matter and Dark Energy,” *Science* 347 (2015) : 1100-02. ——原注

[2]　天文学家一直想知道，如果没有可见星系用于测量红移，未来的银河仙女星系居民将如何知道他们生活在一个膨胀宇宙中。1万亿年后，宇宙膨胀的速度将变得非常快，以至于大爆炸留下的微波也会离开视界。要证明存在银河仙女星系以外的宇宙，唯一的证据似乎就是超高速恒星不断从银河仙女星系中被弹射出去，以及所有其他星系在接近光速。描述这种可能性的是A. Loeb, “Cosmology with Hypervelocity Stars,” *Journal of Cosmology and Astroparticle Physics* 4 (2011) : 23-29。——原注

中心黑洞的质量将是太阳质量的大约 2 亿倍。它最终将生长到大约 100 亿倍太阳质量[1]。如果把宇宙到现在的年龄比作你生命的第一周，那么你需要再活 1000 万年才能看完这出戏。

此后，遥远的未来变成了模糊的、推测性的。物理学家冒险越过粒子物理学标准模型来解释为什么宇宙中包含的物质远远多于反物质，并尝试将电磁力与强 / 弱核力统一起来。这些方案被称为大统一理论，其中大多数预言质子会发生衰变。如果质子发生衰变，那么正常物质就会不稳定。质子衰变从未被观测到，目前的极限是 10^{34} 年，这就排除了一些而不是所有的大统一理论[2]。如果质子发生衰变，那么除了黑洞以外的所有恒星遗迹都会瓦解成电子、中微子和光子。

宇宙的最终解体需要惊人的时间。如果正常物质会发生衰变，则只有恒星级黑洞和超大质量黑洞才会剩下来。斯蒂芬·霍金预言黑洞会发出微量的低能辐射，从而导致它们缓慢蒸发。重要的是要认识到这只是推测，因为霍金辐射从未被观测到，而且也没有任何现存的技术能探测到它。大质量恒星遗迹蒸发的时标是 10^{76} 年。位于银河仙女星系中心的超大质量黑洞将在 10^{100} 年后蒸发。不幸的是，日常的类比已经可悲地无法表达这种近乎永恒的层次，即使这只是通往宇宙最终的热寂之路上的一个中途站（见图 67）。

[1] F. Adams and G. Laughlin, *The Five Ages of the Universe*（New York: Free Press, 1999）.——原注

[2] H. Nishino, Super- K Collaboration, “Search for Proton Decay in a Large Water Cerenkov Detector,” *Physical Review Letters* 102（2012）: 141801-06. ——原注

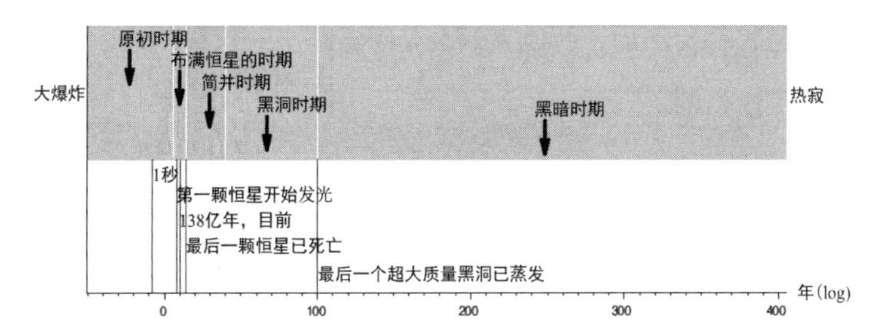

图67　宇宙的未来时间轴。在这张对数图上，宇宙到目前为止的整个历史都在最左边。即使最大质量黑洞的蒸发消失也不是最后的物理过程。在另一个巨大的间隔之后，正常物质发生衰变，剩下的宇宙是由粒子和低能光子组成的高熵汤（克里斯·伊姆佩）

“事情分崩离析，中心无法支撑，只放任无政府状态留在这世上。”威廉·巴特勒·叶芝在1919年这样写道[1]。他是在评论第一次世界大战，但他也许已经预见到了宇宙的终结。这个结局的科学背景是热力学第二定律：普遍趋势是不断增加的熵和无序程度。亚瑟·爱丁顿确认了广义相对论，但并不相信它对黑洞的预言。然而，对于热寂的必然性，他毫不含糊。他写道：“我认为，熵总是增加这条定律在所有自然定律中占据着至高无上的地位。如果有人向你指出，你所钟爱的宇宙理论与麦克斯韦方程组不一致，那么这对于麦克斯韦方程组来说会更糟糕。如果你的理论被发现与观测相矛盾，那可能还有希望，因为这些实验家有时确实会把事情搞砸。但是，如果你的理论被发现违反了热力学第二定律，那我就不能给你希望了，它只能在极度的耻辱中崩溃，除此之外别无选择。”[2]

[1]　W. B. Yeats, “The Second Coming”（1919）, in *The Classic Hundred Poems*（New York: Columbia University Press, 1998）.——原注

[2]　A. Eddington, *The Nature of the Physical World: Gifford Lectures of 1927*（Newcastle-upon- Tyne: Cambridge Scholars, 2014）.——原注

黑洞是神秘莫测的，所以它们会是宇宙终结时仅存的最后一种天体的想法也是恰当的。

与黑洞共处

至此，我们的叙述已经变得黑暗而阴沉，但别忘了宇宙是为生命而创建的。虽然天文学家还没有在地球之外发现任何生物学实例，但他们乐观地认为会发现。在太阳系中，火星、木卫二、土卫六以及十几颗巨行星的卫星上都有可能存在宜居的地方。在这些地方，由岩石和冰构成的外壳之下存在着水[1]。1995年，在经过数十年徒劳无功的搜寻之后，第一颗系外行星（即绕着另一颗恒星运行的行星）被发现。从那时起便像打开了闸门，目前已确认的系外行星总数达到3700颗以上[2]。早期的系外行星是用多普勒方法发现的，这是因为它们牵引母恒星的方式揭示了它们的存在。比较近期的大多数发现都使用了凌日法，这是因为系外行星会掩食其母恒星而使其短暂地变暗[3]。

银河系中包含着数量惊人的100亿颗表面条件适合液态水存在的类地行星[4]。银河系中的1000亿颗恒星大多数都有类地行星。如果生命只需要碳物质、液态水和本地能源，那么在表面不那么宜居的卫星和行星上就可能存在着几千亿个宜居的地方。时间不动产和空间不动产一样重

[1] B. W. Jones, *Life in Our Solar System and Beyond.*——原注

[2] 太阳系外行星百科全书在不断更新。——原注

[3] R. Jayawardhana, *Strange New Worlds: The Search for Alien Planets and Life Beyond our Solar System*（Princeton: Princeton University Press, 2013）.——原注

[4] A. Cassan et al., “One or More Bound Planets per Milky Way Star from Microlensing Observations,” *Nature* 481（2012）: 167-69.——原注

要。宇宙中有足够的碳，可以让一个地球的“克隆体”在大爆炸后 10 亿年之内形成，所以一些类地行星上的演化过程要比地球上的超前 80 亿年。我们实在太无知，以至于无法想象在这无数个世界上可能演化出的所有生物形式。

考虑到我们甚至连另一个世界上的生命都不知道，因此打探遥远未来的生命前景似乎有些不自量力，但无论如何还是让我们试试吧。

生命不需要恒星，只需要一个能源。根据热力学第二定律，生物需要温差来提供可用的能源。地球上的生命利用的是太阳与太空的寒冷真空之间的温差。地球从 6000 开的太阳那里吸收光子，并向天空放射是吸收量 20 多倍的 300 开的光子。生物有机体运行着复杂的过程，局部降低熵或无序度，但这些有机体释放的热量或浪费的能量最终被辐射到太空中。即使生命变成计算性的（在人工智能的意义上），而不是生物性的，能量论仍然适用，因为任何对信息的操纵都需要某种形式的能量。

当宇宙中的恒星耗尽它们的核燃料时，遥远未来的一种假想文明仍然可以利用正在冷却的余烬（白矮星和褐矮星）与深空之间的温差。物理学家弗里曼·戴森考虑了生命的未来，并得出以下结论：在收益递减的时代，生命可以通过休眠越来越长的时间而得以维持[1]。这将持续奏效 100 亿年左右，但是当所有恒星都消失在黑暗中时会怎样呢？

拯救可能来自黑洞。能量有可能从黑洞的自旋中被提取出来。紧靠视界之外的是一个叫作“能层”（ergosphere）的区域。“ergosphere”这个词来自希腊语，意思是“工作”，它是由约翰·惠勒创造的——这毫不意外。能层被自旋的黑洞拖曳着旋转，就像水被漩涡拖曳着旋转一样。

[1] F. J. Dyson, “Time Without End: Physics and Biology in an Open Universe,” *Reviews of Modern Physics* 51（1979）: 447-60. ——原注

能层在黑洞的两极处较薄——想象一个装满了水的自转气球，旋转导致它在赤道处膨胀。罗杰·彭罗斯在1969年提出，我们有可能从能层中提取出能量[1]。沿着正确的轨道，物体就能进入能层，并带着比进入时更多的能量离开。结果是，黑洞的自旋会稍微慢一些。一个文明可以经过仔细的计算，把一些东西扔进黑洞，然后在它们再次被抛出时收获额外的能量。

另一个聪明的想法是把温度翻转过来，即形成冷的恒星和热的天空。目前宇宙中的黑洞通常是明亮的，因为物质落向它们并形成了一个炽热的吸积盘。然而，在遥远的将来，这些气体将被消耗掉，黑洞会变得寒冷而黑暗，除了还有温度只有几分之一开的微弱霍金辐射。相比之下，宇宙中由于大爆炸留下的辐射而造成的和煦温度是2.7开。随着宇宙继续膨胀，这个温度将会下降。理论物理学家计算出，如果一颗类地行星绕着一个黑洞沿轨道运行，并且它们之间的距离足够近，以至于这个黑洞看起来像在我们的天空中的太阳一样大，那么这颗行星就可以因为这个温差提取大约1千瓦功率[2]。这很可能足以维持一个微型的或非常高效的文明（见图68）。

电影《星际穿越》中也采取了类似的策略。在影片中，一颗名为米勒行星的星球沿着靠近大质量自旋黑洞卡冈图雅的轨道绕行。引力使时间延缓的效应如此明显，以至于在这颗行星上过1小时，就相当于外面的世界过了7年。在这种情况下，米勒行星上的居民可以获得1300千亿瓦功率。但电影想象人们可以住在那里，这就太离谱了。如此巨大的

---

[1] M. Bhat, M. Dhurandhar, and N. Dadhich, “Energetics of the Kerr- Newman Black Hole by the Penrose Process,” *Journal of Astronomy and Astrophysics* 6（1985）: 85-100.——原注

[2] T. Opatrny, L. Richterek, and P. Bakala, “Life Under a Black Sun,” 2016.——原注

功率会将这颗行星加热到 900 摄氏度，足以熔化金属。

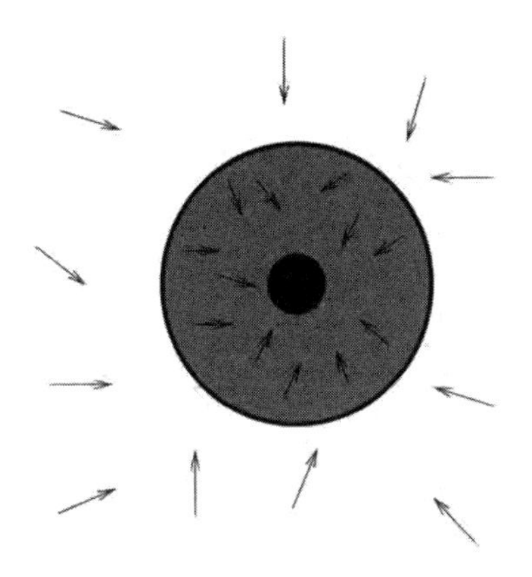

图 68　一种遥远未来的文明从黑洞中提取少量能量的方法。在传统的戴森球中，围绕恒星建造的外壳会捕获来自恒星的能量，并向外散发余热。在这个版本中，来自黑洞的霍金辐射比来自大爆炸的微波辐射更冷，所以外壳吸收来自外部的微波辐射，并将余热辐射给黑洞，收获余下的一点能量（*T. Opatrny, L. Richterek, and P. Bakala, Am.J.Phys., vol. 85/American Institute of Physics*）

利用黑洞作为从大爆炸辐射中获取能量的一种方法，其问题在于宇宙膨胀的速度。该辐射的温度现在是 2.7 开，但是由于暗能量导致宇宙以指数方式生长，因此这些光子被膨胀拉伸成波长很长、能量很低的光子。在 1000 亿年内，大爆炸辐射的温度将远低于 1 开。

文明将不得不转变策略。质量等于太阳 3 倍的最小质量黑洞，其霍金辐射温度为 2×10^{-8} 开，辐射功率为 10^{-29} 瓦。这确实很弱，但是除了黑洞自旋之外，直到这些黑洞在 10^{76} 年后蒸发之前，这将是唯一可用的能量。为了捕获所有的辐射，一个文明必须用弗里曼·戴森想象中智慧外星人可能使用的那种球来包围黑洞 [1]。然后，让我们将注意力转向银河仙女星

[1]　F. J. Dyson, “Search for Artificial Stellar Sources of Infra-Red Radiation,” *Science* 131（1960）: 1667-68. ——原注

系中心的那个大质量黑洞。它的温度为 6×10^{-18} 开，辐射功率为 10^{-48} 瓦。倘若想用它来温暖一个人的手，这真是微弱的火焰。生活在遥远未来的人类需要极度节俭和有耐心。但直到最后一个黑洞在 10^{100} 年后蒸发，时间是宇宙中永远不会短缺的东西。

我在研究中开始对黑洞有所领悟。它们的质量巨大，神秘莫测，我们穿越空间的鸿沟，在遥远的星系中看到它们。与它们相比，我的生命是短暂的。它们能持续多久？请快速眨一下眼睛。自宇宙大爆炸以来，你可以这样眨眼 100 亿亿次。到最大质量黑洞消散为止所需的时间相对于宇宙的年龄，正如宇宙的年龄相对于一眨眼的时间。再如此类推 3 次，才能达到 10^{100} 年。

这么长的时间是深不可测的。“时钟”这个词很古怪。它来自中古英语“bell”一词，意思是“挂钟”。它提醒人们，在那个时代，钟表没有指针，也没有数字，因为几乎没有人识字。在人类出现的时间过了很久之后，在摆钟之后，在天美时（Timex）和劳力士（Rolex）的机械时间之后，在最后的放射性原子衰变之后，在最后的脉冲星停止自旋之后，将会有黑洞时间。

我想象我能永生。如果我能看到黑洞时间的终结，看到我们或者其他恒星的文明所做的一切，我会看到什么？

首先，那将是一个野蛮时代，这是我们所生活的时代的延续。各种文明在这个时代中怒目相向，被征服的反对者最糟糕的命运就是被扔进一个黑洞，承受被引力撕裂的痛苦。随后也许是文明时代，这个时代中的生物将图像冻结在大黑洞的视界上，当作永恒的纪念。作为一名乐观主义者，我想象还有一个知识时代，这个时代中的一些人学会了如何阅读存储在视界上的全息信息，而其他人则冒险进入自旋的黑洞，在类时表面上避难。这是一个由时间镜面构成的过道，你可以来回旅行，遇见过去的自己和未来的自己，但是永远不能离开。最后是一个感知时代，生命在这个时代中被提炼成纯粹的计算，黑洞是一种信息存储形式。想到这些密码可能维持着宇宙的心跳，真是令人愉快。

引力是最弱的力，但它也是最豪迈、最持久的力。那时，其他的力早已退出，亚原子粒子都已衰变，电磁辐射已被稀释并拉伸至湮没。当黑洞并合时，引力辐射的所有撞击和弦都已成往事。这些球体唯一的音乐就是黑洞自旋时发出的低沉的单调响声。它们缓慢地、不可阻挡地蒸发了。这就是结局。宇宙已经耗散到近乎完美的平滑状态，真空被量子涨落轻微地扰动着。